城市更新工程施工项目管理

主　编　马明磊

副主编　胡佳林　俞庆彬

中国建材工业出版社

图书在版编目（CIP）数据

城市更新工程施工项目管理/马明磊主编；胡佳林，俞庆彬副主编．--北京：中国建材工业出版社，2022.6

ISBN 978-7-5160-3384-5

Ⅰ.①城… Ⅱ.①马… ②胡… ③俞… Ⅲ.①旧城改造—建筑工程—工程管理 Ⅳ.①TU984.11

中国版本图书馆 CIP 数据核字（2021）第 242517 号

城市更新工程施工项目管理

Chengshi Gengxin Gongcheng Shigong Xiangmu Guanli

主　编　马明磊

副主编　胡佳林　俞庆彬

出版发行：中国建材工业出版社

地　　址：北京市海淀区三里河路 11 号

邮　　编：100831

经　　销：全国各地新华书店

印　　刷：北京印刷集团有限责任公司

开　　本：787mm×1092mm　1/16

印　　张：15.75

字　　数：360 千字

版　　次：2022 年 6 月第 1 版

印　　次：2022 年 6 月第 1 次

定　　价：68.00 元

本书编写人员

主　　编：马明磊

副 主 编：胡佳林　俞庆彬

编写人员（以下按姓氏笔画为序）：

万展君	马春玥	王万敏	王岩峰	田立阁
田　亮	白占林	白　洁	吕　奎	刘永涛
刘交龙	刘炳炎	刘　萍	纪　广	纪贤远
孙　璠	杨金龙	杨朋超	杨　健	李天鸣
李少华	李　辉	束　豪	何　兵	沈　杰
宋泽镡	宋修国	宋　浩	张世阳	张世武
张召彬	张　杰	张　波	陈孝文	陈　柱
邵学军	武念铎	林文彪	易　聪	周谋韬
周　翔	房海波	赵露明	柯友青	洪得香
宫晓鑫	徐　阳	高贯伟	唐　潮	陶　然
黄鹏翔	梅江涛	梁思龙	潘玉珀	

前　　言

　　《城市更新工程施工项目管理》是以中建八局城市更新项目管理为载体，根据现有的项目管理理论，结合城市更新工程项目特点编写的，目的是为城市更新工程的顺利开展及推进提供实操性的指引，使项目管理者掌握城市更新工程施工项目管理的理论、方法及途径，具有开展城市更新工程施工总承包项目管理的能力。

　　本书在编写过程中以城市更新项目总承包管理为主线，涵盖公建场馆改造类项目、环境整治提升类项目、基础设施改造类项目、老旧小区片区改造类项目的招投标、施工准备、成本控制、质量管理、安全管理及竣工验收等内容。本书将理论和实践相结合，让读者在阅读的同时可以迅速地锁定不同改造项目的管理措施。实操性较强和通俗易懂是本书的两大特点。

　　本书由中建八局工程研究院马明磊主编，胡佳林、俞庆彬为副主编，俞庆彬负责统筹，9家中建八局二级单位及有关部门参与了此次编写工作，具体编写分工如下：一公司李辉、田亮、王万敏，以及华南公司柯友青、易聪、纪广、刘交龙、宫晓鑫、梁思龙参与了环境整治提升类项目的编写；二公司李少华、潘玉珀、房海波、刘永涛、纪贤远、高贯伟参与了基础设施改造类项目的编写；三公司邵学军、梅江涛、陈孝文、白占林、赵露明、周翔、张召彬、徐阳、宋浩、唐潮、束豪参与了公建场馆改造、基础设施改造及老旧小区片区改造类项目的编写；华北公司田立阁、张杰、王岩峰，以及总承包公司武念铎、孙璠、万展君、沈杰、吕奎参与了公建场馆改造类项目的编写；装饰公司张波、宋修国、何兵、陶然、宋泽镡、黄鹏翔，以及上海公司张世阳、林文彪、杨金龙、杨健、周谋韬、陈柱、刘炳炎、马春玥参与了老旧小区片区改造类项目的编写；中建八局工程研究院张世武、洪得香、白洁、刘萍、杨朋超、李天鸣参与了文稿的收集及校正。

　　在此，向为本书编纂提供大力支持的单位和个人，以及本书参考的有关文献作者表示衷心感谢。因城市更新工程处于起步阶段，总结的成果难免有片面及不足之处，恳请同行专家批评指正。

俞庆彬

2021 年 11 月

目　　录

1 城市更新工程施工项目管理概述

随着城市化进程的发展，一线及新一线城市逐渐由增量土地阶段进入存量土地或减量土地高质量发展阶段，城市更新应运而生。不同于一般新建项目，城市更新项目工程施工过程有其自身的特点，城市更新与人们的生活关系更加紧密，而且城市更新的"项目"范围非常广泛，依据改造主体类型主要划分为：公建场馆改造类项目，如结构加固、幕墙改造等；环境整治提升类项目，如黑臭水处理、海绵城市等；基础设施改造类项类目，如道路铺装、道路绿化等；老旧小区片区改造类项目，如立面出新、节能改造等。

1.1 城市更新的概念及发展历程

1.1.1 城市更新的概念

城市更新是一种将城市中已经不适应现代化城市社会生活的地区做必要的、有计划的拆除、改造、提质活动，既包括有形的物质空间更新又包括无形的改造，如经济、社会文化等的改造。城市更新伴随着城市的发展一直存在，纵观改革开放后我国城市发展历程可大致划分三个阶段，即"大拆大建、拆留结合、有机更新"。三个阶段的城市更新并不是相对独立的，而是有交集的发展过程。本书所述"城市更新运动"为城市有机更新，即在保留区域大部分建筑、道路主体结构的基础上进行的施工活动。

1.1.2 城市更新的发展历程

城市更新贯穿于城市发展的各个阶段，融汇了物质空间、社会环境、经济结构、文化特质的全面复兴和可持续发展，目的是使城市变得更有生机和竞争力，是城市发展的持续过程。

在城市化发展的初期阶段，大量农业从业者转变为第二产业从业者，中心城市人口快速增加，住房需求带动房地产市场高速发展，城市进行物质空间层面的大范围更新；到了城市化发展的中期阶段，随着城市化率逐步提升，城市规模不断扩大，"大城市病"开始显现，政府为了解决这些问题，通常会在郊区建设新城或卫星城，同时加上产业转移等因素，人口开始向郊区流动，市中心则出现"空心化"现象。这两个阶段，城市更新主要的方式是推倒重建、城市美化等，可视为城市更新的初级模式。

当城市化发展进入后期阶段时，政府、市民等会更加关注城市中心区域的衰败问题，通过城市现有资源的整合、调整和改善，进行"城市更新""城市再开发"等，使城市硬件及功能得到有效的改善，从而实现城市的可持续发展，这一阶段可视为城市更新的高级模式。

1. 欧洲的城市更新

以英国的城市更新为例，欧洲的城市更新始于二战结束。其更新历程可以被划分为四个阶段：

第一阶段：旧城空间整肃——战后工业资本复苏下的资本积累与旧城空间更新。

该阶段机制过于迟缓，不够敏感，公众对更新开发的意见很难得到政府的有效回馈，仅是象征性参与。

第二阶段：旧城空间缓解——郊区化背景下的资本逃逸与政府凯恩斯主义空间投资行为。

公众在更新过程中没有起到主动参与或主导的作用，这一阶段的城市更新主要体现了一种自上而下的作用机制。

第三阶段：旧城空间重构——新自由主义模式下的公私合作与旧城"都市化"更新。

该阶段公众群体的参与意识进一步觉醒，但是其参与意愿因为为了迎合私人投资的意愿往往被刻意压制，使城市更新过程缺乏公众问责性。

第四阶段：旧城空间复兴——走向包容性增长的资本约束与旧城复兴。

这一阶段英国的城市更新在社会、经济、环境各方面取得平衡，走向了整体可持续的包容性增长，为底层社区民众利益服务的"社区规划"如火如荼地开展。

2. 美国的城市更新

与欧洲的城市更新不同，美国本土受二战影响较小，因此其城市更新开始的时间更早，且发展历程中的时间线和更新内容都略有不同。

20 世纪初至 20 世纪 30 年代，由于 19 世纪下半叶大规模人口城市化过程，导致城市不可避免地出现住房拥挤、卫生条件恶劣、犯罪率上升、公共设施不足等问题。政府为了解决住宿问题兴建了大量简陋廉价的经济公寓，这些经济公寓随着时间的推移慢慢沦为贫民窟，直接导致附近街区社会环境的恶化。随后民间自发掀起社区改良运动，1907—1917 年，美国有 50 个城市提出城市规划方案，"规划、秩序、唯美"成为城市更新的指导思想，主要目的是希望通过改善底层社区的环境和秩序来改造贫民窟，此时的城市更新参与者主要是民间群体，开创了民间力量主导的先河，但实际参与人员中主要是中产阶级知识分子，底层居民几乎没有参与，因此这一阶段的"城市更新运动"被称为富人的游戏，最终实施效果并不显著。

20 世纪 30 年代初，美国经历了经济大萧条，随后至 70 年代初，这一时期内的城市更新的对象仍以贫民窟改造为主，但目的由以前简单的环境美化变为提振经济。如1937 年颁布的《住宅法》规定，对有能力买房建房的给予抵押贷款，对买不起也建不起房的由政府提供公共住房。后者的做法就是政府实施公共住房计划，推倒贫民窟，代之政府提供补助的高层公寓或公房。1949 年修订后的《住房法》规定，清除贫民窟，城市用地合理化和社会正常发展，城市重建采用将清除贫民窟得到的土地投放市场出售的办法。1954 年联邦政府对城市更新政策进行修正，提出要加强私营企业的作用，同时关于清除贫民窟的条款逐渐转变为大规模的中心城市重建，清除后的土地要求地尽其用，大量的投资用于征购位于市中心的用地，以前要求一半以上的土地用于居住，现在大部分用来建设商贸设施、办公楼或豪华高层公寓。1966年的《示范城市和都市发展法案》鼓励将一些城市社区作为治理示范加以推广，全面治理衰退的城市。这一阶段的城市更新对象虽然仍然集中在中心城区的各种贫民窟上，但经历了从单纯的物质更新到建设社会经济复兴的过程。更新经费多以政府财政补贴为基本资金来源，导致政府负债严重，且总体上也没有达到理想的预期效果。

20世纪70年代中期，尼克松政府开始实施"城市复兴"政策，取消或减少对"示范城市计划"的资助，让州及地方政府对城市计划负责。这种城市政策加速了美国大都市区的不平衡发展，各州在吸引商业、工业和旅游业的竞争中，以减免税收、大力发展债券、贴息贷款及低于市价的土地交易等措施促进城市中心区及商贸区的开发。在这一政策导向下，城市复苏以盈利能力高的商业、办公楼用地取代了居住用地，与此同时，市场力量在城市更新过程中发挥了关键作用，各地政府借助市场化减轻了地方债务负重，可以将精力投放至内容更加丰富的社区邻里复兴计划中去。如1974年颁布的《住房和社区发展法》明确提出多目标导向的"自愿式更新"社区开发计划，希望以此提供投资和增加就业机会，推动衰落的中心城市走向复兴，从而解决城市贫民窟问题。

3. 我国的城市更新

中华人民共和国成立以来，我国的城市化进程进入飞速发展的时期，尤其是改革开放以后，城市化取得的进展和成绩有目共睹。到2019年年末，我国总体城市化率为60.60%，而这一比例在1949年时仅为5.5%，我们国家用70年的时间走完欧美等国家近百年的城市化路程。在快速城市化过程中，我们也同样经历了诸多的城市问题，基于这些问题进行的城市更新既有与国外典型发达国家的情况异曲同工之处，也有属于我们自己的特色。

对比国外城市更新的发展历程，我国的城市更新也经历了从政府主导的大拆大建到市场化的房地产开发，再到现阶段的可持续有机更新。国内有学者对整体发展阶段进行了划分，大体也可以分为四个阶段。

第一阶段（1949—1977年）：经历了战争洗礼的中国为了解决基本生活需要，各地不同程度地开展了以改善环境卫生、发展城市交通、整修市政设施和兴建工人住宅为主要内容的城市建设工作。该阶段仅仅是对原有建筑物及构筑物进行维修养护和局部的改建、扩建，更新重点是着眼于改造棚户和危房简屋。

第二阶段（1978—1993年）：1978年我国进入改革开放和社会主义现代化建设的新时期。在城市建设领域，我国明确了城市建设是形成和完善城市多种功能、发挥城市中心作用的基础性工作，城市更新日益成为我国城市建设的关键问题和人们关注的热点。该阶段我国城市更新只是在部分历史街区的保护中得到了小规模的运用，尚未全面系统地应用于大规模的城市更新中去。

第三阶段（1994—2014年）：我国的城市发展在政策和市场的双重刺激下快速扩张，新区建设突飞猛进，城市核心区容易拆除重建的区域基本都已经完成了旧貌换新颜，城市更新总体来说仍然是土地增量时代背景下带有市场性质的更新改造。

第四阶段（2015年至今）：城市更新在注重城市内涵发展、提升城市品质、促进产业转型、加强土地集约利用的趋势下日益受到关注，可以说，城市更新时代开始出现和来临，呈现以重大事件提升城市发展活力的整体式城市更新、以产业结构升级和文化创意产业培育为导向的老工业区更新再利用、以历史文化保护为主题的历史地区保护性整治与更新、以改善困难人群居住环境为目标的棚户区与城中村改造，以及突出治理城市病和让群众有更多获得感的城市双修等多种类型、多个层次和多维角度的探索新局面，这些标识着我们的城市更新进入以人为本、可持续发展的新阶段。

1.2　城市更新项目施工

与一般新建项目类似，城市更新施工过程同样包含三个阶段，即决策阶段、实施阶段和使用阶段，各阶段划分见图1.1。实施阶段同样包括设计前准备阶段、设计阶段、施工阶段、动用前准备阶段和保修阶段。施工总承包单位参与城市更新整个项目的实施阶段。

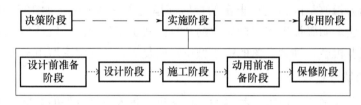

图1.1　城市更新施工过程

城市更新项目存在政策多变、技术标准不健全、施工管理有盲点等诸多问题，为更好地服务于城市更新的同时保证施工企业的利益，应在深入分析城市更新项目特点的基础上，提出改造类项目施工管理方法。

1.3　城市更新项目管理

城市更新项目在施工组织上与新建项目相比有其独特性：首先，施工作业点多面广，管理较为复杂；其次，改造项目基本属于带户作业或者不停产改造，施工作业和生产生活难以彻底割离，施工过程的安全管理具有其特殊性；最后，改造项目的实施涉及通信、电力、燃气、水务等诸多部门之间的协调，各类行政审批、流程与新建项目不尽相同，且不同区域不同建筑类型的规定也不同，无法形成统一的管理模式。为增强该类项目管理的可靠性，需详细分析改造类项目的管理特点。

1.3.1　城市更新项目管理特点

1. 设计阶段项目管理特点

（1）改造项目基本属于建设年代比较久远或建筑较为陈旧，无法满足现行规范的要求，需要进行功能性改变或者加固改造。例如2000年前建成的老旧建筑，由于原设计图纸丢失、模糊等情况，无法提供原来精确的设计资料，抗震等级无法满足现行抗震规范的要求，需要进行加固改造。

（2）原设计资料与现场不符。老旧建筑在使用过程中会因为业主的出租或使用的需求进行局部私自改造（拆除或新增）而未备案，导致现场建筑情况与设计图纸不符，增加了设计难度。

（3）设计工作和施工进程交织。在开始施工前，设计工作根据已知的现状进行，整个工程进展的不确定因素会使已知现状发生改变。例如，在进行加固施工作业时，破除表层后会暴露加固位置的实际情况，很有可能其破坏程度比检测时更严重，所以加固方案需要随之进行补充和修改。隐蔽工程增加了项目的实施难度，在设计和施工交织的情况下，使设计的进度管理难度增加。

（4）设计方案确定难度大。不同于一般新建项目，改造类项目的业主因意识形态、个人喜好不同导致改造诉求也不尽相同，且当地法规针对改造项目未有明确的改造要求，设计方案确定难度大，且后期设计变更较多。

（5）无正规的配套法律法规可循。现阶段，我国还没有出台较为正式的城市更新改造的法律法规，所以在一定程度上，在实际进行改造设计时并没有相关的法律法规可以遵循，只能按照当前针对新建筑的相关规定进行设计。这些情况的出现都会给实际建筑改造带来很大的困难，在改造过程中的局限性也相对较多。

2. 施工阶段项目管理特点

（1）改造工作的复杂性。城市更新项目基于已有的结构主体进行局部拆除、改建，此类工程涉及的专业多，施工难度大。如对社区的改造基本是成片区进行，业主年龄结构、思想意识、居住区域、房屋功能定位等不统一，施工时影响生产、生活，这些因素给老旧小区的改造带来巨大的阻力和困难。

（2）改造工程施工条件限制。改造工程不能影响现有的生产、生活，但施工场地狭小，设备及建（构）筑物较多，且需要进行改造的项目大多处于市区中心位置，周围交通拥堵，材料堆放及设备进出场困难。立面上作业面较窄，管线、树枝等遮挡物较多，影响施工。

（3）改造工程工期局限性。城市更新改造工程工期较新建项目有明显不同，工期均较短，影响因素较多，未拆除的违建、设备材料进出场困难、周围居民休息等都会对工期造成影响。整个工程进展的不确定因素会使已知情况发生变化，加固改造方案需要随时进行补充和修改，涉及的设计变更较多，影响施工进度。

（4）改造工程安全隐患多。改造工程作业与生产、生活难以完全隔断，居民、工人、车辆进出施工场地，老人儿童的安全意识较为薄弱，施工人员素质参差不齐等都会带来安全隐患。

（5）改造工程协调难度大。改造工程与一般新建项目不同，涉及的政府部门不同，审批程序和内容不同，各地针对城市更新项目的规定不同，与居民、办公人员沟通较为密切，业主参与度较高，这些方面均给改造工程的协调增加了难度。

（6）社会关注度高。城市更新项目一般发生在城市主城区或人流密集的场所，施工作业与市民生活难以彻底隔离，而且与人们的生活息息相关，社会关注度高，所以需要在进度、质量、安全方面投入相对较高的成本，而且一旦出现负面消息，给整个民生工程和施工企业的声誉带来严重的不良影响。

3. 材料采购阶段项目管理的特点

（1）改造工程涉及新型材料较多，材料供应商选择空间小，材料采购难度大，价格变动幅度大，可控性较差。

（2）因施工场地限制，材料采购及进出场时间安排难协调，间接影响施工进度。

（3）施工作业点多面广，材料发放与施工单位办理交接手续难度较大。

1.3.2 项目管理的目标

由于施工方受业主的委托承担工程建设任务，施工方必须树立服务观念，为项目建设服务。另外，合同也规定了施工方的任务和义务。因此施工方作为项目建设的一个重要参与方，其项目管理不仅服务于施工方本身的利益，也必须服务于项目的整体利益。项目的整体利益和施工方本身的利益之间有对立统一的关系，两者有统一的一面，也有矛盾的一面。

施工方项目管理的目标应符合合同的要求。它包括：

（1）施工的安全管理目标。

（2）施工的成本目标。

（3）施工的进度目标。

（4）施工的质量目标。

其中进度目标、质量目标和安全管理目标一般在合同中都会有明确规定，施工方需要首先满足合同要求。施工方根据自身生产和经营情况自行确定以上四种目标，并与项目部签订责任状。管理目标既有外控指标也有内控指标，在项目管理过程中除了满足外控指标，还要不断优化管理、满足内控指标。

1.3.3 项目管理的任务

本书主要介绍城市更新项目中施工方项目管理的任务，有以下几个方面：

（1）施工安全管理。

（2）施工成本控制。

（3）施工进度控制。

（4）施工质量控制。

（5）与施工有关的组织与协调等。

施工方的项目管理工作主要在施工阶段进行，但由于设计阶段和施工阶段在时间上往往是交叉的，因此，施工方的项目管理工作也会涉及设计阶段。在动用前准备阶段和保修期施工合同尚未终止，在此期间，还有可能出现涉及工程安全、费用、质量、合同和信息等方面的问题，因此，施工方的项目管理也涉及动用前准备阶段和保修期。

1.3.4 城市更新项目管理程序

施工项目管理是在完整的项目周期内，根据项目管理的目标，采用项目管理手段开展的各项管理活动。城市更新项目管理履行如下管理程序：

（1）获取项目信息。根据网上公开的招标信息、招标单位发出的邀请函或其他招标渠道获取招标文件，组织相关人员研判市场信息，确定是否应标或投标。

（2）项目投标。组织相关的投标人员进行商务标和技术标的撰写、封标，根据规定在标书上明确项目经理、项目总工、安全总监等相关人员名单，递交投标保证金，参加现场勘探及标前会议，递交标书。

（3）组建项目部。项目经理接受企业法定代表人的委托组建项目经理部，项目经理签订项目管理目标责任书，明确项目管理目标，根据建筑规模和类型选择项目各部门人员构成。

（4）项目经理部编制项目管理实施规划，进行项目开工前准备，施工期间按照项目管理实施规划进行管理。

（5）根据项目管理目标责任书、项目管理实施规划、施工合同等相关文件要求，对施工阶段项目成本、进度、质量、安全等方面进行全方位管理。

（6）竣工验收。在完成合同规定的所有内容以后，组织项目竣工验收，主要内容包括竣工结算、清理各种债权债务、移交项目资料及工程实体、签订保修书。

（7）项目经济分析评价。报送项目管理总结报告至有关的企业管理部门，考评项目管理目标责任书相关的考核指标，兑现规定的奖罚承诺，解散项目经理部。

（8）项目保修。根据工程质量保修书相关的保修内容及保修期限，对项目的工程质量负责，并按约定定期回访。

1.3.5 施工项目管理阶段

根据城市更新项目全寿命周期内工作重点内容的不同，可将项目管理过程划分为投标签约、施工准备、施工阶段、验收结算、回访维修五个阶段。各阶段的主要工作及管理内容如下：

1. 投标签约阶段

根据《中华人民共和国招标投标法》的相关规定，招标方式分为公开招标和邀请招标两种形式。从招标公告或邀请函发出到确定中标单位、签订承包合同被称为招标投标阶段。施工企业在见到招标公告或邀请函后，需组织研讨招标内容，对该项招标工程进行研判（是否符合招标文件要求的条件，是否符合企业的施工范围和承包能力，是否符合企业的经营战略），然后决定是否参与该项工程的竞标。在决定参与竞标后，需要收集招标单位的相关信息、竞争单位、市场、项目现场环境等多项信息，以便准确地切入该项目。组织企业内部有相关投标、施工经验的员工参与该招标工程的标书撰写和后续对接、跟踪活动。确定企业中标后，组织经验丰富的投标团队参与与招标方的谈判，争取对本企业盈利或有利于项目施工的条件。

城市更新工程投标签约阶段的主要管理内容便是是否参与竞标的决策，编写保证企业利益且有竞争力的标书，争取对企业有利的谈判。施工企业投标程序见图1.2。

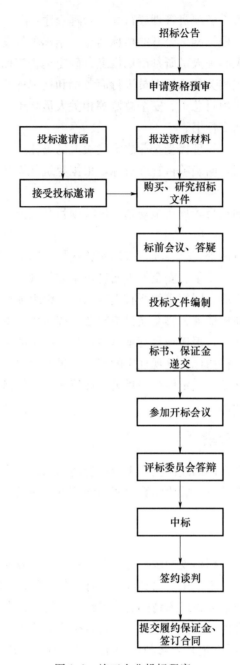

图 1.2　施工企业投标程序

2. 施工准备阶段

　　在与招标人签订承包合同后，施工单位需在正式施工前进行组织、现场、技术、物资、人力等多方面的准备工作以创造项目顺利开工和连续作业的条件。该阶段主要工作是对拟建工程企业内部工程目标、资源供给、施工方案、空间平面布局及时间安排等进行前期决策。针对城市更新类项目工期短、社会环境复杂的特点，施工准备工作显得格外重要，一旦施工准备不充分或不准确，在短时间内很难更正，会给项目效果和成本效益带来较大的影响。该阶段的项目管理内容主要是施工各项工作的准备。

1）施工准备阶段划分。根据施工对象范围大小的不同，施工准备可划分为全场性施工准备、单位工程施工准备及分部（分项）工程施工准备三种类型。

（1）全场性施工准备是以整个项目为对象而进行的各项准备工作。

（2）单位工程施工准备是以单体建筑或构筑物为对象进行准备的各项工作。

（3）分部（分项）工程施工准备是以专业性质或工程部位为对象而进行的各项准备工作。该准备工作是整个项目施工准备的基础。

2）施工准备内容。按照施工准备内容和性质的不同，城市更新工程施工准备分为组织准备、技术准备、现场准备、物资准备和分包准备。

（1）组织准备，主要包括：项目部组建，项目部人员配置，施工项目的组织与协调等。

（2）技术准备，主要包括：施工图纸的审查、设计交底，标价分离表的制定，施工组织总设计的制定等。

（3）现场准备，主要包括：场地的"三通一平"，场地标高、平面位置复测等。

（4）物资准备，主要包括：建筑材料的准备，供货方厂家的比选，构配件、制品的加工等。

（5）分包准备，主要包括：分包商的选取，各分包工作的划分等。

3）施工准备检查。在项目正式开工前需对施工准备内容进行全面检查，具有开工条件后应及时向业主报送开工报告，或申请开工令。在开工前，需具备以下条件：

（1）合同或协议已经签订（建筑法中未明确规定）。

（2）建筑工程施工许可证已经领取。

（3）"三材"指标或实物已经落实。

（4）施工组织设计（或施工方案）已经编制，并经批准。

（5）临时设施、工棚、施工道路、施工用水、施工用电已基本完成。

（6）工程定位测量已具备条件。

（7）施工图预算已经编制和审定。

（8）其他。材料、成品、半成品和工艺设备等能满足连续施工要求；临时设施能满足施工和生活的需要；施工机械经过检修能保证正常运转；劳动力已调集能满足施工需要；安全消防设备已经备齐等。

3. 施工阶段

施工阶段是在施工准备完成、签发开工令后至工程竣工备案结束、移交工程实体，目标是完成承包合同规定的所有施工内容。该阶段主要工作内容包括：按照施工图纸和方案进行工程项目施工；成本、进度、质量、安全控制；安全文明施工与环境保护；各参与单位及内外部关系组织与协调；设计与合同变更；过程资料留存等。该阶段是整个工程持续时间最长的阶段，也是项目投资占比最大的部分。做好施工阶段各项管理，对控制质量、保证施工安全、减小项目成本、减小返工风险具有重要意义。

4. 验收结算阶段

验收结算阶段是发生在工程项目按照合同约定完成后的阶段，项目竣工验收和工程结算同步进行。该阶段的主要管理内容包括：各种债务债权的结算；人材机退场、现场清理；工程试运行；竣工资料和实体的移交；签订工程质量保修书等。

5. 回访维修阶段

回访维修阶段发生在工程正式移交后，具体期限根据合同规定。该阶段的主要管理内容包括：确定合同及工程质量保修书中规定的保修内容；定期进行工程回访，听取使用者或管理者的建议；根据反馈检查维修、保修部位等后续保障工作。该阶段虽然是整个工程的最后阶段，但在城市发展的大背景下，在前期保证质量、树立良好形象，可以提高后续该企业承接项目的成功率。

1.3.6 城市更新项目管理内容

施工企业在参与城市更新过程中，为保证企业利益和履约率，需采取一系列措施保证项目按照既定目标进行。城市更新项目的主要管理内容包括施工前期准备、进度管理、质量管理、成本管理、安全与环境管理、竣工验收管理等，其中质量、成本、进度管理是项目管理的三大主要目标，安全与环境管理是项目顺利实施的前提。

1. 城市更新项目施工前准备

城市更新项目多为城市中心片区功能性提升，在原有结构主体基础上完成相关的施工内容。与一般新建项目"三通一平"不同，城市更新项目技术准备、现场准备、组织准备、物资准备、分包管理在内容上存在较大差异。如组织准备，在常规的新建项目中，可以根据往常的施工管理经验组建项目团队并建立起与周边相关单位的联系，但在城市更新项目中，涉及的相关单位和团体往往因地理位置或施工环境不同而存在差异，只有在人员结构及数量上做出调整才能保证项目顺利开工并按合同工期顺利完工。

2. 城市更新项目进度管理

因在现有结构基础上进行施工，对照设计图纸完成施工承包合同内容，所以城市更新项目相对于一般新建项目施工过程会更加复杂，但合同工期因施工环境或建筑主体的性质往往会较新建项目更加紧张，而且相较于一般新建项目，城市更新项目各方的影响因素更多，对进度的影响更大，要在合同工期内完成施工的全部内容，就要求城市更新项目管理人员利用已有的进度管理方法对城市更新项目进度管理投入更多的精力。

3. 城市更新项目质量管理

一部分城市更新项目是由于安全、升级的需要而进行的改造施工，该类项目一般都涉及结构加固内容，且所有的改造类项目均需在现有的结构上进行水电、装修、节能改造等施工，但目前还没有针对改造类项目较为系统的质量验收标准。在项目质量形成过程中，人、材料、机械、工艺或方法、环境均会对工程质量产生影响，城市更新项目质量管理就是在已有的规范、合同、设计文件的要求下，组织各方资源，使其满足工程验收要求。

4. 城市更新项目成本管理

虽然城市更新项目一直存在，但随着城市的发展，规模在逐渐扩大并吸引了更多的承包单位参与进来，很多承包单位管理经验不足，项目成本无法有效控制，且存在前期报价错误导致后期项目开展难以为继的情况。目前的市场指导价格是针对新建项目的，无法给改造更新类项目提供指导，故需要综合分析项目成本特点，准确把握成本，保证实际成本在企业可控的范围内并实现项目的盈利。

5. 城市更新项目安全与环境管理

由于城市更新项目作业空间较小，交叉作业多，且施工现场与民众生产、生活难以分离，给项目安全与环境管理带来了压力。如在老旧小区改造过程中，脚手架和安全网的搭设给居民防盗和防火带来了风险，同时也会给居民出行带来不便，影响行人安全；施工中的粉尘、噪声等污染，给居民生活带来不便的同时，也会引起居民的投诉和监管单位的处罚。如何保证项目安全可控、文明施工，需合理布置、安排工作流程和作业时间，软、硬件结合，保证项目安全。

6. 城市更新项目竣工验收管理

因城市更新项目自身的特殊性，施工项目验收除依据国家现行标准规定的竣工标准外，还要执行先行试点城市出台的地方标准，而且不同改造类型、改造内容涉及的验收部门和清单也会存在差异。

2 城市更新项目的管理组织

本章主要介绍现行项目的管理组织、城市更新项目管理难点及城市更新项目组织构成三个部分内容，在介绍施工项目管理组织的概念和解构的基础上，分析城市更新项目管理的特点及现行组织结构的不适用性。结合不同城市更新项目类型的特点，介绍不同改造项目的项目组织构成。

2.1 现行项目的管理组织

2.1.1 管理组织简介

1. 管理组织的概念

管理组织是在共同的目标和一定结构框架下集体的总称，是构成整个社会经济系统的基本单位，是由诸多要素按照一定方式相互联系起来的系统。

施工项目管理组织，是指施工单位为有效管理施工项目、实现组织职能而建立起来的组织系统，具有组织系统的设计与建立、组织运行和组织调整三大职能。组织系统的设计与建立是指通过策划、设计而建成一个可以完成施工项目管理任务的组织机构。该系统需建立必要的管理制度，划分具体的岗位、层次和部门的职责与权力，并通过一定岗位和部门内人员的规范化活动和信息交流实现组织目标；组织运行是在组织系统建立后，按照组织的要求及管理职能，由各岗位和部门的人员实施组织管理行为的过程；组织调整是指在组织运行过程中，通过检测各环节运行效率，对组织的系统及运行环节进行必要调整，以期达到组织高效运行的行为。

2. 管理组织职能

管理组织职能是指为保证组织健康发展而赋予各岗位、部门的权利和责任，以制度的形式明确规定组织职能，从而使组织可以有条不紊地运行下去。项目管理组织职能主要包括以下五个方面：

（1）组织设计；

（2）组织联系；

（3）组织运行；

（4）组织行为；

（5）组织调整。

管理组织职能不是一成不变的。在城市更新项目的实施过程中，应有计划地对其职能进行调整。

2.1.2 项目管理组织的结构模式

目前施工单位常见的管理组织结构模式包括职能组织结构模式、线性组织结构模式和矩阵组织结构模式等。管理组织结构模式反映了一个组织系统中各子系统之间或各组织元素之间的指令关系。

（1）职能组织结构模式。职能组织结构模式是一种传统的组织结构模式。在职能组织结构中，每一个职能部门可根据它的管理职能对其直接和非直接的下属工作部门下达工作指令，会产生多个矛盾的指令源，影响项目和企业管理机制的运行。

（2）线性组织结构模式。在线性组织结构中，每一个工作部门只能对其直接的下属部门下达工作指令，每一个工作部门也只有一个直接的上级部门，因此，每一个工作部门只有唯一的指令源，避免了由于矛盾的指令而影响组织系统的运行。但在一个较大的组织系统中，由于线性组织结构模式的指令路径过长，有可能会造成组织系统在一定程度上运行的困难。

（3）矩阵组织结构模式。矩阵组织结构模式是一种较新型的组织结构模式。矩阵组织结构模式最高指挥（部门）下设纵向和横向两种不同类型的工作部门，当一项工作纵向和横向交会时，指令可能来自纵向和横向两种类型的工作部门，因此指令源为两个，若指令发生矛盾，则由该组织系统的最高指挥者（部门）进行协调和决策。因此矩阵组织结构可分为以纵向工作部门指令为主或以横向工作部门指令为主的模式。

目前施工企业大多采用矩阵组织结构（图 2.1）模式，项目员工在项目经理的统一领导和协调下开展工作，同时也对各分公司或项目经理部各职能部门负责。矩阵组织结构模式以横向指令为主。

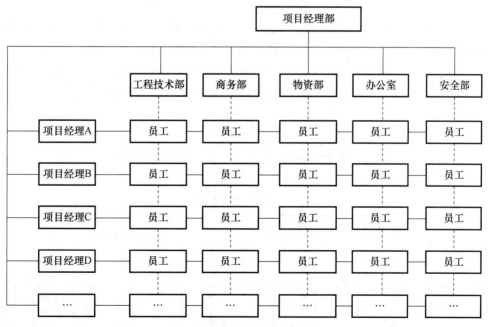

图 2.1 矩阵组织结构

矩阵组织结构模式在最高领导下设纵、横两种类型的工作部门，虽然一定程度上弥补了线性组织结构模式、职能组织结构模式的不足，但在改造项目运行过程中缺少相应的协调部门，不满足改造类项目快速协调的需求，故在传统的项目式组织结构的基础上提出了强联系矩阵式项目组织结构（图2.2）模式。

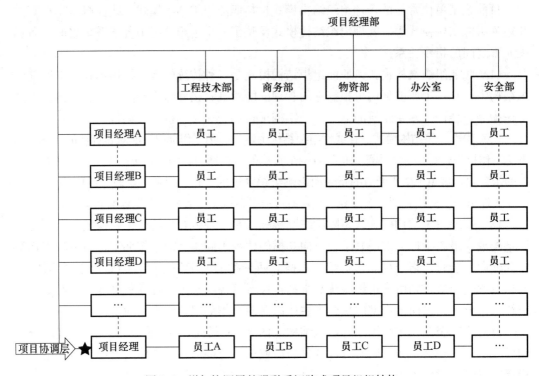

图 2.2　增加协调层的强联系矩阵式项目组织结构

可根据当地的社会环境，在项目实施过程中有针对性地选择项目协调层的设立及组织架构的划分层级。老旧小区改造项目，可根据前期的施工经验，针对片区改造，将组织架构可分为三级：一级组织架构见图2.3（a），二级组织架构负责对外的协调工作，见图2.3（b），三级组织架构协调人员负责内外部相关联单位的投诉及建议处理，见图2.3（c）。项目管理

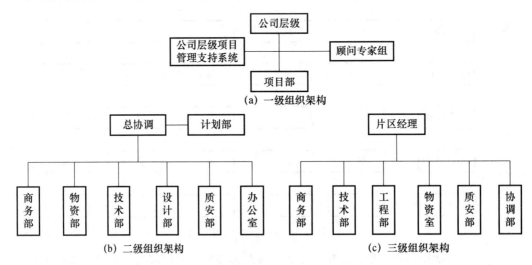

图 2.3　老旧小区改造项目组织架构

人员在快速处理关联单位投诉问题的同时合理安排人员数量，优化项目管理费用的支出。例如在老旧小区改造时，每栋6层两单元的小区类型可安排居民协调员6～8栋/人。

该组织架构在实际施工过程中能快速反应，提高了沟通的效率，缓解了相关方之间的矛盾，加快了施工进程。

2.2 城市更新项目管理的难点

因城市更新改造项目在管理上与一般新建项目相比有一些新的特点，所以现行的项目组织管理在成本、进度、安全、组织与协调等方面也需要进行相应的调整，以保证城市更新改造项目的高效运行。

1. 城市更新项目成本管理

因城市更新改造内容不同，分部分项工程与一般新建项目相比，所包含的内容、运用的材料也较为特殊，且大多采用总价包干的合同形式，内容增加带来的项目造价变动，业主方并不认可，内容减少带来造价减少，业主方会在合同造价的基础上扣除。施工过程中变更和签证较多，后期决算索赔处理与业主争议较多，后期扯皮问题出现频率较高。

2. 城市更新项目进度管理

城市更新项目较一般新建项目工期短，但影响因素众多，敏感系数较高，传统的进度管理无法准确了解工程进度从而无法控制工期，需结合项目自身特点优化进度的控制方法。

3. 城市更新项目安全管理

安全是项目建设的红线，而改造施工作业与生产、生活难以完全割离，又给项目建设带来诸多的安全隐患，例如国家对施工现场动火作业有着极高的要求。如何在现有的安全管控措施下进一步加强改造项目的安全管理关乎着项目的发展进程。

4. 城市更新项目组织与协调管理

城市更新改造属于建筑业的新业务，各地针对该领域还未建立统一的标准，且群众参与度高，社会影响大，业主意识形态不统一。如何协调好与政府、民众、企业的关系，关乎改造质量的好坏及后续改造工作的发展方向。

2.3 城市更新项目的组织构成

城市更新项目管理组织机构的确立，本着科学管理、精干高效、结构合理的原则，选配具有同类工程施工经验丰富、服务态度良好、勤奋实干的工程技术和管理人员，通过构建各项保证体系，完善科学的项目管理制度，明确安全、质量、技术、计划和合约方面的管理程序，确保整个工程的实施处于施工总承包的有效管理之下，实现对业主的承诺。

项目管理组织机构按照动态管理、优化配置的原则，全部岗位职责覆盖项目施工全过程的管理，不留死角，避免职责重叠交叉。项目管理的组织机构设置总协调人、项目经理等领导层，下设多个管理部门以满足项目管理的需要。

2.3.1 公建场馆改造类项目组织构成

1. 一般公建改造类项目组织构成

项目经理负责工程全面管理，重点与参建各方及政府各部门进行沟通协调，保证项目顺利运行；安装项目经理负责机电项目的施工管理，对机电类施工进行组织安排，落实各项工作；生产经理负责项目施工管理工作，重点对各阶段节点进度进行把控，协调各专业分包施工工作；技术经理负责项目技术质量管理工作，重点对改造项目现场与图纸不符、图纸缺失、节点做法等进行协调处理，与设计方保持高度协调，确保项目外立面效果及室内装饰装修顺利施工；商务经理负责项目商务管理工作，重点对项目开源节流进行提前策划，过程中与业主及投资监理保持沟通，保证项目各项商务策划落地；安全总监负责项目安全管理工作，重点针对项目各阶段的危险源进行把控，尤其对动火作业、高空作业进行严格把控；材料主管负责项目材料管理工作，重点进行各阶段现场材料供应协调，与技术部、商务部协同对进场材料进行封样确认工作。各部门各专业工程师各司其职，为做好项目共同努力。

拆除改建项目施工作业面复杂，现场往往与图纸不符，需要生产与技术部门密切沟通，共同推进施工进程，故将生产与技术部门合并为生产技术部，虽各有侧重，但可以对现场与技术方面统筹兼顾，共同推进。城市更新项目过程复杂多变，包含专业较多，如拆除、加固修复、新增结构、装饰装修等过程，各专业人员配置需随项目施工过程进行调整。由于改造项目体量不太大，施工过程中依据工程需要，部分岗位负责人员兼职多个岗位，工资绩效应给予适量的提高，这样既可以充分发挥人员的能动性也节约了管理成本。

城市更新类项目各部门除了具备常规项目应有的职能外，还需具备以下几点：

（1）生产部：能够把控好工期进度计划，对滞后项及时采取措施进行调整，对现场工作有责任心；对现场每个角落都需要全面查看、梳理，现场与图纸有疑问处要尽早反馈，并合理协调各施工队伍穿插作业，协调好现场施工工序，避免返工；现场各部位需拆除程度也是重点关注项；在进场后留好施工前及施工过程中全过程影像资料，一定要细致全面，方便后续与业主或其他单位沟通协商；及时办理各项总包签证。

（2）技术部：在拆除阶段，需分析拆除顺序及拆除程度，避免后期返工及不必要的损失，在结构加固施工阶段专业知识过硬，能够了解结构受力情况，及时跟设计及检测单位反馈现场问题；在装饰装修阶段，对现场所有部位、所有节点做法进行细致研究，根据现场情况进行适当优化；在全过程施工中，与现场紧密联系，现场各专业与图纸不符及疑问需统筹考虑并与设计沟通；保证项目外立面效果，施工过程中紧盯各项材料样板制作，并及时与各方确认；对现场各节点施工效果及施工质量进行严格把控。

（3）安全部：根据拆改项目特点，对于异型结构、现场动火作业、高空作业、有限空间作业等进行重点把控，现场班组较多，人员流动性大，需及时进行进场教育等。

（4）商务部：要紧盯项目设计变更，通过设计变更研究项目盈利点，做好改造项目商务策划，重点把控包干拆除以外的工程量。

组建项目部时，商务部需选拔有相关工作经验的人员（对现场和图纸精通，可凭经验算量，还能吃透总分包清单，对各分包施工项目有清晰的划分，对项目拆除外运垃圾把控力强，对设计变更能敏锐抓取盈利点）；技术与生产部需要有从事过相关城市更新项目经验的人员，另外尤其需要专业知识过硬的人员，比如钢框架类建筑拆改项目需要配备钢结构专业管理人员、幕墙专业管理人员等；能够负责任地高效协调各专业施工的人员；能全面留下项目全过程照片及视频资料；最好有一定数量的有经验的施工人员，对现场各节点进行灵活处理。

2. 新建改造类项目组织构成

（1）原工程建设资料交接小组。原工程建设资料是新建工程设计施工的重要依据，为此，项目部成立以项目总工为组长，分别从技术部、工程部、机电部各选1人，连同项目资料员组成原工程建设资料交接小组专门对接业主单位，负责原工程建设资料的交接工作。

实际操作中由业主单位即资料移交单位基于实际情况制作一份现有资料清单，同时由资料接收单位即施工单位基于目前地方相关部门要求及工程实际情况制作一份所需资料清单。通过两份资料清单的对比，找出缺少的资料并补齐。需要交接的资料种类较多，包括但不限于施工图纸，包括纸质版蓝图及电子版图纸、设计变更、设计修改通知单；勘察文件，包括岩土工程初步勘察文件及岩土工程详勘文件；施工资料，包括过程施工资料、质量验收记录、单位工程、分部分项工程验收文件、基坑验收文件、主体验收文件及工程验收文件等；宗地图、施工图设计文件及其他涉及工程的文件、变更、通知单等。需要责任小组成员细心、耐心、认真负责地完成资料交接工作。

（2）既有建筑已完工现场核对小组。城市更新类工程不同于新建工程。例如，有些改造项目是在未施工完而停工的建筑基础上进行拆除改建。这些工程现场实际已完工程状况与原工程设计图纸等不一致，因此需要逐一进行核对。为此，要成立以生产经理为组长，分别从工程部、技术部和机电部各选1人组成既有建筑已完工程现场核对小组，专门负责进行现场已完工工程与原设计图纸之间的核对工作，为改建工程的设计打好基础。

在实际操作中既有建筑已完工现场核对小组需要对整个工程做好详细的核对工作，这不仅关系后续的设计、施工，还对施工企业的工程效益有很大的影响。因为既有工程未按原设计图纸完成，因此改造施工的进度无法形象描述。例如，某些已施工完成但不符合要求建筑的墙体，需要和监理及业主单位确认拆除工作以确保后续施工的企业利益不受损。

（3）形成一套高效固定的拆除工作确认流程。拆除改造工程最大的特点就是需要对原建筑部分建筑结构进行拆除工作，而拆除工程量报监理单位及业主单位确认是确保总承包商利益不受损的重要一环，因此项目形成一套高效固定的拆除工作确认流程很有必要，其可由工程部主要负责，技术部和商务部配合完成。

在实际操作中，先由工程部和技术部确认现场已有墙体是否能应用于改建工程，如果不能则定位待拆墙体，由技术部核对待拆墙体是否为原工程设计。有以下两种情况：

情况一，待拆墙体即为原工程设计。由工程部与监理单位及设计单位沟通，现场确认待拆墙体；由技术部在纸质版图纸上对待拆墙体进行标注，然后将纸质版图纸报监理单位及业主单位签字盖章确认；之后由商务部计算拆除工程量，并将工程量标记于确认返回的图纸上，与咨询单位确认工程量，全部确认工作完成后图纸由商务部存档。

情况二，待拆墙体非原工程设计。由工程部与监理单位及设计单位沟通，现场确认待拆墙体，进行现场拆除工作；由技术部绘制待拆墙体图纸，与其他待拆墙体整合在一起，之后执行与情况一相同的确认流程。

2.3.2 环境整治提升类项目组织构成

1. 项目部组建原则

项目部肩负实施项目管理、履行总包合同的重任，是企业为实现工程各项管理目标而设置的施工现场管理组织，因此，良好的项目组织机构是工程顺利进行的基础和重要保证。为保证项目组织机构能够胜任工程的组织管理工作，组建项目部、设置组织机构时，需严格遵守表 2.1 所示的原则。

表 2.1 项目部组建原则

原则	说明
专业、高素质的原则	从项目经理、技术负责人、生产经理到现场各类专业人员，应选派能力强、素质高、有类似工程施工经验且具有拼搏、奉献和敬业精神的人员，组建精干、高效的项目经理部
层次分明、分工明确、责任到人的原则	组织机构分为企业保障层、总承包管理层、施工作业层。企业保障层是后盾，总承包管理层是主体，施工作业层是基础，各层次之间职责分明。 项目部根据任务要求分成若干个职能部门，各职能部门之间既分工明确又相互协作
强调总承包职能、总包统揽全局的原则	工程规模大、系统多、分包和供应项目多，因此，做好总承包管理是工程顺利实施的关键。在项目经理直接领导下，从事总包管理和总包协调工作，从全局出发统一协调、统一管理，行使施工总承包管理职能，有效地解决以前施工总承包管理中存在的协调力度不大的问题
注重协调性和控制的有效性原则	做到职责清晰、目标明确、步调统一、调控有方，使组织机构成为一个高效的整体。项目部将从施工组织、技术方案、工程质量、安全控制、招标采购及后勤保障、进度管理、运输和场地协调等方面加强组织领导，从项目经理到每一名员工，上下协调一致，充分发挥总承包商在管理、技术、资源等各方面积累的丰富经验和优势，全方位进行整体协调和控制
发挥团队精神的原则	项目的最终成功要依靠项目团队的努力，因此，组织机构的设置和人员配备要有利于充分发挥团队精神。在目标设置上，要努力把项目目标和员工个人目标有机地结合起来

2. 项目管理层次保障

施工企业工程组织管理分为三个层次：企业保障层、总承包管理层和施工作业层。

企业保障层代表本单位决策者对项目经理部进行监督。一是监督施工总包管理体系的运行情况；二是监督工程质量、进度及其他管理工作是否按照施工总承包合同约定的条款履行、兑现合同承诺；三是监督指导项目经理部对施工过程中出现的问题能否及时解决和组织落实。企业保障层应充分有效地配置企业资源，支持施工总承包项目部工作。

总承包管理层即施工总承包项目经理部，代表企业全面组织实施施工总承包管理，对总承包范围内的全部工作内容负责，包括工程质量、安全、进度、现场文明施工的管理，配合及现场协调业主指定分包工程的施工，单项工程验收及交工验收资料的收集整理，负责工程竣工验收资料并汇总整理竣工档案。

施工作业层在项目经理部的领导下负责现场施工作业。施工作业层主要是承建的各专业作业队。

3. 项目部工作职能

项目部应以项目管理内容为依据确定相关责任人，实现项目全过程管理。项目部工作职能见表2.2。

表 2.2　项目部工作职能

序号	工作职能	工作事项	时间期限	负责人
1	项目启动	开工报告申请	工程开工前	项目经理
2	组织管理职能	组织机构方案的申请	工程开工前	项目经理
		确定项目人员岗位职责	人员到岗前	
		组织编制"项目部实施计划"	项目部组建后16天内，工程开工前	
		项目经理月度报告	次月3日前	
3	合同管理	合同责任分解	工程开工前	项目经理
		合同履约	全过程	项目经理
		过程结算	按合同约定	商务经理
		履约资料管理	全过程	商务经理
		签证	全过程	商务经理
		项目商务月度报告	次月3日前	商务经理
4	资金管理	编制"工程收（付）款计划"（动态管理）	全过程	商务经理
		工程进度报量及收款申请确权	按合同约定	商务经理
		项目工程款回收	按合同规定	项目经理
		分包供款项支付	按合同规定	项目经理
		项目现金流量分析及动态管理	每月	商务经理
5	技术管理	技术标准、规范配置	工程开工前及过程中	技术负责人
		图纸预算及审计	按建设方要求	技术负责人
		施工组织设计及交底	分项工程开工之前	项目经理
		分项工程技术交底	根据工程进度	专职施工员
		技术复核	根据工程进度	技术负责人
		工程变更（设计变更及技术核定）	根据工程进度	技术负责人
		新技术开发和应用	工程开工前及过程中	技术负责人
		工程技术资料	按工程进度	技术负责人
		计量设备	全过程	技术负责人

续表

序号	工作职能	工作事项	时间期限	负责人
6	物资及设备管理	分供商过程考评（反馈供方合作情况）	全过程	材料员
		编制物资预算总计划	开工前60d，工程体量较大时可分阶段完成	商务经理
		编制物资及设备需用计划	每月23日前	生产经理
		施工设备管理	设备进场时及使用过程中	生产经理/机械管理员
		分供商结算	工程竣工3个月内	商务经理
7	分包管理	工程分包计划	工程开工前	项目经理
		分包商进场、退场及过程管理	全过程	生产经理
		结算	按合同约定	商务经理
		劳务人员管理	项目全过程	生产经理/机械管理员
8	工期管理	工期管理计划［总计划/节点计划/月（周）进度计划］	开工前/全过程	生产经理
		开工准备	工程开工前	项目经理
		项目工期控制及预警	项目实施全过程	生产经理
		每日情况报告	每一个工作日	生产经理
		作业面每日情况报告	每一个工作日	专职施工员
		施工影像管理	按工程施工进度	生产经理/专职施工员
9	成本管理	计划成本预测	开工前及每季度	商务经理
		商务策划	开工前及全过程	项目经理
		成本核算	全过程	商务经理
		成本分析	每月	商务经理
		商务例会	每月	项目经理
		成本控制	全过程	商务经理
		成本还原	节点及竣工后2个月	商务经理
10	质量管理	质量策划	开工前	项目经理/质量员
		检验及试验	项目实施全过程	技术负责人/试验员
		质量控制	项目实施全过程	质量员
		质量验收	项目实施全过程	质量员
		质量改进	项目实施全过程	技术负责人/质量员
		质量事故报告及处置	质量事故发生时	项目经理
11	安全与职业健康管理	健全安全与职业健康责任制	开工前	项目经理
		安全与职业健康计划与实施	开工前及过程中	安全员
		全过程安全管理	项目实施全过程	项目经理
		安全事故报告与处置	安全事故发生时	项目经理
		消防管理	项目实施全过程	安全员

续表

序号	工作职能	工作事项	时间期限	负责人
12	环境管理与绿色施工	环境管理工作责任制	开工前	项目经理
		项目环境管理计划与实施	开工前及过程中	项目经理
		环境因素识别与评价	项目实施全过程	技术负责人
		日常环境管理	项目实施全过程	专职施工员
		环境事故报告与处置	环境事故发生时	项目经理
		绿色施工策划	开工前	项目经理
		绿色施工方案	开工前及过程中	技术负责人
		绿色施工过程实施	项目实施全过程	生产经理
		绿色施工评价	项目实施全过程	专职施工员
13	应急管理	质量、安全及环境应急编制	项目实施全过程	项目经理
		质量、安全及环境应急演练	项目实施全过程	项目经理
		质量、安全及环境应急事件响应	项目实施全过程	项目经理
14	收尾管理	项目收尾工作计划	工程竣工前	项目经理
		工程清理	工程竣工前	生产经理
		工程竣工验收及移交	按合同规定	技术负责人
		工程资料归档及移交	工程交付后	项目经理
		项目部资产及剩余物资处置	工程交付前、后	项目经理
		工程竣工结算	工程交付后	项目经理

4. 项目组织结构

以某水系整治为例，项目组织结构见图 2.4。

项目部的人员配备应大致满足以下两个要求：

（1）满足现场管理需要，符合管理体系要求并有利于人才培养。

（2）在满足基本需求的情况下，岗位设置可一岗多责、一专多能，适当缩减编制，以提高人均产值和人均利润。

5. 划分原则及岗位说明

（1）划分原则。

1）目的性原则。

① 明确施工项目管理总目标，并以此为基本出发点和依据，将其分解为各项分目标、各级子目标，建立一套完整的目标体系。

② 各部门、层次、岗位的设置，上下左右关系的安排，各项责任制和规章制度的监理，信息交流系统的设计，都必须服从各自的目标和总目标，做到与目标相一致、与任务相适应。

2）效率性原则。

① 尽量减少组织层次、简化机构，各部门及岗位间的职责应该明确，分工要明确并相互协作，确保组织系统的正常运行。

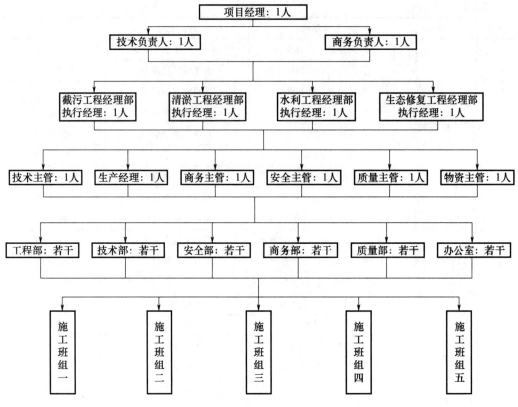

图 2.4　某水系整治项目组织结构

② 要避免架构内存在业务量不足、人浮于事或者相互推诿的情况，避免效率低下。

③ 领导班子应具有较高的素质，有团队协作精神，减少各部门间的内耗，力求工作人员精干，一专多能，一人多职，在给组织架构"瘦身"的同时保证较高的工作效率。

3) 管理跨度与管理层次一致性原则。

① 根据施工项目的规模确定合理的管理跨度和管理层次，设置切实可行的组织架构。

② 整个组织架构的管理层次应该适中，减少设施、节约经费，提高信息传递的效率和速度。

③ 使各级管理者都拥有适当的管理幅度，在职责范围内能集中精力、有效领导，充分调动下级人员的工作积极性和主动性。

4) 业务系统化管理原则。

① 依据项目施工活动中，不同单位工程，不同组织、工种、作业环境，不同的职能部门、作业班组，以及和外部单位、环境之间的纵横交错、相互衔接、相互制约的业务关系来设计项目管理组织架构。

② 应使管理组织架构的层次、部门划分、岗位设置、职责权限、人员配置、信息沟通等方面，适应项目施工活动的特点，有利于各项业务的进行，充分体现责、权、利的统一。

③ 使管理组织架构与工程项目施工活动，与生产业务、经营管理相匹配，形成一个上下一致、分工协调的严密组织系统。

5）弹性和流动性原则。

① 施工项目管理组织机构应能适应项目生产活动单件性、阶段性和流动性的特点，具有弹性和流动性。

② 在施工的不同阶段，当生产对象数量、要求、地点等条件发生改变时，在资源配备的品种、数量发生变化时，施工项目管理组织架构应根据变动及时做出相应的调整。

③ 施工项目管理组织架构要适应工程任务的变化，对部门设置的增减、人员安排及合理流动，始终保持在精干、高效、合理的水平上。

6）与企业组织一体化的原则。

① 施工项目组织架构是企业组织的组成部分，企业是施工项目组织的上级领导。

② 企业组织是项目组织架构的母体，项目组织形式应与企业母体相适应、相协调，体现一体化原则，以便于企业对项目的组织和管理。在管理业务上，施工项目的组织架构接受企业内部有关部门的指导。

③ 在组建施工项目组织机构及调整、解散项目组织时，项目经理由企业任免，人员一般都来自企业内部的职能部门等，并根据需要在企业组织与项目组织之间进行流动。

（2）一般及特殊岗位说明。

1）一般岗位管理人员职能见表2.3。

表 2.3　一般岗位管理人员职能

序号	岗位	主要管理职能
1	项目经理	1）资源组织调配、对接业主高层及外围关系的协调 2）组织审定项目管理年工作计划、阶段性工作计划 3）对涉及多个单位、需横向协作或涉及总部管理服务部门的问题，组织召开调度会、协调会，做好指挥、协调工作
2	技术负责人	1）负责组织、指导、协调项目的设计工作，确保设计工作按合同要求组织实施 2）对设计进度、质量和费用进行有效的管理与控制 3）对BIM（建筑信息模型）建模、深化设计、运营全过程指导和管理
3	商务负责人	1）负责项目的商务、合同等各项管理工作 2）监督各专业项目部的履约情况，控制工程造价和工程进度款的支付情况，确保投资控制目标的实现 3）审核各专业项目部制定的物资计划和设备计划，督促专业项目部及时采购所需的材料和设备，保证专业项目部的工程设备、材料的及时供应 4）以企业法人委托人身份处理与工程项目有关的外部关系及签署有关合同等其他管理职权，对项目负责人负责
4	执行经理	1）遵守国家和政府关于工程建设和城市建设管理的政策和法规，在总承包商单位的授权下，履行工程项目管理责任；是工程质量、安全、工期的第一责任人，负责项目部的全面管理工作 2）严格履行工程总承包合同，确保服务质量和本项目质量、进度、安全等各项目标的实现 3）领导编制工程各阶段的目标计划与总体进度计划，建立健全各项管理制度 4）做好与业主、监理公司、设计单位的协调工作，与业主保持经常接触，随时解决施工过程中出现的各种问题，多替业主排忧解难，确保业主的利益，负责对业主、监理单位及总部的工作汇报 5）处理项目实施中的重大紧急事件，并及时上报

续表

序号	岗位	主要管理职能
5	物资主管	1）负责工程承包范围内的专业单位、材料、设备等采购工作 2）按照工程总进度计划的要求，编制年度采购计划，确保各类所需的专业单位、材料、设备及时进场
6	质量主管	1）直接由单位委派，对工程施工质量具有一票否决权，直接领导质量管理部，对现场工程进行全面质量监督 2）贯彻国家及各省、区、市的有关工程施工规范、工艺规程、质量标准，严格执行国家施工质量验收统一标准，确保项目总体质量目标和阶段质量目标的实现 3）负责处理企业的质量纠纷，对重大质量事故进行调查分析
7	生产经理	1）组织编制各专业施工进度计划 2）按照计划协调和指导生产过程中的人、机、料、法、环的安排，确保生产能顺利进行 3）组织现场施工，对工作面及工作关系进行协调 4）确保生产原料、人力和设备均被有效用于生产并能减少浪费，保障生产产品的质量 5）保证能按照计划要求按时完成生产任务 6）及时解决生产过程中出现的问题 7）对项目的进度计划进行全面的管理 8）对各专业现场施工进度、工作面交接及工序穿插进行督促与管理 9）对现场施工情况进行分析、评价，提出改进措施
8	安全主管	1）直接由单位委派，对工程施工安全具有一票否决权，直接领导安全管理部 2）严格执行国家安全生产的方针、政策、各种规章制度及各项标准，代表企业对施工生产安全行使监督检查职能，具体指导安全员工作 3）负责起草安全生产制度、安全生产责任制、安全检查制度和安全教育制度并督促项目贯彻实施，主持编制项目的环境与职业健康安全方案，并审核安全员编制的安全防护方案 4）组织项目安全领导小组开展旬（周）例行安全生产大检查，督促做好安全检查记录，督促整改并实施安全奖惩
9	商务主管	1）对项目成本目标负责，做好项目的成本管理、合约管理、预算、概算、统计工作 2）熟悉图纸，组织编制工程概算、预算及年度、季度成本分析报告，及时准确建立统计台账，做好成本核算工作 3）做好分项工程的工、料、机分析，负责材料计划的定额用量审批 4）根据工程洽商单及时办理变更签证，根据工程进度，办理月份工程款请款计划 5）负责劳务、机械及工程分包合同的招标、签订、评审 6）负责组织有关人员及时编制工程竣工结算报告

2）一般部门管理职能见表 2.4。

表 2.4　一般部门管理职能

序号	部门名称	主要管理职能
1	工程部	1）负责现场土建、安装、管道、清淤等施工组织和管理工作 2）负责对分承包商的考核、评价和选择 3）参加编制工程施工进度计划，督促和检查施工进度计划 4）严格按设计文件、质量体系文件和各种施工规范进行现场施工监督和质量检验 5）协助计划经理做好现场计划、工序穿插与协调工作 6）参与编制项目总进度计划 7）对各专业内业、现场施工等各项工作进度予以考核

序号	部门名称	主要管理职能
2	商务部	1）负责项目预算成本的编制、商务合约及采购工作 2）负责项目专业单位招标文件的编制工作 3）负责专业单位、供应商选择工作 4）负责项目合同管理、造价确定等事务的日常工作 5）负责项目物资设备的采购和供应工作，负责与公司总部后方采购供应支持的协调联系工作 6）负责要求各专业单位及时报送材料采购计划、材料报审资料，及时采购和进场工程所需的各种材料，并对材料进行检验，保证质量
3	技术部	1）负责整个项目的施工技术管理工作 2）参与编制项目质量计划、职业健康安全管理计划、环境保护计划等 3）参与材料设备的选型和招标，并负责设计变更 4）负责技术资料及声像资料的收集整理工作，以及项目阶段交验和竣工交验 5）与工程质量管理部紧密配合，共同负责工程创优和评奖活动 6）负责工程的设计工作和深化设计管理工作 7）负责向专业工程师、施工总承包商、业主进行设计交底 8）负责及时处理现场提出的设计问题，设计变更应完全按照项目变更程序办理 9）负责编制项目深化设计方案（深化标准、流程及管理方法等） 10）协调、督促、审查、报审各专业单位深化设计成果
4	质量管理部	1）负责项目的质量管理工作；贯彻有关工程施工规范、质量标准，确保工程总体质量目标和阶段质量目标的实现 2）负责组织编制项目质量计划并监督实施，将项目质量目标进行分解落实，加强过程控制和日常管理，保证项目质量，保证体系有效运行 3）加强对各专业单位的质量检查和监督，确保质量符合规范要求 4）负责工程竣工后的竣工验收备案工作，在自检合格的基础上向业主提交工程质量合格证明书，并提请业主组织工程竣工验收
5	安全管理部	1）负责项目安全生产、文明施工和环境保护及职业健康等工作 2）负责编制职业健康安全计划、环境计划和管理制度并监督实施 3）负责安全生产和文明施工的日常检查、监督、消除隐患等管理工作 4）负责安全目标的分解落实和安全生产责任制的考核评比 5）保证项目施工生产的正常进行，负责准备安全事故报告 6）负责对各专业单位劳务人员的进退场和工资发放进行监管
6	综合办公室	1）当好参谋和助手，提出团队文化建设的策划方案和实施计划 2）按照管理层的决议，对团队文化建设的运行进行综合协调，督办落实 3）在项目负责人领导下开展工作

3）特殊岗位管理职能见表 2.5。

表 2.5 特殊岗位管理职能

序号	人员岗位	主要管理职能
1	对外协调组	1）负责对外关系的协调，主要针对施工现场附近的村委及村民等关系进行处理 2）配合其他部门对施工场地进行前期的勘察，优化设计方案 3）在与施工场地周边居民发生冲突时负责协调处理
2	BIM 工作室	1）负责工程 BIM 模型的建立，对各专业单位的 BIM 模型进行管理 2）负责项目 BIM 系统的建立，对模型进行综合、维护和运用 3）负责各专业 BIM 模型的建立和深化设计 4）负责 BIM 各专业单位、协调单位的沟通联系 5）协助计划管理部做好基于 BIM 技术的现场平面管理、4D 工期管理工作

6. 项目组织构架的调整

（1）组织的设计。

1）设计、选定合理的组织系统（含生产指挥系统、职能部门等）。

2）科学确定管理跨度、管理层次，合理设置部门、岗位。

3）规定组织机构中各部门之间的相互联系、协调原则和方法。

4）建立必要的规章制度。

5）建立各种信息流通、反馈的通道。

（2）组织的运行。

1）做好人员配置、业务衔接，职责、权力、利益明确。

2）各部门、各层次、各岗位人员各司其职、各负其责、协同工作。

3）保证信息沟通的准确性、及时性，达到信息共享。

4）经常对在岗人员进行培训、考核和激励，以提高其素质和士气。

（3）组织的调整。

1）分析组织体系的适应性、运行效率。

2）及时发现不足与缺陷。

3）对原组织设计进行改革、调整或重新组合。

4）对原组织运行进行调整或重新安排。

（4）城市更新组织调整内容。

1）投标签订合同阶段。投标签订合同阶段组织职能见表 2.6。

表 2.6　投标签订合同阶段组织职能

组织职能	1）按照企业的经营战略，对工程项目做出是否投标及争取承包的决策 2）决定投标后，收集掌握企业本身、相关单位、市场、现场及诸多方面信息 3）编制"施工项目管理规划大纲" 4）可能中标的投标书，在投标截止日期前发出投标函 5）中标后与招标方谈判，依法签订工程承包合同
调整原因及建议	本阶段主要是进行招投标的工作，与施工现场并无太多联系，故本阶段不需要建立与实际施工相关的部门。实际招投标过程中，可增加法务部门、招投标部门等相关部门，同时安排工程项目中的项目负责人、技术负责人及商务负责人配合投标。项目主要人员参与投标有利于理解项目建设意图，能更好地管理 EPC（工程总承包）类更新项目

2）施工准备阶段。施工准备阶段组织职能见表 2.7。

表 2.7　施工准备阶段组织职能

组织职能	1）企业正式委派资质合格的项目经理；项目经理组建项目经理部，根据工程管理的需要建立机构，配备管理人员 　　2）企业管理层与项目经理协商签订施工项目管理目标责任书，明确项目经理应承担的责任目标及各项管理任务 　　3）编制施工项目管理实施规划 　　4）做好施工各项准备工作，达到开工要求 　　5）编写开工申请报告，上报待批开工

调整原因及建议	本阶段主要进行施工前的一些准备工作，包括组建项目部、做好前期勘察、征地拆迁协调等。与一般的房建项目不同，城市更新项目的施工准备阶段工作尤为重要，一个好的前期工作对后期施工顺利进行起到决定性作用。故本阶段的工作应该做得较为细致，可以成立一个BIM工作室，针对现场有冲突的地方及时优化图纸。同时此阶段应由专业性较强的人牵头各部门，对各体系内可能遇到的问题提前梳理统计，对能优化部分及时优化，其他无法优化的部分提前做好风险防范措施，将损失降到最低。施工准备阶段往往也是施工图绘制的阶段，现场勘察的仔细程度及完整程度将影响设计的合理性，做好现场勘察能让施工人员少走弯路。本阶段也可以增加一个设计协调部门，专门针对设计与施工现场的适应性与协调性问题进行处理

3）施工阶段。施工阶段组织职能见表 2.8。

表 2.8　施工阶段组织职能

组织职能	1）进行施工 2）做好动态控制工作，保证质量、进度、成本、安全目标的全面实现 3）管理施工现场，实行文明施工 4）严格履行合同，协调好与建设、监理、设计及相关单位的关系 5）处理好合同变更及索赔 6）做好记录、检查、分析和改进工作
调整原因及建议	本阶段为项目实施的重要阶段，人员配置应该是较为完善的时期，项目应该根据项目建设的规模、实施的专业类别对应配备相应数量的管理人员。管理人员数量应该合理，既要满足施工的管理需要，也要保证管理人员的工作内容充实，避免人员冗余，降低管理效率。另外，因城市更新项目实施过程中常与施工现场周边居民等发生矛盾，故实施过程中可考虑增加对外协调部门，确保施工项目的顺利进行

4）竣工与结算阶段。竣工与结算阶段组织职能见表 2.9。

表 2.9　竣工与结算阶段组织职能

组织职能	1）工程收尾 2）进行试运转 3）接受正式验收 4）整理移交竣工文件，进行工程款结算 5）总结工作，编制竣工报告 6）办理工程交接手续，签订工程质量保修书 7）项目经理部解体
调整原因及建议	本阶段现场实体的施工已经完成，主要工作内容为结算资料编辑、竣工验收的组织与实体设备的试运行。本阶段已淡化现场实体施工，更注重确保竣工验收与结算的顺利进行，故此时与现场相关的一些部门可减少人员配置，如工程部、安全部、质量部及技术部的人员数量可适当减少，只需保留骨干力量进行竣工验收即可。因城市更新项目的竣工验收与一般房建项目不同，对接的部门较为复杂，有的对接城建管理部门，有的对接环保部门，还有的对接水利部门，每个部门的验收流程各不相同，法律法规要求繁杂，故本阶段可考虑公司法务部门进行参与，加快结算进程，同时避免因政策理解深度的问题导致发生利益冲突问题

5）用后服务阶段。用后服务阶段组织职能见表 2.10。

表 2.10　用后服务阶段组织职能

组织职能	1）根据"工程运营协议"的约定做好运营工作 2）为保证正常使用提供必要的技术咨询和服务 3）进行工程回访，听取用户意见，总结经验教训，及时维修和保修 4）配合科研等需要，进行结构稳定、生态恢复性能观察
调整原因及建议	本阶段主要进行的是工程保修工作，对于部分城市更新项目，客户可能会倾向于施工单位进行运营管理一定周期。故此阶段主要是负责工程保养及维护，此时项目部已经解体，运营管理部门可由公司指派的专业部门或者项目经理部解体后保留的部分人员组成

（5）城市更新环境整治类项目的项目部组建。城市更新环境整治类项目在项目部组建时可以从以下几个方面考虑项目结构组成：

1）根据所选择的项目组织形式组建。不同的组织形式决定了企业对项目的不同管理方式，提供的不同管理环境，以及对项目经理授予权限的大小，同时对项目经理部的管理力量配备、管理职责也有不同的要求，要充分体现责、权、利的统一。

2）根据项目的规模、复杂程度和专业特点设置。如大型施工项目的项目经理部要设置职能部、处，中型施工项目的项目经理部要设置职能处、科，小型施工项目的项目经理部只要设置职能人员即可。在施工项目的专业性很强时，可设置相应的专业职能部门，如水电处、安装处等。项目经理部的设置应与施工项目的目标要求相一致，便于管理，提高效率，体现组织现代化。

3）根据施工工程任务需要调整。项目经理部是弹性的一次性的工程管理实体，不应成为一级固定组织，不设固定的作业队伍。应根据施工的进展、业务的变化，实行人员选聘进出，优化组合，及时调整，动态管理。项目经理部一般是在项目施工开始前组建，工程竣工交付使用后解体。

4）适应现场施工的需要设置。项目经理部人员配置可考虑设专职或兼职，功能上应满足施工现场的计划与调度、技术与质量、成本与核算、劳务与物资、安全与文明施工的需要。不应设置经营与咨询、研究与发展、政工与人事等与项目施工关系不紧密的非生产性部门。

5）施工项目经理部的部门设置和人员配置。施工项目是市场竞争的核心、企业管理的重心、成本管理的中心。为此，施工项目经理部应优化设置部门、配置人员，全部岗位职责应能覆盖项目施工的全方位、全过程，人员应素质高、一专多能、有流动性。

2.3.3　基础设施改造类项目组织构成

1. 项目组织机构及分工

为实现工程的工期目标，必须成立强有力的项目工期管理领导小组。应加大现场管控、协调力度，充分发挥项目部的管理人员职责（表 2.11），确保工程有序、高效运行，顺利实现工程既定目标。

表 2.11　管理人员职责

序号	岗位	工作职责
1	项目经理	1）组织施工总进度计划和年、季度、月施工计划的编制和实施 2）对整个项目的施工组织进行总体安排和部署 3）组织编制资源需用总计划，对施工所需各项资源进行总体调度 4）组织施工进度计划实施情况的跟踪检查，根据检查结果进行分析，提出并实施加快进度的措施 5）主持项目生产会、协调会；参加监理组织的周例会
2	项目总工程师	1）负责施工总进度计划的编制，审核年、季度、月施工计划 2）参与整个项目的施工组织进行总体安排和部署 3）组织施工技术准备工作，制定保证进度的技术措施并督促实施 4）提出加快施工进度的技术措施并督促实施 5）及时解决施工过程中的各种技术问题 6）参加项目召开的生产会、协调会
3	项目副经理	1）负责年、季度、月施工进度计划的编制 2）提出施工所需各项资源的进场计划 3）对施工进度计划实施情况进行跟踪检查，根据检查结果进行分析，提出并实施加快进度的措施 4）积极为劳务班组提供和创造施工条件 5）负责施工现场具体的施工组织和施工管理 6）督促劳务班组按期完成施工进度计划和施工作业计划 7）及时向项目经理和劳务班组提出保证工期的建议和要求 8）及时解决和处理施工过程中出现的矛盾和问题 9）参加项目召开的生产会、协调会
4	项目副经理（外协）	1）配合业主及时办理管线迁改、交通、场地等相关手续 2）协调相关单位及时进行管线迁改、绿化迁移等事项 3）协调与周边施工单位交通和场地方面关系 4）及时处理交通、场地方面发生的各种问题
5	质量总监	1）负责施工现场施工质量管理 2）落实质量保证措施、日常质量检查、追踪事故苗头 3）参加项目部召开的生产会、协调会
6	安全总监	1）负责施工现场施工安全、环境管理 2）落实安全环境措施、日常安全检查、追踪事故苗头 3）参加项目部召开的生产会、协调会
7	商务经理	1）直接领导商务合约管理部、物资设备管理部的各项管理工作 2）监督各分包商的履约情况，控制工程造价和工程进度款的支付情况，确保投资控制目标的实现 3）审核各分包商制定的物资计划和设备计划，督促分包单位及时采购所需的材料和设备，保证分包单位的工程设备、材料的及时供应

2. 项目对接分组

根据项目管理需求成立技术、水电、现场、迁改、后勤五个专业对接小组，各小组职责见表2.12，以专业化为保障，最优化项目协调管理。

表 2.12　项目管理小组职责

序号	小组	职责	备注
1	技术组	建设核心技术团队，为协调工作提供专业技术支持	
2	现场组	负责与周边地块进行施工场地的协调	

续表

序号	小组	职责	备注
3	迁改组	负责原有构筑物及绿化的迁改、拆除的协调	
4	水电组	负责水电管线的迁改及临时水电借用的协调	
5	后勤组	负责市政道路占用及有关政府职能部门的协调对接	

根据项目分组提高项目部内部管理人员的工作效率，增强与建设单位的联系，加强对劳务分包商的控制和与各供货厂商的协作，并明确各方的职责分工，减少扯皮现象，将围绕工程建设的各方面人员充分调动起来，共同实现工期总目标。

以水电组对接为例，可继续根据工作内容进行细分，将工作分工明确至个人。水电组对接组织见图 2.5。

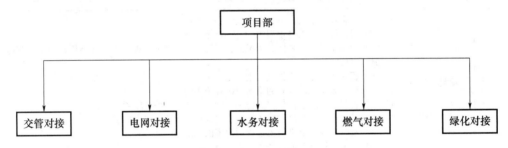

图 2.5 水电组对接组织

3. 城市更新基础设施改造类项目构架特点

改造类项目工期紧、任务重，同时开展的作业面较多，现场安全监督范围较广，所以技术部、工程部、安全部人员占比较多；城市更新工程施工过程中涉及的地方关系、相关产权单位、各种矛盾的协调相对而言要比新建工程多，故需设立协调部门，专门负责与外部的协调工作。

（1）协调经理岗位职责。

1）负责与政府各相关部门联系，协调并办理各种相关手续。

2）工程开工前，协助项目经理召集全体项目管理人员召开首次协调会，明确各自分工、办事的流程及建设的要求。

3）及时解决建设中的各种问题和矛盾，在工程施工中坚持召开工程协调会制度。

4）协助项目经理完成企业领导交办的工作任务，与外联单位沟通，保证工程按时、按质、按量完成。

5）协调并配合与企业各部门之间的工作。

（2）其他特点。

1）改造类项目必须设立协调部门。改造类项目往往推进滞后，受外部影响因素最大，所以设立协调部门非常重要。

2）技术人员前期配备要充足。改造类项目涉及的图纸多、施工方案多、交通导改多，所以配备充足的技术人员相当必要。

2.3.4 老旧小区片区改造类项目组织构成

老旧小区片区改造类项目组织构成除符合以上改造类项目的特点外，主要包含以下特性：老旧小区片区改造类项目部门划分除了按照常规人员配置还需增加协调部门，包括外部协调、内部协调。老旧小区片区改造类项目组织框架见图2.6。

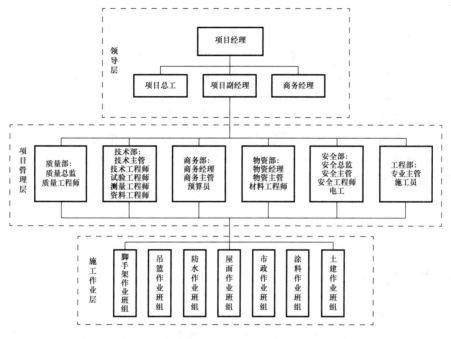

图2.6 老旧小区片区改造类项目组织框架

（1）外部协调：主要针对外部相关部门之间协调，主要包括强弱电、自来水、燃气等、施工占用道路（需办理占道手续）、街道、社区、居民等之间的协调。建议在每个小区设置一个居民接待点（可聘请本小区已退休居民担任，这样有利于居民之间的沟通）。

（2）内部协调：主要针对各专业之间的协调，主要包括外立面更新、线路优化、小区平面道路等。

3 城市更新项目招投标

本章内容共包含三个部分：投标前准备、工程项目投标、分包商招标及管理。投标前准备包含投标人才确定、现场踏勘、招标文件阅读等相关内容。其中，针对项目投标时技术标、商务标编写人员的确定，从基本技能和工程管理经验等方面进行了分析和总结；针对城市更新项目现场踏勘时的人员结构及重点关注的内容提出了意见；针对城市更新项目招标文件需重点关注的内容（如工程量核算等）提出了意见。同时，根据施工管理过程中针对城市更新项目的标书撰写、投标报价技巧及其他需要注意的细节进行了总结。本章还结合城市更新项目施工特点，阐述了分包商招标的选取及管理技巧以避免施工管理风险。

3.1 公建场馆改造类项目招投标

3.1.1 投标前准备

1. 投标人才确定

技术标编写人员需要完整经历过一次城市更新类项目，对工期节点把控、拆改注意事项、关键工序施工等能够清楚了解，对各专业图纸能全面细致地看懂，并在编写技术标过程中重点对施工部署、施工进度计划安排、资源配置计划等进行深入考虑，能在技术标编写中对各项施工方案做出针对性及有利于总承包商的内容，能重点考虑措施费相关方案及施工部署，能与商务投标人员联动，切实全面考虑措施费，不存在漏项。所以，技术标人员主要选择在项目上从事技术工作的技术员、技术主管、项目总工等有施工方案编写经验的人员，编写人员从事项目技术管理工作都在 2 年以上，优先选择目前项目事情较少（中标拟派总工）的总工、技术主管等，以便中标后可更快投入项目管理中。

商务标编写人员需具备准确测算成本、善于发现开源点等相关技能，需从事过相关项目，能重点考虑各项措施费投入是否合理，并细致查看图纸，避免清单缺项；对改造项目非常规材料重点进行梳理，并考虑如何编写商务标能有容错率。对拆改项目在前期投标过程中拆除及垃圾外运全面考虑工程量，可与业主方签订包干项。

如某维修改造项目是将未竣工的办公楼改造为医院，建成后包括门诊、急诊、医技、办公、住院、停车等功能。项目总建筑面积约44486m²，建筑高度99.55m，地下1层，地上23层，结构形式为框架剪力墙，结构7层及7层以上梁、板、柱大部分采用装配式构件，目前建筑主体结构已经施工完成，尚未通过竣工验收，拟改建为口腔医院。项目新建55m高立体停车库，共26层，建成后可容纳车辆150辆。项目承包范围为工程勘察、初步设计和施工图设计，按业主和合同要求完成施工图范围内的全部施工内容和工程交付，以及为使工程具备竣工交付条件所需办理的各项相关手续及总包管理服务。

项目投标前首先分析该项目的项目特征，以拆除改造及 EPC 管理两方面为基础选择具有相应经验的人员进行投标，抽选企业在建 EPC 工程、拆除改造项目相关人员进行集中投标。同时本项目采用定额计价，商务标以了解当地定额人员为主力进行投标，最终形成 8 人的投标团队，通过集中投标的方式加快整体工作效率，提高沟通效率。

2. 现场踏勘

现场踏勘人员必须是编制技术标与商务标一起，针对图纸与现场对比，各自发表对编制标书需重点关注的事项；城市更新类项目现场踏勘时应特别注意结构安全，此类项目建筑一般建造已久，结构部分可能存在安全隐患，或者不符合现行规范要求的状况，结构安全是重中之重；要关注建筑需要保留部分的实际情况，特别是一些看不到的面，比如高空幕墙、隐蔽掉的龙骨、装饰面背面等。若破损严重则可在招标答疑中发问。尽量在投标前期就全面考虑；将招标图纸打印出来去现场踏勘，尤其对照最终完成的建筑图，对现场情况与建筑图最终完成面的情况进行梳理，找出有疑问及不符情况，对图纸中标明非改造区域及保留部位进行重点摸排，防止后续施工过程中因招标未考虑而有亏损项。在现场踏勘时需主要关注的内容包括踏勘场地现状、周边环境（是否有树木、高压线、居民楼、学校、通信设施等影响因素）、大门口位置及可能开口的位置、围挡、交通道路、临水临电接驳位置、排污排水位置、现场可利用场地（临建办公、宿舍是否有场地）等。

如上述医院改造项目，通过现场踏勘发现，原项目主体结构已施工完成，外墙砌筑工程已施工完成，但由于使用功能改变，需对主体结构进行部分拆除加固，同时已施工的砌筑外墙需全部拆除，重新进行设计，而且通过现场踏勘发现原结构楼梯间已不满足新消防法规要求，但若进行整体性拆除改造，工程量过大，特此在投标文件中强调此类风险，最终业主方愿承担此部分风险。

3. 招标文件阅读

建筑和市政工程施工招标文件标准版本，共计由 9 部分组成，分别为招标公告（或投标邀请书）、投标人须知、评标办法、合同条款及格式、工程量清单、图纸、技术标准和要求、投标文件格式、投标人须知前附表规定的其他材料。招标文件的版本及涉及内容与常规的建设工程项目一致。

项目投标文件由三部分组成，分别为施工组织设计标、商务报价标、综合资信标。三部分文件严格按照北京市房屋建筑和市政工程施工招标文件标准版本给定的投标文件格式编制，对招标文件有关的工期、投标有效期、质量要求、技术标准和要求、招标范围等实质性内容做出响应。

项目施工组织设计标采用暗标形式，严格按照招标文件给定的模块及编制要求编制，在编制过程中要严格避免废标性错误。项目投标报价采用工程量清单报价，与常规的建设工程项目所用清单不同，项目采用的是北京市修缮类工程清单。项目综合资信标内容主要包含企业相关资质情况、拟投入相关人员及设备情况，相关编制要求与常规的建设工程项目一致。

技术：结合标书与现场实际，对图纸外拆除工程量、额外新建工程量、所需采取的相关措施费用等细致把握；重点查看招标文件中业主关于质量及创优等要求，了解项目规模及特点是否满足相关创优硬性要求；重点关注临水临电等情况，提前对现场临水临电做好布置；重点关注细节要求，是否对外架、安全网等有硬性规定，如有需考虑在措施成本内；重点关注改造项目是否有全套房屋检测报告等信息。

商务：需重点关注项目特征描述是否全面，与图纸结合报价是否合理，施工过程能否开源；关注措施费列项是否全面，踏勘现场后考虑是否需发生该项措施，如生活区、办公区租地事宜；因一般城市更新项目涉及拆除工程，需重点关注拆除工程是总价包干还是单价计取，施工前需踏勘现场。

除此之外，还需重点关注工程概况、招标范围、项目管理要求（工期、质量、安全、文明施工、绿色施工）、要求编写的各章节题目及分值占比、技术暗标给定的编写格式及附图表要求、废标条款、招标文件的其他要求等。

3.1.2　工程项目投标

城市更新项目主要侧重拆除、加固改造，在技术标编写时要有针对地写相关内容，各单项技术方案中的工期、机械、劳动力要与总的工期计划、设备配置表、劳动力计划对应，施工顺序一般为从上到下，先拆除后加固改造；注重图文并茂，用较好的图表代替文字说明，如施工场地平面布置图、网格图、施工示意图、组织机构表、劳动力和机具计划需用表等。要尽可能提高图面的清晰度和绘制质量，尽量避免漏洞或矛盾；要充分展示本企业在技术能力、人员素质、施工设备、管理水平等方面的实力及独到的施工手段和能力，反映企业对承接该项目工程具有强烈的诚心、信心和决心。

技术标编撰时要注意以下几点：

（1）施工部署要结合现场既有建筑的实际情况，与图纸统一考虑，涉及现场平面布置也要根据改造项目各阶段特点进行针对性布置。

（2）拆除作业一定要根据现场和图纸，明确所有部位拆除程度，考虑全面拆除工程量，且拆改作业对部分物品需要采取的保护措施要充分考虑。

（3）对措施类方案务必要全面考虑，外架的搭设方案、使用周期，以及改造过程中高空作业车等机械设备的考虑要全面细致。

（4）有限空间作业、高空作业、动火作业所采取的安全措施细致到位。

（5）充分利用 BIM 模型，协助过程投标。

（6）设备物料的垂直运输，部分城市更新类工程需要封闭作业，垂直运输条件有限；对操作平台方案重点研究，避免未考虑而发生后续额外费用。

（7）拆改项目在施工过程中经常由于图纸与现场实际情况不符而变更，因此投标时进度计划需留有余地，或者特别注明。

（8）投标报价方案一定充分结合商务成本及投标限价考虑，如脚手架搭设需踏勘现场后以最优方案呈现。

（9）懂得在项目中标后梳理收入与成本，进行分供商招标，划分施工界面，开源节流。

1. 投标过程中容易出现的重难点问题

（1）概算控制问题。若项目为 EPC 总承包管理模式，项目招标时已确定概算上限，同时如果项目属财政审计项目，严禁超概算施工，投标时需摸底落实各项工程成本及利润，提前进行策划，确保项目可以在概算指标控制范围内完成全部施工任务。

（2）拆除改造工程量确定。拆除改造工程中拆除加固实际工程量一般会远超初步设计中预估工程量。项目在投标过程中，可联合相关单位提前对项目拆除加固部分进行施工图设计，夯实此部分工程量，超概算部分通过调整其他项投标造价进行控制，保证项目实施性。

（3）拆除加固方案确定。在大多 EPC 工程中，投标过程中无相关拆除加固图纸，但不同拆除加固方式对整体造价影响巨大，投标时通过对相关拆除加固方式进行调研，联合相关单位对拆除加固方案进行专项研讨，分部位分使用功能细化拆除加固方案，达到费用与技术方案最优的效果。

2. 可提前规避的风险

（1）项目合规性风险。拆除改造项目投标前要尤其注重由于国家规范更新，导致原有建筑物不满足国家规范且通过整改仍无法满足规定的情况，投标过程中要提前与相关部门进行沟通，了解此种情况当地政府是否允许突破现有规范规定，避免项目不合规的风险。

（2）成本风险。EPC 项目投标时通过精准落实各项工程清单，精准计算工程量，通过定额单价计算，再有设计单位进行配合，提前绘制部分图纸，基本可以达到施工图预算的水平，完全可以确定项目成本水平及成本风险，从而进行规避。

（3）技术风险。在投标过程中通过进行项目重难点分析，提前解决相关技术难题，利用 EPC 项目总承包商的优势，调整相关设计方案，如某项目将钻孔灌注桩优化为人工挖孔桩，将梁增大截面材料由混凝土优化为灌浆料等，通过前期策划，消除技术风险。

3. 相关建议

（1）商务标建议。若项目投标为定额计价，且项目为维修改造工程，后期专项内容多，商务标编制过程中除定额中含有项可以确定价格外，需后期认质认价项目居多，编制商务标过程中要提前了解市场价格，保证商务标中相关价格现场可以施工并能通过后期认质认价达到相关价格，保证项目概算及利润空间。

（2）技术标建议。技术标编制过程中重视项目差异化编写，医院类的拆除改造项目应将技术重点放在拆除加固相关方案、医疗系统专项方案等内容中，在标书中体现管理优势，强调总承包企业在拆除改造项目中的经验及优势，通过合理设计拆除加固方案，合理编制施工部署，体现总承包单位相关工作的专业性。

3.1.3 分包商招标及管理

常规的场馆改造类项目，主要施工内容为幕墙、结构加固、二结构、装饰装修及景观绿化等。各类场馆施工内容不同，施工难易程度有较大区别，在分包商招标时，图纸、清单必须发放齐全，在招标文件中注明分包商需在现场踏勘后进行投标报价；招标比价时需充分利用企业分包商资源，多家分包商报价比价，最终选取实力最优的分包商进行施工。

（1）在招标阶段，招标文件中务必明确报价前需现场踏勘，综合考虑与其他专业工作内容的交接及投入；因一般城市更新项目业主过程变更较多，需在招标文件中明确工作内容暂定，规避过程中因业主等原因导致某工作内容取消而出现的分包商不施工的情况。

（2）在合同签订阶段，需充分研读总包合同条款，如重要工期节点，延期索赔、保修条款等，在相关分包商合同中予以明确，降低风险。

（3）在施工阶段，各部门常态化联动，对施工界面、施工工序、施工顺序、施工内容不清晰部分，仔细研读图纸，考虑清单描述，确定分包商施工，确保分包商履约效果；对过程设计变更，需分包商配合认价，以免出现业主价低、分包商价高的情况；过程付款严格把控，现场确认施工进展，按照合同比例支付款项。

（4）在竣工结算阶段，各分包商需上报合同内外工程量，要求做到不瞒报、不漏报，项目部仔细研读图纸后结合分包商上报工程量调整竣工结算上报，规避业主结算工程量小于分包商工程量情况。

3.2　环境整治提升类项目招投标

3.2.1　投标前准备

1. 招标信息获取及投标分析

根据前期营销人员掌握的信息，时刻留意当地招投标管理系统（通常为当地公共资源交易中心）。当出现符合企业要求的招标项目时，按照招标公告规定的时间和方式获取招标文件，还需从招标公告中了解投标资格条件，结合企业自身情况，确认符合投标条件后便可开始投标工作准备。

投标前应当仔细阅读招标文件，并结合招标文件要求，在全面分析自身资格与能力条件、招标项目需求特征和市场竞争格局之后，准确做出评价和判断，并最终决定是否参与投标、如何组织投标及采取何种投标策略。

在决定参与投标之前，应当对可能影响投标的内部因素和外部因素进行分析。内部因素包括资格条件、自身能力；外部因素包括项目需求特征、市场竞争格局、合作单位选择等。

（1）资格条件分析。
1）招标文件要求的资质和资格；
2）相应工作经验和业绩；
3）相应的人力、物力和财力；
4）法律法规或招标文件规定的其他条件。

（2）自身能力分析。潜在投标人应结合自身人员结构、质量管理、成本控制、进度管理和合同管理等方面的能力、优势和特长，对投标的可行性进行综合分析和评价，选择适合自己承受能力、产品优势较为明显、中标可能性较大的项目进行投标。

（3）项目需求特征分析。分析招标项目的使用功能、规模标准、质量、造价、工期等方面内容，梳理技术规范、施工工艺（或供货方案和服务要求），通过踏勘现场、参加投标预备会（如业主举行）、市场调研等形式，尽可能全面把握招标项目整体特点和资源需求状况。同时要调查建设单位资金状况，以及当地行业业态状况。

（4）市场竞争格局分析。分析潜在竞争对手及其特长、信誉、管理特色及社会影响力等方面综合信息，包括竞争对手在同类项目的投标信息、投标报价特点和可能的投标策略。

（5）合作单位选择。当前市场环保水务项目通常采用 EPC＋O（工程总承包＋运营）形式招标，作为总承包单位，选择合适的勘察设计单位和运营单位至关重要，选择有实力的勘察设计单位能在保障盈利的同时极大地保障施工进度与质量。

2. 投标人员的准备

在确认参与投标后，及时组建投标团队。投标团队负责投标活动的组织实施、投标文件制作、投标报价确定等工作，投标团队成员按专业分工合作完成投标目标和任务。投标团队应当包括经济管理、工程技术、商务及合同管理等方面的专业人员，必要时还可从外部聘请相关专家加入。

由总承包企业领导层担任组长，确保资源投入与人员组建到位，制定总体进度计划，明确各小组责任，并时刻保持与市场营销人员的沟通，确保信息通畅，组建技术标小组、商务资信标小组、经济标小组、后勤组、协调组，各小组均需设置小组长，统筹各小组的内部工作安排事宜。

技术标小组由技术负责人或总工程师担任小组长，小组成员从类似环保水务类项目中抽调，根据水系类项目涉及的分项工程，例如清淤工程、截污工程、管道修复工程、泵闸站工程、生态修复工程等，选取相应工程中的专业人才，成员必须为项目从事技术及方案编制人员，并需能够熟练使用 Word、CAD、Project、Visio 等办公软件。

商务资信小组成员由企业专职投标人员负责，投标人员必须熟悉企业各证件的管理情况，拟组建的项目班子成员的履历、持证情况、合同社保情况等，并能熟练使用Word、PDF 等办公软件，能熟练从网络上查询、下载各类政府文件及信息，能熟练掌握电子表上传及投标文件格式要求。

经济标小组由总经济师担任，小组成员需熟练掌握相关组价软件，并优先选择水系类项目的预算人员参与编制，且有过投标经验，有熟悉的投标技巧和较强的应变能力。经济标人员不宜过多，但应渠道广、信息灵、工作认真、纪律性强，尤其应当对企业绝对忠诚，特别是在投标报价的最后决策阶段，参与的人数应严格控制，以确保投标报价的绝对机密。

后勤组、协调组根据投标团队的内部、外部需求，提供相应的帮助，确保投标团队的正常运转。

3. 现场踏勘

环保水系项目通常占地面积较大，水系范围涉及多个县镇，投标时间有限，无法做到每处地点都翔实踏勘，应当提前做好计划，挑选重点地点、重点关注对象进行踏勘，并结合现有的环保水文资料，有针对地进行现场踏勘，同时运用无人机等手段拓展踏勘范围。踏勘时需重点关注以下内容：

（1）水污染严重区域范围。针对投标项目工程范围内的水系，重点踏勘主要水道及工厂密集区、生活密集区的水道水质情况，初步判定水道从上游到下游各段水质状况，以及存在的重点污染区域。水质严重污染区域的大小、污染的程度决定了水质治理的难度及预算，务必尽量翔实。

（2）主要交通状况。水系项目面广点多，管理困难，截污管道的安装通常要破除现有道路施工，筛选出交通特别繁忙或存在重要构筑物的路线。截污管道设计时尽量避开相关路线，另外同样要排查水系河道的通航情况，拟采用的清淤方式、清淤船只等。

（3）经理部及淤泥处理厂的选址。结合交通状况、周边建筑情况及土地租赁情况，综合考虑经理部及淤泥处理厂的选址。经理部要尽量选址在交通便利、生活便利、与业主及政府部分来往方便的位置，而淤泥处理厂则要尽量选址在交通方便但居民较少的区域，以便于管理。

4. 招标文件解读及答疑

在编制投标文件前及投标文件编制过程中，对招标文件及答疑的研读都是十分重要的，务必反复研读。可以先将整个招标文件通读一遍，将其中的重要信息加以标记，并摘抄单列出其中特别重要的部分，做成注意事项清单。

首先要注意的就是投标公告的内容。投标公告的内容极为重要，项目名称、项目地点、招标范围、质量目标、工期、预算等信息大多都是实质性内容，在后续编写投标文件时，须与其保持完全一致。

投标须知也是参与投标时必须严格遵守的内容，投标文件的编制要求、投标有效期、投标保证金等内容都务必仔细研读。

另外还需要重点关注的是评分体系及标准，一个投标文件的最终得分是否高，主要是看在既定的评分体系下相关内容的契合度是否高。商务标重点注意是否具备相应资质和一些加分项，技术标重点看评标的要点有哪些，经济标重点看采用何种价格评分机制。投标时严格遵守规则并重点响应评分要点。

3.2.2 工程项目投标

1. 标书撰写

（1）商务标。编写商务标时要重点关注投标文件对企业资质、主要管理人员资质的要求，结合企业现有符合条件的人员及企业的安排进行准备。不能自作主张安排人员，人员的安排必须经过企业的同意，另外要重点关注文件对管理人员社保、证书、工作经历等的要求。商务标的文件盖章一般较多，要对招标文件要求的签字、盖章部分罗列一份清单，不能出现漏签字和盖章的现象。

现在很多地方推行网上递交投标文件。网上递交投标文件虽然不需要再提供纸质的投标文件，但是需要商务人员熟练操作电脑、CA（证书授权）数字证书、投标制作软件，灵活解决在使用过程中遇到的各种问题，同时还要在招标诚信库中备案，满足投标所需要的企业资质、信誉、财务能力、人员、工程业绩等资料，以便网上投标的时候可以选择其作为投标文件的重要组成部分。

（2）技术标。由小组长编制目录并分配人员任务，将技术标人员分为两队：一队由擅长画图及 BIM 人员负责，负责项目施工总平面布置图、交通疏导图、BIM 效果图等各类图纸的绘制；另一队根据人员专业程度分章节分配章节编制任务，同一章节涉及多人编制时，需设置章节汇总人，由汇总人协调同一章节内的文字表述及汇总。小组长提前编制技术标编制进度计划并统一投标用的软件及格式模板，设定初稿合稿、内部评审、复审合稿、专家评审、各小组协调后合稿定稿等，按节点组织会议并组织小组成员召开讨论会。

技术标编制时要严格响应招标文件，特别是工期、安全、质量、科技等目标要与招标文件严格一致，可以根据企业情况提高部分目标，但不能降低。同时采用的施工方案要与经济标编制人员进行沟通，比对不同施工方案对预算和工期的影响，选择相对更为合理的施工方案。还需注意采用的机械、施工工艺是否符合招标文件的技术标准要求。

（3）经济标。经济标往往是投标文件中最为重要的一部分，所占的综合评分一般是最高的，所以经济标的编写也是最重要的一环。

首先在招标文件下发后，一定要仔细地研读招标文件、招标清单、招标图纸及其他资料，尤其是招标文件中关于工程合同的关键性条款，从中找出问题，并且在时间允许的情况下一定要计算招标清单的主要工程量，以使招标答疑问题能有针对性。对确实能影响投标报价或者概念有歧义的，比如承包范围不明确，甲供材料范围划分不明确的、工程变更的结算方式不明确的、进度款的支付方式和比例支付不明确的地方，应该向招标方提出疑问来进一步确认。

对人、材、机市场价格的把握尤其重要，如果把握不好市场价格有可能会造成投标的偏差，现在有些甲方单位会在开标后进行清标工作，如果投标报价偏差太大会造成麻烦，所以需要投标人员在对人、材、机市场价格充分了解的基础上进行投标报价，尤其对一些企业未接触过、比较新的施工方法和工艺的报价，更要在充分了解市场价格以后再填报报价。

同时，商务标投标人员也可以采取必要的投标报价策略，根据投标文件要求的不同，采取不同的策略，例如可以对效益较高且后续工程量可能增加的项目采取不均衡报价等，在不提高总价且满足招标文件要求的情况下，提高利润率。

2. 施工合同谈判

施工合同谈判，是工程施工合同签订双方对是否签订合同及合同具体内容达成一致的协商过程。通过谈判，一方能够充分了解对方及项目的情况，为高层决策提供依据。作为项目总承包单位，进行谈判主要有以下几个目的：

（1）争取中标，即通过谈判宣传自己的优势，以争取中标。

（2）争取合理的价格，既要对付发包方的压价，当发包方拟修改设计、增加项目或提供标准时又要适当增加报价。

（3）争取改善合同条款，主要是争取修改过于苛刻的不合理条款，澄清模糊的条款，增加保护自身利益的条款。

谈判工作的成功与否，通常取决于准备工作的充分程度、谈判策略与技巧的运用程度。具体工作包括以下几部分：

（1）收集、整理发包方及项目的各种背景材料。

（2）对发包方实力进行分析。

（3）对谈判目标进行可行性分析，分析谈判目标是否正确合理、是否能被发包方接受，以及发包方设置的谈判目标是否合理。

（4）对发包方谈判人员的分析，主要了解发包方的谈判组由哪些人员组成，了解他们的身份、地位、性格、喜好、权限等，注意与发包方建立良好的关系，发展谈判双方的友谊，为谈判创造良好的氛围。

（5）拟订谈判方案，总结该项目的操作风险、双方的共同利益、双方的利益冲突，以及在哪些问题上已和发包方取得一致，还存在着哪些问题甚至原则性的分歧等，然后拟订谈判的初步方案，决定谈判的重点。

（6）可充分利用专家的作用，科技的高速发展致使个人不可能成为各方面的专家，而工程项目谈判又涉及广泛的学科领域，因此充分发挥各领域专家的作用，既可以在专业问题上获得技术支持，又可以利用专家给对方施加心理压力。

3. 施工合同签订

施工合同签订前要认真仔细地研读合同是否按谈判后形成的一致意见编写完成。应将双方一致同意的修改意见和补充意见整理为正式的"附录"，并由双方签字，作为合同的组成部分，在约定的期限内完成合同的签订。

3.2.3 分包商招标及管理

1. 分包商招标计划

提前制定分包商招标计划（表 3.1），对工程进度的影响至关重要。根据工程施工内容和施工进度计划，将计划分包的内容详细列出清单，由工程管理部和物资管理部制定项目分包商招标计划。

表 3.1 分包商招标计划

序号	关键活动	管理要求	时间要求	主责部门	相关部门	工作文件
1	计划申请	1）结合施工组织设计及进度计划进行分包招标工作计划表编制 2）如遇重大调整，计划和申请也相应调整并重新报批	召开项目启动会 10d 内或创建采购任务前 15d	项目部	工程管理部、物资管理部	分包商招标工作计划表
2	审批	根据分包招标管理限额和权限范围进行审批	收到申请 1d 内	总经济师	采购管理部、分公司采购中心	一级采购策划表/二级采购策划表

续表

序号	关键活动	管理要求	时间要求	主责部门	相关部门	工作文件
3	成立招标小组	按采购管理组织架构成立招标小组	收到申请2d内	分公司采购中心	—	
4	标前准备	根据施工合同、施工图纸及现场条件等编制招标预算、招标公告、施工方案/技术交底、招标文件及合同、招标方案等	创建采购任务前15d	项目部	招标小组	分包商招投标文件范本
5	创建采购任务	根据完成的招标公告、采购清单、资审条件、评标办法创建采购任务	收到公告后1d内	分公司采购中心	项目部	
6	发布招标公告	1）复核公告内容是否与招采计划内容、招采方案匹配 2）招标公告时间不少于48h	经审批后当日发布	分公司采购中心	项目部	招标公告
7	分包商报名	有效报名单位数量满足招标要求	报名时间不少于48h	项目部	分公司采购中心	
8	分包商考察及资审	1）合格供应商名录里的单位不需要考察；合格分包商名录外的单位需进行考察及资审 2）在云筑网上发起资审流程	公告截止后5d内	工程管理部/物资管理部	分公司采购中心、项目部	资格审查表、分包商考察报告
9	评审招标文件	1）招标文件/合同应适用企业示范文本，就招标文件与标准文本差异性部分进行审核；未能使用标准文本的，就全部内容进行审核 2）招标文件应附合同文本	收到评审资料后2d内	合约法务部	招标小组	招标文件评审表
10	发放招标文件	1）根据资格审查表确定发放对象 2）在云筑网上回复招标答疑	开标前7d，有特殊要求的报价时间不宜超过25d	分公司采购中心	项目部	分包商招投标文件
11	投标保证金	投标保证金收取及要求按相关管理办法及招标文件具体约定执行	一轮投标截止之前	项目部	分公司采购中心	
12	开标及限价制定、审核	1）有效投标单位数量不少于3家 2）招标限价分析及制定	一轮投标截止后5d内完成	商务管理部	分公司采购中心、项目部	开标记录、工程限价审批表
13	公布限价及二轮开标、评标	1）根据一轮招标情况确定发放对象 2）组织现场开标及评标	限价发放后，时间不宜超过2d	分公司采购中心	招标小组	二轮开标/评标记录

序号	关键活动	管理要求	时间要求	主责部门	相关部门	工作文件
14	定标结果审批	1）推荐中标候选人 2）报采购小组领导审批	收到推荐后3d内	采购小组领导	招标小组	定标报告
15	发送中标通知	评审及询标中对招标文件有修改的，纳入中标通知书内容	确定中标单位后1d内	分公司采购中心	—	中标通知书

2. 分包商的合理选择

分包商的选择要综合考虑分包商各个方面的实力，其相应的资质、资金状况、信用情况、现有项目的管理情况、质量情况和外界对其评价等。

企业建立分包商库，由工程部牵头，在市场上寻找符合要求的分包商单位，将符合要求的分包商单位推荐给企业，然后由企业复核其资质后，组织专业团队对被推荐的分包商单位进行考察，重点考察相应分包商的管理团队人数与团队氛围，现有工程的数量及现场安全、质量情况，拥有的机械设备数量及管理情况，以及调查已完工工程业主对其评价等。

在完成分包商库的建立后，面向库内单位发布招标公告，根据库内单位的投标情况，选出最佳的分包商。

3. 分包商合同风险管理

合同是约束分包行为、保障项目利益与质量的重要手段。在合同风险管理上，应将施工合同内相应的风险分摊至分包单位，形成利益共同体，在进度、安全、质量、工程款支付、工人工资等各个领域对分包进行管理。

针对环保水系类项目的特点，以下方面风险尤其要注意：

（1）环保水系类项目往往进度款支付比例较低，如工程进度款支付比例仅为60％，剩余的40％要在运营期水质达标的情况下分阶段支付，故而分包商工程款的支付比例需严格控制，特别是清淤工程，其对水质是否能达标至关重要，且一般占比大，其工程款要严格控制。

（2）水系项目往往占地面积大，涉及的分包单位众多，点多面广，管理较为困难，从而导致施工质量控制难度大，故而应当针对各个分包单位的施工内容，有针对地签订单独的质量管理专项协议，详细确定其分包范围内各项工作的质量标准和处罚措施。

3.3 基础设施改造类项目招投标

3.3.1 投标前准备

1. 投标人才确定

基础设施改造类项目大多涉及综合管廊、隧道、排水、机电等工程，在选择编制人员时，需要考虑编制人员是否有此类工程的施工经验，特别是机电安装工程，专业性较强。在满足专业性的同时，编制人员还需具备三大能力。

（1）沟通能力。在编制商务标和技术标时，文件编制人员往往需要和设计方、采购方、市场部、各种材料厂家、招标方保持沟通及协调。

（2）统筹能力。文件编制需依照招标文件的各项要求，逐条予以响应，提供各项材料。无论是给设计方下达的设计委托书及其返回的设计方案文件，还是采购方询问的成本价格资料，或市场部从银行开具的投标保函和资信证明等证明材料，都应当及时安排、监督，以保证及时获取相应资料。

（3）抗压能力。在投标文件编制的过程中，往往时间紧迫，通过前期资格预审、内部评审等环节，真正留出的投标时间非常有限，编制人员需要经常加班。同时，一个几千万元或者几亿元的标很有可能就因为文件中的一个小问题变为废标，所以编制人员需要具有较强的抗压能力。

2. 现场踏勘

基础设施改造类项目在组织现场踏勘时需重点关注以下内容：

（1）红线内外交通情况是否便利。红线内是否需要做临时道路来解决现场车辆行走问题，红线外是否可以进行临时占道施工。

（2）施工现场的地理位置和地形、地貌是否与招标文件相符。

（3）施工现场是否已达到招标文件规定的条件，征拆问题是否都已解决。

（4）临时用水、用电业主是否提供接驳口，费用怎么算，是否需要独立装表等。

（5）施工场地附近是否有位置可以搭接临时设施。比如临时使用的工棚、堆放材料的仓库、工人宿舍等。

3. 招标文件

投标单位取得投标资格，获得招标文件之后的首要工作就是认真仔细地研究招标文件，充分了解其内容和要求，以便有针对地安排投标工作。

研究招标文件的重点应放在投标者须知、合同条款、设计图纸、工程范围及工程量表上，还要研究技术规范要求，看是否有特殊的要求。

（1）投标者须知。首先，投标人需要注意招标工程的详细内容和范围，避免遗漏和多报。其次，要特别注意投标文件的组成，避免因提供的资料不全而被作为废标处理。最后，要注意招标答疑时间、投标截止时间等重要时间安排。

（2）合同条款。这是招标文件的重要组成部分，其中可能标明了招标人的特殊要求，即投标人在中标后应享受的权利、所要承担的义务和责任等。

（3）技术说明。要研究招标文件中的施工技术说明，熟悉所采用的技术规范，了解技术说明中有无特殊施工要求和有无特殊材料设备要求，以及有关选择代用材料、设备的规定，以便根据相应的定额和市场确定价格，计算有特殊要求项目的报价。

（4）工程量复核。有的招标文件中提供了工程量清单，尽管如此，投标者还是需要进行复核，因为这直接影响投标报价及中标的机会。例如，在大体确定了工程总报价以后，可采用不平衡报价法，对某些工程量可能增加的项目提高报价，而对某些工程量可能减少的可以降低报价。

招标文件作为整个招投标过程乃至市政工程项目实施全过程的纲领性文件，是整个市政工程造价控制的关键。审核招标文件内容、计价方式是否合理，招标文件中风险分配结构是否合理，工程量计算方式是否统一，有关价格调整和结算的条款是否明确、合理等，对施工单位投标有着直接影响。

3.3.2 工程项目投标

1. 投标过程中的重难点及风险规避

报价是投标的核心。报价策略正确且应用得当，对投标非常有利，但如果出现失误或策略应用不当，则会造成重大损失。对投标者来说，需要考虑如何在中标的同时还能保证自己可以有最大的利润。报价高往往中标的可能性就会降低，报价低意味着有亏损的风险，把握好这个"度"至关重要。

投标报价至关重要，但也不是唯一标准，可以通过各种手段在不压价或少压价的情况下获得项目，并且履约期间情况是不断变化的，原来预测会亏损的分部分项工程，可能会因为事先有防范措施而不再成为风险。

2. 加强对工程量清单的计算

工程量清单作为投标计价的依据，是整个市政工程造价控制的核心内容。因此应重点审核工程量清单的编制是否符合《建设工程工程量清单计价规范》（GB 50500—2013）和工程招标文件的要求，清单数量是否与实际工作量及图纸出入较大，清单子目的工作内容与工作要求是否表述准确与完整等。

3.4 老旧小区片区改造类项目招投标

3.4.1 投标前准备

在投标前应充分了解招标文件内的施工内容，了解以往城市更新项目的施工工艺方法、采用的机械设备、组织施工的条件及可能存在的制约因素。现场踏勘时需充分了解改造项目的地理位置、周边条件。提前了解可能存在的问题，并制定相应对策。

3.4.2 工程项目投标

投标阶段应在了解施工内容的前提下，根据实际情况选择施工方法及施工工艺，对使用的机械设备在技术标中体现出来。对工期，要把影响施工进展存在的因素全部罗列出来，例如因居民不同意改造不让进场等，为后期工期延迟提供依据。

关于施工成本，要充分考虑施工过程中的其他成本。老旧小区片区改造一般位于老城区，没有场地建设临时办公室、宿舍等，需要租赁宿舍、办公区等；施工过程中会增加一些其他成本，如屋面施工对屋面太阳能的移位、损坏的维修等产生的费用，空调移位造成空调损坏而产生的费用等；小区路面改造，车辆不能停放在院内，要协调车辆停放产生的费用等。

老旧小区片区改造类项目投标时，建议将小区片区改造和道路改造按照两个标段设置。

4 城市更新项目施工准备

本章共分为施工准备概述、施工准备及施工策划三部分，在阐明施工准备的内涵及主要内容的基础上，依据四大不同城市更新类型项目的特点详细介绍施工准备内容，并根据项目实际提前进行项目策划，以便项目可以顺利开展的同时保证经济合理性。

4.1 施工准备概述

目前常规的施工准备包括总体技术准备计划和施工现场准备计划。

总体技术准备计划包括技术文件准备计划、施工方案编制计划、施工试验检验计划、机电安装工程试验与检测及调试计划表、技术复核和隐蔽验收计划表、样板制作计划表、图纸及图纸会审计划、"双优化"实施计划等；施工现场准备计划包括主要施工设施准备计划等。

城市更新类项目的施工准备较常规项目而言，其特点是新建项目在不同程度上利用了原工程建筑的资产和资源，因此施工现场前期准备较常规项目复杂。另外，新建工程建筑的建设与原工程建筑内的建设、生产运营可能同步进行，由此可能对新建工程的施工准备产生一定的影响。其次，原工程建筑情况复杂，原有施工图纸无法全面反映现场实际情况，需要对实地进行详细勘察才能确定建筑物具体情况。

城市更新项目施工准备的难点在于原工程建筑于多年前施工建造，原工程建筑施工过程中所采用的工程规范可能已无法适用于当下的工程建造。此外，拆除改建工程原建筑与新建建筑的使用功能可能有较大不同，不同的建筑类型针对消防、应急等方面的国家强制规定要求不同，由此可能给规划、设计、施工等方面造成很大的影响，需要在施工准备过程中重点考虑的主要内容包括以下几个方面：

（1）城市更新类项目在正式施工前一定要对现场进行细致勘察，因为前期出图多是在现状或原始图纸的基础上绘制，隐藏在装饰面下的结构问题可能存在遗漏，导致图纸与现状不符，在施工过程中需要进行各类节点变更，由此带来的费用及工期增加，都要尽可能提前核查考虑。

（2）平面布置和管理和常规新建项目不同。改造项目的平面布置管理在一进场就需要考虑拆除材料堆场、拆除机械的运输等，且在各施工阶段，均需在室外或室内进行平面布置。

（3）运输机械的考虑与常规新建项目不同。改造项目必须视现场实际情况布置垂直运输机械，塔式起重机、人货梯等布置可视项目灵活考虑，并非必须布置，可考虑汽车式起重机等代替。

（4）外架考虑与常规新建项目不同。根据外立面施工内容及工艺要求（最好能提前与施工队伍进行沟通），是否必须搭设外架（搭拆成本高），是否可利用高空作业车等其他措施代替；搭设方式与常规新建项目亦有不同。常规新建项目搭设脚手架逐层随时间推移搭设，且拉结点设置可预埋至结构梁中，而改造项目则需一次性搭设完成，拉结点需根据现场实际情况考虑。

（5）图纸查看重点与常规新建项目不同。常规新建项目重点查看结构图与建筑图，而城市更新改造类项目则需要以建筑完成图为结果，反过来看现场实际当前状况需要如何处理及施工成最终完成面；各专业图纸从一开始就需要全面查看，发现和了解其中的施工工序等，以免各专业各做各的，后面无法解决处理。

（6）对现场排查与常规新建项目不同。改造项目需重点摸排地下室、屋面等是否存在既有结构的漏水，如有则需第一时间反馈给各方。

（7）城市更新改造类项目在拆除阶段的成品保护尤为重要。

（8）城市更新改造类项目对重点材料的定样标准较高，需精益求精，要保证改造后效果。

4.2　施工准备

施工准备工作是建筑施工管理的一个重要组成部分，是组织施工的前提，是顺利完成建筑工程任务的关键。按施工对象的规模和阶段，可分为全场性和单位工程的施工准备。全场性施工准备指的是大中型工业建设项目、大型公共建筑或民用建筑群等带有全局性的部署，包括技术、组织、物资、劳力和现场准备，是各项准备工作的基础。单位工程施工准备是全场性施工准备的继续和具体化，要求做得细致，预见到施工中可能出现的各种问题，能确保单位工程均衡、连续和科学合理地施工。

施工准备工作是一个项目的灵魂，它的完善与否将影响建设活动全过程。城市更新项目，顾名思义是在人口密集的城市中进行建设、改造、更新老旧的工程项目，此类工程特点是城市覆盖面很广，社会关系协调量巨大，而人们对此类工程的认知较差，配合程度较低，因此需要政府各行政主管部门、各街道村委、各个企业、市民的通力配合和理解。

施工准备工作主要包括与相关单位的配合协调、人员组织、技术准备、机械配置、临时设施搭建和作业条件准备等，具体工作内容见表4.1。

表4.1　施工准备工作内容

序号	准备工作	工作内容
1	与相关单位的配合协调	1）配合业主办理相关手续，并做好相关市政、水电接驳的施工或配合工作 2）对甲方指定分包、甲供材及设备单位实施总承包管理，并提供优质服务 3）积极配合各级政府部门的检查、指导工作
2	人员组织	1）有效快速地组织劳动力资源进场 2）做好工人的技术、安全、思想和法制教育，使工人树立"安全第一"的正确思想，遵守有关施工和安全的技术法规，遵守地方治安法规，根据北京市地方政府要求，对工人全部实行实名制管理

序号	准备工作	工作内容
3	技术准备	1）做好调查及前期技术复核工作 2）做好与设计的结合工作 3）编制施工组织设计及施工方案
4	机械配置	1）根据施工组织设计中确定的施工方法、施工机具、设备的要求和数量及施工进度的安排，编制施工机具设备需用量计划，组织施工机具设备需用量计划的落实，确保按期进场 2）根据施工组织设计中的施工进度计划和施工预算中的工料分析，编制工程所需的材料用量计划，做好备料、供料工作和确定仓库、堆场面积及组织运输的依据
5	临时设施搭建	现场道路、临时水电、加工场区、办公区、仓库、场区围墙修缮等
6	作业条件准备	1）做好工作面准备：检查道路、水平和垂直运输是否畅通，操作场所是否清理干净等 2）对材料、构配件的质量、规格、数量等进行清查，并有相当一部分运到指定的作业地点 3）施工机械就位并进行试运转，做好维护保养，保证施工机械能正常运行 4）检查前道工序的质量。在前道工序的质量合格后才能进行下道工序施工

4.2.1　公建场馆改造类项目更新施工准备

技术准备：增加原建筑相关工程资料准备计划，确保原工程的工程资料全面，同时对原工程的工程资料进行校核，针对原有资料不适用于新建工程的问题，与业主等相关单位协商解决。增加原工程建筑及周边环境勘察计划、土建及机电安装工程拆除计划等，对工程周边环境进行详细勘察，根据勘察结果确定施工准备，有计划有根据地进行拆除工作。同时在项目正式开始前列出施工组织及方案编制计划，明确编制人及完成时间。常见的施工组织及方案编制计划见表4.2。

表4.2　施工组织及方案编制计划

序号	方案名称	编制人	完成时间	备注
1	施工组织设计	…	…	…
2	临时用电施工组织设计	…	…	…
3	现场总平面布置施工方案	…	…	…
4	工程测量施工方案	…	…	…
5	落地式脚手架施工方案	…	…	…
6	安全保卫管理方案	…	…	…
7	幕墙施工方案	…	…	…
8	资料管理方案	…	…	…
9	安全生产事故应急预案	…	…	…
10	绿色施工方案	…	…	…
…	…	…	…	…

施工准备：增加工程周边物资设备的迁移计划，与业主等相关单位协商处理工程周

边与新建工程无关的物资设备迁移工作，保障工程后续工作的顺利进行。

在施工前对现场进行细致勘探，针对结构安全不符合现行规范要求的地方提前与业主协商；施工前可以通过激光扫描辅助现场实测校核，建立高精度的模型，并对各幕墙模块进行编号，以确保各场馆模块安装位置准确，外立面形象得到充分还原，提升工作效率。

4.2.2 环境整治提升类项目施工准备

1. 技术准备

(1) 熟悉并会审施工图，力求将图纸中的问题解决在施工前；

(2) 各类施工工艺的设计、安排、审核；

(3) 编制和审定详细施工组织设计，为工程顺利实施提供依据；

(4) 做好安全、技术交底。

2. 施工现场准备

(1) 施工清表。对场内现有水电、排污、热力管线探查清楚，并采取相关措施加以保护；对场地内剩余土方进行挖除搬运；对建筑垃圾进行清理。对施工范围内待拆除建筑物，协调相关部门进行拆除，保证施工正常进行。

(2) 设置临时道路、布置办公及生活区、硬化加工区、围挡等工作。

3. 人员、材料、施工机具准备

(1) 人员。根据工程实际情况，施工企业应吸纳能力强、技术资质高和经验丰富且精干的项目管理人员，并保证班子所有人员均拥有岗位证书，确保工程项目管理机构的设置知识化、专业化，适应工程项目的各项要求。

在劳务队伍的选择上，挑选施工经验丰富、勤劳肯干的优秀施工班组。特殊及技术工种施工人员应持有操作作业证和技术等级证书。

(2) 材料。

1) 根据施工组织设计中的施工进度，结合施工工序、场地情况，编制工程所需材料用量计划，做好备料、供料；

2) 根据材料需求量计划，做好材料的申请、订货和采购工作，使计划得以落实；

3) 组织材料按计划进场，并做好保管工作。

(3) 施工机具。根据施工组织设计中确定的施工方法、施工机具配备及施工进度安排，编制施工机具需求量计划，并做好进场准备工作。

现以顺德市某河道整治项目为例，从组织类施工准备、技术类施工准备、生产类施工准备三个角度分享该类城市更新项目施工准备工作的基本内容，主要包括截污工程、清淤工程、生态修复工程、管道修复工程、水利泵闸站工程等内容。

4.2.2.1 组织类施工准备

1. 截污工程

截污工程以管道敷设为主，污水提升为辅，意在将沿线收集的污水通过新建管网输

送至污水处理厂。根据施工方式的不同，可以将污水收集分为两大类，一类是陆地上管道敷设，另一类是河道边管道敷设。

陆地上管道敷设分为开挖敷设和非开挖敷设。开挖敷设根据支护与否可分为直槽开挖、放坡开挖、支护开挖三种，非开挖敷设根据施工机械的不同可分为顶管施工、夯管施工、牵引管施工、盾构施工四种。

河道边管道敷设根据是否围堰分为河边包管、河边架管、河边挂管、沉管、涵化截污和渠化截污六种。陆地上和河道边截污，其需要施工协调准备工作大有不同，下面分两类进行归纳总结。

（1）陆地上管道敷设。陆地上管道敷设准备工作见表4.3。

表 4.3　陆地上管道敷设准备工作

序号	施工准备协调事项	重难点分析
1	组织路由踏勘，对管道路线上的地上、地下构建筑物进行摸排，及时上报迁改或拆迁计划	踏勘路由是管道施工的重点，也是难点。它涉及管线迁改、房屋拆迁等协调内容，如无法完成或协调有困难，可尝试修改路由或施工方式
2	组织各既有管线产权单位进行管线交底，摸清每一条既有管线的管径、管道材质、埋深、坐标或走向等。若交底时无法明确提供上述信息，则需要现场再次进行物探或开挖检坑，查明既有管线数据。有上述既有管线准确数据支撑后，在设计新建管网时或制定管网施工方案时再确定对既有管线的处理措施——不做处理、保护或迁改等	在城市更新项目新建管网施工前对既有管线的排查尤为重要，不但会为其损失大量的工期和金钱，对周围居民的生活也会造成较大的影响，因此对既有管线的排查工作是城市更新项目中的工作重点，也是难点

（2）河道边管道敷设。河道边管道敷设准备工作见表4.4。

表 4.4　河道边管道敷设准备工作

序号	施工准备协调事项	重难点分析
1	组织设计单位、施工单位、物探单位、污染排放单位对河边每一个污染源进行详细排查，包含污染源照片、标高、坐标、管径、材质、污染源性质等，还得排查污染源污水收集区域、旱流污水量、雨水收集量等并进行管道的设计和施工	污染源排查得清楚与否直接影响截污工程的成败，排查不清将直接导致水体污染严重，城市内涝严重，给人民生命财产安全造成严重威胁。另外，城市现状管网错综复杂，排查困难。因此，这成为城市更新项目中工作的重点和难点
2	组织进行河道边建（构）筑物的踏勘，对侵占河道的违建、预计施工有较大影响的建（构）筑物予以适当保护或拆除	这对河道边施工既是重点，也是难点。因河道边施工只能沿着河道边走，路由简单，在其路线上，建（构）筑物的安全状态和周围环境都会给施工带来较大影响，因此开工前需仔细摸排，针对每个建（构）筑物制定单个拆迁或保护计划

2. 清淤工程

清淤工程是城市更新中的重要环节。作为河道中污染物的重要载体，河道污泥富集了大量的重金属元素、生物残骸及其他物质。通过疏浚河道，去除河道底部污泥，可以有效减少河道中污染物的含量，防止底泥释放导致的二次污染。

根据施工工艺的不同，施工分为水力冲除式、抓斗式、旋挖式、绞吸式、喷吸式等方式。施工方式多样，但是施工准备流程大同小异。需要注意的是，在部分工程中，将底泥的处置也纳入清淤工程范畴。对此，在施工准备中，需要增加额外措施。

清淤工程的施工准备工作组织上需要做到：

（1）现场勘察。首先要组织技术人员对全线路线进行认真踏勘，结合相关资料，了解施工河道的相关信息，如河道周边构筑物分布、河道水文信息、现状雨污水管道分布及流量、底泥成分及厚度等。然后要确定河道清淤方法、围堰做法、上泥点定位、下河点定位、吸污车临时停置位等施工部署内容。同时，与当地居委会、村委会和村民沟通，进一步了解当地河道情况，如是否存在重要填埋物（如龙舟）、周边是否存在养殖鱼塘、河道内物质是否涉及本地产业（如河砂用于纱绸业）等信息，防止施工时造成不必要的损坏，影响施工进度。

（2）岗前教育。由于清淤工程的专业性和复杂性，需要对各级管理人员和各工种人员进行施工技术、质量和安全等方面岗前培训，以提高所有参建人员的专业水平，减少事故隐患。

（3）优化配置。根据现场踏勘结果和施工组织方案等相关资料，在满足施工生产需求的前提下统筹兼顾，合理进行施工平面布置和资源调配，减少施工作业的相互干扰，加快施工进度。

（4）临时设施规化。针对现场实际，科学地进行工程施工便道、驻地生活及办公设施、水电等临时设施规化和设计，确保临时设施的布置与所选的施工工艺相匹配。

3. 生态修复工程

生态修复工程是恢复水体生态系统、实现"长治久清"的重要保障。河道水质恶化，既是一个水污染问题，也是一个水生态系统失衡的问题。由于人类活动导致污废水的大量排入，以及河道渠道化等方式，严重影响了自然河道的水体环境，降低了其自净能力。生态修复工程就是基于自然生态规律和生态治理理念，采用多种手段，在不破坏河道环境的情况下，逐步提高水体自净能力，提高环境承载力，恢复水体生态系统，实现生态平衡稳定。生态修复工程的施工准备工作组织上需要做到：

（1）现场勘察。组织技术人员对全线路线进行认真踏勘，结合相关资料，了解施工河道的相关信息和周边情况。生态环境是紧密联系、息息相关的。根据污染源的不同，生态修复中，将污染情况分为点源污染、面源污染和内源污染。通过对现场情况摸排，相关人员了解目标河道的主要污染方式、污染源类型和分布，并结合施工设计进行针对性处置。同时，生态修复工程涉及大量曝气设备，需要现场确定曝气风机设立位置、是否满足电力条件等。

（2）岗前教育。区别于其他工程多在陆地上或岸边施工，生态修复工程主要施工范围为河道水体内，作业受天气、水文等条件影响大，而且东南沿海地带，汛期周期长，汛期、旱期水文变化幅度大，台风、暴雨天气频繁，极易干扰到河涌生态修复工程的施工。所以，必须重视管理人员和作业人员的岗前教育，做好技术、质量和安全等方面的岗前培训，熟悉施工流程和工艺，做好应急预案，定期开展演练。

（3）优化配置。生态修复工程的施工，不仅需要考虑自身工艺上的衔接，还需要考虑突发性灾害天气的干扰、本地文化如龙舟节等民俗活动的影响,以及周边工业生产和居民日常活动的影响等,影响因素复杂且繁多。所以实际施工前,需要根据现场情况,在满足施工需求的情况下,做好施工人员和机械的调配使用,优化资源配置,避免资源浪费。

(4)临设规化。除通常配置的施工便道、驻地、围堰等临时设施外,生态修复工程由于需要用到大量水生动植物、生物药剂和曝气设备,需要做好存储仓库建设,做到防潮防湿,保持通风干燥。

4. 管道修复工程

(1)项目组织。对一般管道修复项目,在人员配置方面优先考虑具有类似施工经验的人员,在架构设置上,注重机构的协调性和控制的有效性,做到职责清晰、目标明确、步调统一、调控有方,使组织机构成为一个高效的整体。项目部将从施工组织、技术方案、工程质量、安全控制、招标采购及后勤保障、进度管理、运输和场地协调等方面加强组织领导,从项目负责人到每一名员工,上下协调一致,充分发挥总承包单位在管理、技术、资源等各方面积累的丰富经验和优势,全方位进行整体协调和控制。

(2)技术组织。

1)图纸会审。熟悉图纸、明确施工任务,编制详细的实施性施工组织设计,学习有关技术标准及施工规范,并会同业主、监理、设计院做好图纸会审工作。

2)质量保证体系建立。建立健全质量管理制度和质量管理责任制,成立以工程负责人(项目经理)为组长的质量管理领导小组和基层质量控制机构,通过全员质量教育和培训,确保"质量第一"思想和"精品"意识的贯彻实施。

施工过程中,建立和完善工程质量数据库,利用计算机对工程质量情况实行动态管理,保证对工程质量总体状况的把握,以利于工程质量的进一步改进和提高。

3)明确检验制度。拟订检验计划,做好检验进场的准备工作,明确工程检验的标准及检验流程。

5. 水利泵闸站工程

针对城市更新项目水利泵闸站的施工特点及现场考察,配置专业的组织管理团队,项目部配备业务能力强、经验丰富的水利专业管理人员和工程技术人员,形成坚强有力的领导班子,施工队伍调集具有类似工程施工经验的专业队伍,根据施工要求组织专业化施工。

组织相关单位现场踏勘,对现场的周边环境进行摸排,如果有涉及影响施工的房屋或管线,要及时上报迁改或拆迁计划,并联系相关单位进行管线交底或房屋鉴定。部分闸站需设置导流,根据现场勘探情况进行比对,探讨导流实施可行性,将用地范围上报业主;泵站需设置独立围堰,需提前联系当地联合相关部门和单位进行协商及交底,保证施工顺利推进。

4.2.2.2 技术类施工准备

1. 截污工程

截污工程技术准备工作见表4.5。

表 4.5 截污工程技术准备工作

序号	技术准备协调事项	重难点分析
1	交接桩	由监理单位组织设计单位、施工单位、建设单位参与，由设计单位向施工单位进行测量控制点位置和数据的交接。施工单位根据工程的需要进行测量控制网的加密。交接桩偏差允许值需符合规范要求，这也是开工准备的重点之一
2	设计方案确定	根据现场环境、空间位置大小、允许交通围蔽条件、当地水文条件、地勘报告、地上地下建构筑物及管线的分布及数据等，结合经济合理原则，制定管道敷设方案。该方案须有经验的施工单位、设计单位、业主单位共同踏勘现场后确定。这是截污管线施工的重点也是难点
3	设计交底、图纸会审	由设计单位对设计图纸的施工技术、施工安全、施工质量等做交底。图纸会审是施工单位拿到图纸后，结合施工现场和本身的施工经验，针对图纸中的错误、疑问、漏项等进行提问，设计单位做出答复。该项工作是充分了解设计意图的前提，也是现场一切准备的前提。这是整个施工技术准备中一个重要的环节
4	占道方案报批	占道方案是施工单位根据设计图纸和施工方案，结合现场条件和周围环境编制的，需经过交通、路政、建设行政主管等有关部门批准的方案。方案可根据施工需要分阶段进行编制报批。方案的编制需充分考虑现场车辆行人的流量、时段、通道或路口等，尽量减少对周围环境的影响。这是占道施工作业之前的一项重要工作
5	技术交底	根据设计图纸，施工组织设计将和该工程有关的施工技术、质量、安全等对施工管理人员、班组长及施工工人等进行分阶段、分层次的阐述。尤其要将施工注意事项、现有管线、建（构）筑物保护、特殊情况处置等说明清楚。这是管理人员、班组长、施工工人充分理解和执行图纸的重要环节

2. 清淤工程

（1）测量放样。根据设计单位提供的界线及水准点，组织技术人员对导线点进行全面复核，在复核无误后展开全线断面复测工作，严格按照施工图纸进行引点布设及高程点引测，并做好复测成果，送监理工程师及设计单位复核。全面做好河底高程控制设计和淤泥表面高程控制设计等项工作，确保施工顺利，保证施工质量符合设计规划要求。

（2）设计交底，图纸会审。通过现场探勘情况，由设计单位出具相关图纸资料，并对施工单位进行设计图纸交底。通过组织图纸会审，施工单位基于自身施工经验和实际条件，对其中存在的与事实不符、难以施工、条件不满足、缺漏项等情况的内容，与设计单位进行沟通，进行进一步的调整。

（3）安全技术交底。根据编制的组织设计内容，施工单位技术、安全等管理人员，对施工队伍进行安全技术交底，落实好岗前教育。

3. 生态修复工程

（1）测量放样。为保证工程的平面位置和集合尺寸复合设计图纸要求，达到合格标准，需要对平面和高程进行控制。由项目经理组织平面坐标及高程传递，项目施工人员负责施工现场平面、道路、河道地形及地形标高测量，项目部技术质量部门负责平面坐标及高程的设控验收。

（2）设计交底，图纸会审。根据现场探勘情况，由设计单位出具相关图纸资料，并对施工单位进行设计图纸交底。通过组织图纸会审，施工单位基于自身施工经验和实际条件，对其中存在的与事实不符、难以施工、条件不满足、缺漏项等情况的内容，与设计单位进行沟通，进行进一步的调整。生态修复工程涉及水体生态修复构建，需要投加大量的水生动植物，在技术方面，需要结合本地优势物种、气候情况和水文信息，采用合适的物种，并对投放时间进行合理规划，避免因天气因素或水体污染情况，导致水生动植物的大量死亡，造成资源浪费，延误工期。

（3）安全技术交底。生态修复工程涉及的专业技术内容较多，施工范围主要为河道，安全隐患较大，需要认真做好安全技术交底。对多种曝气工艺、生态浮岛、生态基、水生动植物投放、临时用电等进行交底。

4. 管道修复工程

（1）勘察设计。在进行设计前，采用 CCTV（闭路电视）检测机器人系统进入管内，从管道一侧向另一侧行走，并对管道的缺陷位置及具体分布进行详细的摄录和存储。根据影响资料确定管道破损等级及修复措施。

常见的管道破损类别有破裂、破损。其产生的主要原因为管道的外部压力超过自身的承受力。其形式有纵向、环向和复合 3 种，缺陷等级分为 4 级：

缺陷等级 1 级：裂痕——在管壁上可见细裂痕；在管壁上由细裂缝处冒出少量沉积物；轻度剥落。

缺陷等级 2 级：裂口——破裂处已形成明显间隙，但管道的形状未受影响且破裂无脱落。

缺陷等级 3 级：破碎——管壁破裂或脱落处所剩碎片的环向覆盖范围不大于弧长 $60°$。

缺陷等级 4 级：坍塌——管道材料裂痕、裂口或破碎处边缘环向覆盖范围大于弧长 $60°$；管壁材料发生脱落的环向范围大于弧长 $60°$。

常见修复措施如下：

缺陷等级 1 级、2 级、3 级可采用局部树脂固化法修复，也可用不锈钢发泡筒修复，大管径可采用钢板内衬法。缺陷等级 4 级宜采用内部内衬法及土体灌浆法进行综合治理。

（2）施工组织设计。熟悉图纸、明确施工任务，编制详细的实施性施工组织设计。根据工程特点和现场实际情况，为便于系统化管理和科学组织施工，项目部应该合理划分工区，协同项目经理部对各工区进行施工组织、生产管理，确保工程质量、安全、工期和文明施工总体目标的实现。编制施工总进度计划，作为编制工程所需的资源需求计划及现场平面布置的依据。

（3）方案及专家论证。施工前应针对管道修复的范围及类型编制具体的施工方案，方案明确重难点。常见施工重难点有：

1）管内清淤的重点为管内毒气、沼气的预防，确保人员安全。项目进场施工前需要制定切实可行的安全措施保证作业人员的安全，杜绝安全事故的发生。

2）管线的修复有全开挖修复和非开挖修复。在场地情况允许时，采用全开挖修复确保管道更新效果。在不具备开挖条件的区域，为了尽量降低对市民出行造成的影响，采用非开挖修复，修复方法主要有：管道翻转内衬修复、垫衬法修复、不锈钢发泡筒点状修复、局部树脂固化法修复、土体固化法修复。根据初步设计图纸、现场查勘及CCTV检测结论，选择合适的管道修复工艺，以达到修复效果，对保证工程质量及控制工程造价尤为重要。修复方式的选择成为工程施工难点。

3) 在非开挖修复过程中，管内塌陷及管段破损，需采取适当的措施将原管道恢复原状。这也是本项目施工难点，主要方法有土体固化切割、机器人千斤顶强制恢复等。其次，对危险性较大的内容，有必要进行专家论证。

（4）占道申请。管道修复工程多在道路上进行施工，施工前根据设计图纸和施工方案，结合现场条件和周围环境编制占道方案，需经过交通部门、路政部门、建设行政主管部门的批准。

5. 水利泵闸站工程

（1）技术资料的准备。收集当地的自然条件资料和技术经验资料；深入实地摸清施工现场情况、周边环境及可能影响施工的外力因素，形成独立的工程资料，整理成册。

（2）审查设计图纸，熟悉有关资料。

1) 熟悉图纸。熟悉图纸的关键在于施工技术人员阅读图纸时，应重点掌握以下内容：

① 基础部分：核对水工建筑结构施工图中关于基础的位置及标高、桩基础的类型和做法、施工过程是否对周边建筑物构成影响等。

② 主体结构部分：水工结构所用的砂浆、混凝土强度等级，墙、柱与轴线的关系，梁、柱的配筋及节点做法，悬挑结构的锚固要求，楼梯间的构造，设备图和土建图上洞口尺寸及位置的关系。

③ 闸室泵站屋面及装修部分：屋面防水节点做法，结构施工时应为装修施工提供的预埋件和预留洞，内墙、外墙的地面等材料及做法。

在熟悉图纸过程中，对发现的问题应做出标记、做好记录，以便在图纸会审时提出。

2) 图纸会审。施工方要结合现场实际情况及相关工程经验，在设计单位进行图纸交底的基础上，及时发现图纸中的疑点及与现场施工不符的内容，提前修改图纸并制定处理方案，经过充分协商，将统一意见形成图纸会审纪要，由建设单位正式行文，参加会议的各单位盖章，其可作为与设计图纸同时使用的技术文件。图纸会审的主要内容如下：

① 图纸设计是否符合国家有关技术规范，是否符合经济合理、美观适用的原则；

② 图纸及说明是否完整、齐全、清楚，图中的尺寸、标高是否准确，图纸之间是否有矛盾；

③ 施工单位在技术上有无困难，能否确保施工质量和安全，装备条件是否能满足；

④ 地下与地上、土建与安装、结构与装修施工之间是否有矛盾，各种设备管道的布置对土建施工是否有影响；

⑤ 各种材料、配件、构件等采购供应是否有问题，规格、性能质量等能否满足设计要求；

⑥ 图纸中不明确或有疑问处，设计单位是否解释清楚；

⑦ 设计、施工中的合理化建议能否采纳。

（3）编制施工组织设计及技术交底。首先按照国家有关规定对水利工程施工现场进行严格的勘察、测量、地形地貌考察等，要结合与其有关的资料对其性质特征进行充分的评估和分析，根据勘察、测量和分析结果制定出正确合理且详细的施工组织设计，根据图纸及现场情况对施工进行平面布置，将泵闸站施工进场道路、导流、围堰、材料堆放场、生活区、临水临电等前期准备事项进行科学合理的规划布置，并对特殊工序、重点部位制定具体的施工方案。

待方案批准后，组织对各工种施工人员进行逐级技术交底。技术交底要突出重点，根据实际情况针对关键部位和质量控制点，提出具体措施和要求。技术交底要有符合性和实用性，既要符合规范、标准的规定，又要符合施工现场实际情况，便于操作，便于贯彻执行。

（4）编制施工图预算和施工预算。在设计交底和图纸会审的基础上，施工组织设计已被批准，预算部门即可着手编制单位工程施工图预算和施工预算，以确定人工、材料和机械费用的支出，并确定人工数量、材料消耗量及机械台班使用量。

4.2.2.3　生产类施工准备

1. 截污工程

截污工程生产准备工作见表 4.6。

表 4.6　截污工程生产准备工作

序号	生产准备协调事项	重难点分析
1	资源准备	根据施工图纸、方案、进度计划提前准备相应的施工资源是施工前准备阶段的重点。管道施工需要专业的小工种（支护班组、土方班组、管道敷设及连接班组、检查井施工班组、顶管班组、托管班组、夯管班组及恢复班组等），还有相应的施工机械（及其构配件）和材料，人、材、机的准备需专业对口，应提前计划，各个部位或工序尽量做到无缝衔接
2	现场围蔽，交通疏解	围蔽前按照当地交警部门要求进行施工前的公示公告，时间不少于 3 天。根据报批的占道方案进行围蔽、交通标识标牌安装、交通疏导、喷淋安装等，并经过政府行政主管部门现场验收批准后方可进行施工
3	夜间连续作业审批	在采用非开挖敷设管道时，要求必须长时间连续作业，而污水管网建设大多在城区，夜间连续作业的嘈杂势必引来很多市民的投诉。夜间连续施工前向有关部门办理夜间连续作业许可，提前告知周围民众，妥善处理市民投诉，是污水管网施工中的重点和难点

2. 清淤工程

（1）施工资源准备。根据施工图纸、优化后的资源配置方案、进度计划等资料，合理安排人员和机械。组织人员、设备进场，安装调试好机械设备，经查验后才能投入使用，施工现场做好安全文明生产所必需的人员、机械、物资的投入。清淤工程涉及的主要机械设备包括水上挖掘机、料斗式运泥船、开底式运泥船等，机械进场后及时进行调试，并做好保养，确保机械状态良好。相关作业人员必须做到持证上岗。

（2）底泥处理处置相关准备。对需要进行底泥后续处理处置的清淤工程，需要按要求建设污泥脱水厂。污泥脱水厂厂址选择应根据总体规划、工程规模、运行特点和综合利用要求，考虑气象、地形、地质、交通、占地、拆迁、环境、施工、运行管理等因素。设立污泥脱水厂应考虑清淤河道距离、填埋场距离等因素，推荐为临河的荒地或绿地，具体位置由施工单位根据现场情况确定。根据项目所需处理的污泥量和污泥脱水厂日均处理能力，选择合适的污泥脱水厂建设面积。污泥脱水厂内需按照不同功能分区布置，根据厂区形状，合理利用，节约占地面积。各处理单体尽可能地按流程布置，避免管线迂回，同时应充分利用地形，节省土方量。对用于输运底泥的渣土车队，需挑选具有一定规模及信誉良好的单位，要求其设备投入必须满足外运强度，并严格依照合同与之签订《土方外运协议》，同时要求其提供泥头车渣土外运相关证件，保证符合所处城市内进行渣土外运的施工规定。

（3）填筑围堰。对需要进行干水施工河段，在河涌上下游分别修筑围堰，实行全河段截水。也可对目标区域进行围堰，实行部分水域截水。通常采用黏土编织袋围堰填筑或钢板桩围堰。围堰填筑完毕后，需要采用抽水泵进行持续性抽水，同时做好措施，防止河道水域回灌。如河道上游具有节制闸，视实际情况，提前联系相关单位进行关闭。

（4）边坡支护。河道施工过程中，因为两岸建筑物密布，需要预留出合适厚度的土层作为边坡保护层，且对其进行修整与加固。根据两岸土壤土质情况和周围建筑物分布，采用不同的支护方式。通常采用松木桩加固方式。同时需要做好应急预案，施工过程中一旦发现两岸出现变形、下沉或其他情况，立刻采取紧急措施，进行修复加固处理。

（5）试挖。正式施工前，进行事前挖掘，从而熟悉施工流程，积累经验。通过试挖收集底泥数据，了解断面情况，进一步确定开挖深度和范围。

3. 生态修复工程

（1）施工资源准备。根据施工图纸、优化后的资源配置方案、进度计划等资料，合理安排人员和机械。检查现场道路情况是否满足设备进出场，施工便道是否方便通行，现场水电是否满足生产要求等。对人员要求做好岗前教育，重要机械或工序持证上岗，水上作业必须配备好救生衣等安全防护措施。

（2）曝气设备准备。生态修复工程中，常用的曝气设备根据种类划分为表面曝气设备、鼓风曝气设备、水下曝气设备、纯氧曝气设备和深井曝气设备等。曝气设备都能增加水体溶解的氧含量，但是适用的条件、实际功效和工程造价大相径庭。比如鼓风曝气设备是使用具有一定风量和压力的曝气风机利用连接输送管道，将空气通过扩散曝气器强制加入液体中，使池内液体与空气充分接触。需要设置专门的风机房，通过曝气管道持续输送风量。工程上，需要结合施工方案，做好相应资源配置和施工准备，满足施工条件。

（3）水生动植物准备。生态修复工程的核心在于构建稳定良好的生态系统，同时不对外界环境造成不良影响。所以选择水生动植物种类时，优先考虑本地的优势物种，以防造成生物入侵。常用的水生植物有狐尾藻、枯草、鸢尾等。常用的动物有鲢鱼、鳙鱼、河蚌、乌鳢等。同时，生物材料在不同的季节具有不同的性质，对不同的天气其耐受性不一。生物材料的选择，应充分考虑当地气候条件和施工季节，减小损坏率。

（4）生态药剂准备。为达到治理河涌的目的，应除藻、除臭、除重金属、固底、净水等，恢复水体生态系统。通常采用生态药剂来进行辅助。目前常用的药剂有絮凝剂、过氧化钙等化学制剂，硝化细菌、酵母菌、放线菌等多种细菌复合的生物菌剂。

（5）设备预处理。为便于运输存储，生态修复工程设备多为拆散后运输，施工前进行组装使用。同时考虑到河道污染情况不一、水文条件不同、施工环境存在差异等因素，现场组装的设备，如生态浮岛板，可以进行合理组装和调整，使其更符合实际情况。如调整板块大小防止触岸、调整曝气机深度防止触底、浮岛板与生态基组合增强治理能力等。

（6）岸坡修整。为减少河道的面源污染，部分生态修复工程需要对河道两岸进行修复，打造生态护岸。对此，实际施工前，需要对岸坡进行修整。进行岸坡修复前，需要对岸坡基面进行清理。清理范围包括基础表面不合格土、杂物等。对基础范围内的坑洞、凹槽等按要求清除杂物后，进行回填处理。在不破坏岸坡环境的基础上，确保岸坡平整度。

4. 管道修复工程

（1）生产资源组织。在项目部现场实地考察并熟悉初步设计图纸后，往往可以依据管道修复范围广的特性，同时进行施工。为方便管理及安排施工顺序，可将工程管道修复工程划分为多个施工区域进行施工。管道修复工程常见的工序有施工前准备、管道清淤、管道修复、道路恢复等。项目经理部可按照合同工期将施工内容进行分解，在满足进度安全的条件下合理安排生产资源进场。管道修复工程的管内清淤、CCTV检测和管道修复施工是工期控制的关键路线。由于该工程覆盖范围广，管道较长，管内清淤和管道修复工程数量巨大，开工后，拟议多投入一些管内清淤、管道修复设备和劳动力。

（2）交通疏解。为确保车辆、行人安全顺利通过施工区域，交通疏导方案按照"严禁堵塞、减少干扰、确保畅通"的总方针组织。

施工期间应保持旧路、地方道路的畅通，通过布设必要的临时性排水、支挡警告设施及施工标识、行车标识组织引导交通。落实好施工期间的交通秩序维持工作，安排专人管理负责，设必要的交通指挥岗。一旦发现问题要及时组织处理，出现抢道堵车现象应立即由专人指挥，不可由司机自由行驶。同时应加强施工车辆、施工人员与交通车辆之间的交通安全管理。

为减少施工与交通间的干扰，施工区域实行全封闭作业，实行施工区与交通车道分开，即在施工作业范围设置施工围护，力求做到互不干涉。保证交通流量、高峰期的需要。施工准备阶段必须对全线交通情况做实地观测，绘制交通流量图，作为确定相应有效的施工部署的依据。当施工与正常交通有冲突时，要先服从交通后安排施工。

（3）现场工作面准备。待修复管道非开挖修复前，需要用与管径配套的充气气囊对待修复管道上下游进行堵水、抽水。如管道上来水量较大，则在上游井设置临时排水泵及排水管，将上游来水临时排入临近下游的雨水算进行调水。

抽水完成后，进行管道疏通清洗。当管道内部淤积量少、厚度占30%管径以下时，采用高压水枪直接冲洗，冲洗时宜从上游向下游方向进行，利用高压水的压力及冲力将管内淤泥、沙石等垃圾冲刷至检查部位，用污泥泵将清洗的泥沙、污水抽出。较大垃圾采用人工方式从检查井内清运出管道。当管道内部淤积量较大且厚度占60％～80％时，采用高压水对淤积层进行冲洗，利用高压水的压力将淤积层冲开、稀释。一边冲洗，一边采用污泥泵将淤水泥沙抽到管外。

5. 水利泵闸站工程

（1）现场踏勘，测量复核施工红线范围，熟悉现场周边环境，分析影响施工的现场条件及外力因素，形成图纸或方案资料，向业主进行书面报告，协助业主在前期完成征地拆迁工作，移交工作面。

（2）施工现场的准备。

1）现场围蔽，交通疏解。

2）建立测量控制网点。按照总平面图要求布置测量点，设置永久性经纬坐标桩及水平桩，组成测量控制网。

3）拆除障碍物。

4）"三通一平"工作。根据施工组织总设计中的"三通一平"规划和要求。平整场地，接通施工用水、用电管线及道路。

5）搭设临时设施。现场所需临时设施，应报请规划、市政、消防、交通、环保等有关部门审查批准。为了施工方便和行人的安全，应用围蔽将施工用地围起来。围蔽的形式和材料应符合有关规定和要求，并在主要出入口设置标牌，标明工地名称、施工单位、工地负责人等。所有宿舍、办公用房、仓库、作业棚等，均应按批准的图纸搭建，不得乱搭乱建，并尽可能利用永久性工程。

6）劳动力及物资的准备。劳动力及物资应根据施工进度计划要求，陆续进入现场。

① 施工队伍的准备。施工队伍包括项目管理机构和专业或混合施工队。应根据项目工程数量、劳动定额、计划工日数、开工和完工日期、质量和安全的要求，组织必要劳动力进场，进行计划和任务交底等。

② 施工物资的准备。水利泵闸站过程材料、金属构件、机具等物资是保证施工任务完成的物资基础。应根据工程需要，确定需用量计划，取得批准后办理订购手续，安排运输和储备，使其满足连续施工的需要。对特殊的材料、构件、机具，更应提早准备。

材料的构件除了按需用量计划分期分批组织进场外，还需根据施工平面图规定的位置堆放。要按计划组织施工机具进场，做好井架搭设、塔式起重机布置及各种机具的位置安排，并根据需要搭设操作棚，接通动力和照明线路，做好机械的试运转工作。

4.2.3 基础设施改造类项目施工准备

1. 基础设施改造类项目施工准备流程

基础设施改造类项目常规的施工准备流程为技术准备→工程测量→现场调查→工程迁改→生产准备→劳动力准备→材料、机械准备→开工生产。

基础设施改造类项目施工准备流程见图4.1。

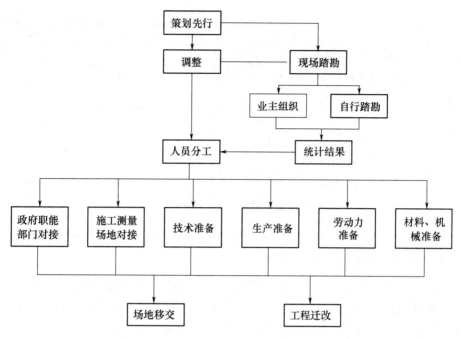

图 4.1　基础设施改造类项目施工准备流程

与常规有完整施工场地及各项配套齐全（三通一平）市政工程不同，基础设施改造类项目大多位于成熟的城区内进行改造提升，拥有更为特殊的"三通一平"，水通、电通和路通早已完成，迁改工作不但应满足现场施工，还需顾及原有建筑和市政设施的使用，所以更注重工程前期施工准备工作，为后期现场施工提供便利条件。

2. 一般性准备工作

组织项目部有关人员熟悉图纸，进行图纸会审，发现设计存在的问题。确定设计交底的时间，并组织设计交底，培训、交底计划见表 4.7。准备好工程所需用主要规程、规范、标准、图集和法规，准备内容见表 4.8。由技术负责人（项目工程师）组织有关人员学习规程、规范的重要条文，加深对规范的理解。

表 4.7　培训、交底计划

序号	培训或交底内容	培训或交底时间	负责人	参加人员
1	内部图纸会审	…	…	项目全体
2	图纸会审	…	…	业主、设计、监理和施工等单位
3	与本工程相关法规、规范	…	…	施工管理人员
4	与本工程相关图集	…	…	施工管理人员

表 4.8　准备内容

序号	文件	数量	持有部门
1	《建筑工程施工质量验收统一标准》（GB 50300—2013）	1	总工办
2	《建筑基坑支护技术规程》（JGJ 120—2012）	1	总工办

续表

序号	文件	数量	持有部门
3	《城市综合管廊工程技术规范》（GB 50838—2015）	1	总工办
4	《混凝土结构工程施工质量验收规范》（GB 50204—2015）	1	总工办
5	《型钢水泥土搅拌墙技术规程》（JGJ/T 199—2010）	1	总工办
6	《建筑地基基础工程施工质量验收标准》（GB 50202—2018）	1	总工办
7	《钢筋焊接及验收规程》（JGJ 18—2012）	1	总工办
8	《钢筋机械连接技术规程》（JGJ 107—2016）	1	总工办
9	《通用硅酸盐水泥》（GB 175—2007）	1	总工办
10	《建筑基坑工程监测技术标准》（GB 50497—2019）	1	总工办
…	…	…	…

3. 基础设施改造类项目技术准备

（1）深化设计出图计划。深化设计部主要对设计图纸进行二维图深化设计，并编制项目统一技术规定，包括设计输出文件的内容和深度、格式、技术标准的具体要求。根据工程总进度计划，编制各专业的深化设计的进度控制计划。负责与业主和设计单位沟通，掌握设计意图，获取最新有效版本的设计文件。通过项目统一的程序和途径及时向专业分包单位传递有关深化设计的具体内容和相关要求，负责各专业深化设计的总体协调，深化设计出图计划见表 4.9。协调各指定专业分包的设计工作，负责检查各专业深化设计的进度管理工作，负责对各专业分包单位提出的深化设计图纸进行审核，并呈送业主或设计单位审批，同时将审批后的深化设计图纸按照规定发放和处理。

表 4.9　深化设计出图计划

序号	图纸类别	所在部位	完成时间	责任单位
1	管廊深化设计	管廊主体结构		BIM 工作室
2	隧道深化设计	隧道主体结构		BIM 工作室
3	道路深化设计	道路结构		BIM 工作室
4	结构深化设计	洞口、预埋件、钢筋	结构施工前 1 个月	BIM 工作室

（2）施工方案编制计划。依据企业对项目管理的要求，结合工程特点制定相应施工方案编制计划见表 4.10。

表 4.10　施工方案编制计划

序号	方案名称	计划完成时间	备注
1	交通组织专项方案		
2	施工测量专项施工方案		
3	质保、安保体系		
4	防汛施工方案		
5	施工组织总设计		专家论证
6	地下管线迁移及保护专项施工方案		

续表

序号	方案名称	计划完成时间	备注
7	临时用电用水专项施工方案		
8	危险源辨识清单		
9	临时设施专项施工方案		
10	综合应急救援预案		
…	…	…	…

（3）试验、检测计划。

道路试验计划见表 4.11。

表 4.11　道路试验计划

材料名称	单位	抽检频率	使用部位
旋喷桩	根	抽检 2％且不少于 3 根	路基处理
级配碎石	m³	每 1000m³ 一次	路基处理
C20 混凝土	m³	每拌制 100 盘且不超过 100m³，或者每工作班不足 100 盘时取样不得少于一次，连续浇筑超过 1000m³ 每 200m³ 取样不得少于一次	路基
塑料格栅	m²	每批次一次	路基
5％灰土	m³	每 2000m³ 一次	路基
6％灰土	m³	每 2000m³ 一次	路床
贫水泥稳定碎石	m²	材料不变化一次，变化时重做	主路底基层

管廊工程试验计划见表 4.12。

表 4.12　管廊工程试验计划

材料名称	单位	检测项目	检测频率	使用部位
水泥搅拌桩	根	无侧限强度、负荷承载力	抽检 2％且不少于 3 根	管廊支护
抗拔桩	根	抗拔，大应变、小应变试验	大应变抽检桩数按设计要求和规范规定，小应变抽检桩数按设计要求	管廊桩基
HPB300 钢筋	t	拉伸、冷弯、质量（kg）偏差	同一厂家、同一牌号、同一炉罐号、同一规格、同一交货状态的钢材不超过 60t 一批	管廊支护
HRB400 钢筋	t	拉伸、冷弯、质量（kg）偏差	同一厂家、同一牌号、同一炉罐号、同一规格、同一交货状态的钢材不超过 60t 为一批	管廊支护
C30 混凝土	m³	抗压强度	每拌制 100 盘且不超过 100m³ 时，每工作班不足 100 盘时取样不得少于一次，连续浇筑超过 1000m³ 每 200m³ 取样不得少于一次	管廊支护
…	…	…	…	…

隧道工程试验计划见表4.13。

表 4.13　隧道工程试验计划

材料名称	单位	检测项目	检测频率	使用部位
水泥搅拌桩	根	无侧限强度、负荷承载力	抽检2%且不少于3根	隧道支护结构
抗拔桩	根	抗拔，大应变、小应变试验	大应变抽检桩数按设计要求和规范规定，小应变抽检数按设计要求	隧道桩基
HPB300 钢筋	t	拉伸、冷弯、质量（kg）偏差	同一厂家、同一牌号、同一炉罐号、同规格、同一交货状态的钢材不超过60t 为一批	隧道支护、主体结构
HRB400 钢筋	t	拉伸、冷弯、质量（kg）偏差	同一厂家、同一牌号、同一炉罐号、同规格、同一交货状态的钢材不超过60t 为一批	隧道支护、主体结构
水下 C35 混凝土	m³	抗压强度	每拌制 100 盘且不超过100m³时，或者每工作班不足100 盘时取样不得少于一次，连续浇筑超过 1000m³，每200m³取样不超过一次	隧道抗拔桩
…	…	…	…	…

4. 基础设施改造类项目现场准备

（1）场地控制网的测量，建立控制基准点。为保证施工控制网的精确性，工程施工时根据提供的基准点设置测量控制网，各控制点均应为永久性的坐标桩和水平基准点桩，必要时应设防护措施，以防破坏，利用测量控制网控制和校正轴线、标高等，确保施工精度。施工过程中及时进行复核。

（2）施工便道。根据工程基坑开挖区域的先后顺序和现场情况，充分利用扬子江大道原有老路并分期进行道路翻交施工，保证施工便道的畅通。

（3）现场临建准备。工程的项目部及工人生活区等临时设施布置在现有扬子江大道西侧风光带处，详见平面布置相关内容。

（4）组织机械设备进场。根据施工机具的需用量计划，按施工平面布置图的要求，组织施工机械设备进场。机械设备进场后按规定地点和方式布置，并进行相应的保养和试运转等项工作。

项目的工程量大，施工工期比较紧，需要的施工机械、人员数量多。为确保工期，企业应做好科学、详细的机械设备使用、调配计划，使所有设备能发挥最大作用，得到充分利用。

（5）组织建筑材料和构配件进场。根据建筑材料、构配件的需用量计划组织其进场，按规定地点和方式存放或堆放，并做好组织和保护措施。

（6）施工队伍准备。施工队伍的素质是保证施工进度和质量的关键因素。项目部通过长期对劳务分包和专业分包单位的筛选、优化，形成了稳定的劳务分包和专业分包队伍来源，在企业内部已经形成多家具有相当规模的信誉好、素质高的劳务施工和专业施工队伍，足以满足工程的施工需要。

公开招标确定劳务队伍和专业分包队伍，并考虑该队伍的企业资质、营业执照、安全生产许可证、质量体系认证、项目经理资质、特种作业人员持证比例、专业技术人员专业水准和数量等确定量化指标，根据最终评标量值，确定劳务队伍和专业分包队伍。

(7) 作业条件准备。对工人进行必要的技术、安全、思想和法制教育，教育工人树立"质量第一，安全第一"的思想；遵守有关施工和安全的技术法规；遵守地方治安法规。配合现场管理规定，实行刷卡进场管理。

(8) 生活后勤保障工作。由于工程的场地限制，施工人员不能在工地住宿，在大批施工人员进场前，做好后勤工作的安排，全面考虑职工的衣、食、住、行、医等，并采取措施予以保障，以便充分调动职工的生产积极性。

5. 基础设施改造类项目生产准备

(1) 向班组进行计划交底以及质量、技术和安全交底，下达工程施工任务单，使班组明确有关任务、质量、技术、安全、进度等要求。

(2) 做好工作面准备：检查道路、水平和垂直运输是否畅通，操作场所是否清理干净等。

(3) 对材料、构配件的质量、规格、数量等进行清查，并有相当一部分运到指定的作业地点。

(4) 施工机械就位并进行试运转，做好维护保养，以保证施工机械能正常运行，满足施工要求。

6. 基础设施改造类项目施工准备的特点

(1) 施工专业类别较多，设计图纸不及时。

(2) 地下涉及多种管线，调查确认难度大。

(3) 项目位于快速路，场地狭小，交通流量大，需要进行多次交通导改。

(4) 外界影响因素多，协调难度大。

因项目专业类别多，专业设计图纸不及时，由此可参照 EPC 模式项目特点，将施工与设计融合作为项目重点来抓，克服由于设计与施工的分离致使费用增加，影响建设进度等弊端。在部分施工图设计完成后，施工和采购必须快速跟进，结合施工及采购情况，指导设计参数的确认，提升"施工引导设计、施工推动设计"的能力。如东侧1.5m雨水管采用顶管施工，设计图纸不齐全，结合现场情况调整工作井、接收井位置、尺寸大小、形式、结构厚度等设计参数，确保项目高效实施。

请业主组织所有涉及的管线单位开展专项会议并到现场进行查看；技术人员编制管线保护方案，将调查出的管线位置在图纸上进行标注，然后对项目所有管理人员进行交底。

4.2.4 老旧小区片区改造类项目施工准备

因老旧小区片区改造类项目不同于以往新建项目的封闭式管理，对项目的安全管理比较重要。应提前了解项目施工存在的危险源，并制定检测方案。要考虑对项目管理人员、作业人员、对居民的安全管理，以及在小区内吊篮施工，对居民的安全防护等。

（1）设计管理：因工程为EPC项目，政府对老旧小区片区改造只提供指导性文件和总价的控制，针对每个小区的建筑面积，设计同商务进行联动，保证总造价不超概算，设计内容尽量满足政府指导文件及基本原则的前提下，对改造项目进行测算，争取施工利润较大的项目。

（2）技术质量管理：因老旧小区改造范围比较广，项目管理人员有限，不能做到每道工序都有人旁站监工，因此在技术质量管理中，落实交底制度及验收制度，对进场材料、施工工序都进行验收，存在问题时要求进行整改，验收后方可进行下步工序施工。进行现场勘探，针对不同特点的楼栋编制相应的脚手架专项施工方案。

（3）施工成本控制：一些工作无法反映到图纸中，如现场的遗留垃圾清理、违建的拆除等及时与监理进行确认，做好签证资料并留影像资料。对分包的工程量计量，因存在很多隐蔽工程，过程中应做好影像资料的收集。

（4）现场准备：针对每个小区绘制不同的小区平面布置图（此布置图根据实际情况随时调整）；在小区显著位置设置材料公示牌、工艺展示牌；设置居民接待点。

在老旧小区片区改造类项目施工准备中，需提前设定技术准备和现场准备的各项计划表，以保证项目开工后按照计划顺利开展。其中技术准备主要包括各项规范目录表、施工方案编制计划表（专家论证工程重点关注）、施工试验检验计划表、技术复核及隐蔽验收计划、样板制作计划表、班组交底计划表、工程技术资料收集计划；资源配置计划主要包括劳动力配置计划、工程用原材料需求量计划、生产工艺设备需要量计划、工程施工主要周转材料配置计划、测量设备配置计划；现场准备工作主要包括临建的搭设、材料堆放场地及材料加工场地的布置等。

4.3 城市更新项目施工策划

4.3.1 公建场馆改造类项目更新施工策划

1. 合同优化方向

考虑城市更新项目原结构承载力等不能满足现行规范要求，施工过程中可能需变更设计、调整施工，对进度计划需充分考虑此类问题，尽量往前排，避免延期风险，因此在总包合同中需与业主沟通调整工期违约金额及列明工期违约金上限。

（1）对已完工程进行检查和验收、移交工程资料、该部分工程的清理、质量缺陷修复等所需的费用。

（2）施工现场原相关单位余留的材料、设备及临时工程的价值。

如合同条款优化：优化前的条款为"按现行《辽宁省建设工程造价信息》（沈阳地区价）编制；《辽宁省建设工程造价信息》上缺项的材料价格可结合市场价格编制"，优化后的条款为"按现行《辽宁省建设工程造价信息》（沈阳地区价）编制；《辽宁省建设工程造价信息》上缺项的材料价格、装饰装修工程和机电安装工程中主材及设备价格可结合市场价格编制"，扩大了市场认价范围，有利于后续工程创造效益。

2. 方案优化方向

方案优化可以以节约成本为方向，例如施工操作架体方案优化，用高空作业车代替脚手架施工，更加灵活，并可以节省场地与施工成本。对设计图纸中保留的墙体进行重点摸排，若存在原施工质量问题，需上报各方，规避后续施工质量责任。

（1）原工程建筑拆除施工方法，包括对部分结构保留情况下的静力拆除方案及非静力拆除方案，以及拆除工具、拆除顺序、拆除作业防护、扬尘治理等优化。

（2）拆除作业产生的建筑垃圾回收利用，包括砌筑工程拆除作业产生的砌体材料、结构拆除作业产生的混凝土块、钢筋等回收利用。

如某工程施工电梯需设置在已施工完地下室顶板上，根据受力计算，仅靠楼板自身承重无法满足受力要求，需要回顶加固。与设计人员沟通后，决定在地下室楼板需要回顶的位置增加炭纤维板加固，进而取消回顶加固，增加的炭纤维板加固作为工程结构加固的一部分体现在正式施工图纸上，因此炭纤维板施工费用按图纸与业主单位结算，节省临建支出的同时创造效益。

3. 设计优化方向

设计优化以结构安全与表面观感质量为主要方向，例如某场馆混凝土板表面增加保护剂优化，既可以避免混凝土板正面裂缝的产生和加深，又可以保持整体建筑的持久美观效果。

（1）原工程既有结构、砌筑墙体应用于新建工程，作为新建工程的一部分，减小施工成本，创造效益。

（2）合理利用新建工程的结构加固设计，将既有结构的加固应用于新建临建工程所需采取的措施之中，减小工程成本。

如某工程中主体结构拆除图纸要求采用保护性静力拆除。通过方案优化，将主楼楼板及梁拆除方式由全部静力拆除优化为仅拆除楼板外侧一圈使用静力拆除、中间区域回顶后电镐破除的方案，同样满足静力拆除的要求，不对主体结构产生扰动。与业主按报送方案分块静力拆除结算，与分包单位按照现场实际施工方法结算，创造效益。

4.3.2　环境整治提升类项目更新施工策划

设计优化是对工程招标或施工设计图提出的优化，是为了不断提高企业经济效益和管理水平，实现以科学发展观指导施工生产，充分利用科技进步的最新成果和成熟工艺，促进项目精细化管理。坚持"技术入手、经济结束"，优化设计，保证项目施工质量、安全、效益和工期。

设计优化的本质在于施工质量、安全等级没有降低的情况下，通过某些技术手段达到化繁为简、缩短工期、节约成本、提高效益或其他的目标。总承包商通常以施工中最迫切达到的目标为主要优化的方向，辅以其他效益确保设计方案的性价比。

现分享施工企业在环境整治类项目中效果显著的施工策划，为类似城市更新项目提供参考和借鉴。

1. 截污工程

某截污管道铺设总长 52.9km，其中支护开挖 20.8km，涌内包管 23.8km，顶管 7.15km，其他形式 1.15km。

（1）顶管井井筒结构优化情况介绍。项目有 7.15km 的污水管线敷设采用的是顶管施工，而顶管井是顶管施工的前提。市政污水管网工程，效益最大化的根本就是快速施工，而该项"双优化"的内容就是围绕快速施工展开的。

原设计图中的顶管井围护结构为钢筋格栅＋喷锚支护，不仅施工工期长，而且施工困难较大。该地区地下水资源特别丰富，基坑内的带电（上下层连接需要焊接）作业比较危险，总承包商的利润较低，基坑深度较小时甚至会亏损。优化后的围护结构为止水帷幕＋钢筋混凝土井壁，不仅施工快，而且安全、高效。

（2）"双优化"实施情况。

1）原设计情况。原设计图纸中，顶管井井筒结构为喷锚支护＋钢筋格栅＋斜角支撑的组合结构。施工流程为顶管井止水帷幕施工→第一层基坑开挖（深度 1.0m）→喷射混凝土进行基坑初步支护→制作钢筋格栅→再次对基坑进行喷锚支护（喷射总厚度为 30cm，需分层喷锚）→进行斜角支撑的焊接→进行基坑第二次的开挖⋯→基坑底板钢筋绑扎、混凝土浇筑。

2）优化原因。原设计图中每一开挖层喷锚混凝土厚度为 30cm，而每次喷锚厚度为 4～6cm，每个开挖层的喷射次数为 6 次，两层喷锚混凝土时间间隔一般为 2～4h（温度适宜时），喷射完成一个开挖土层的混凝土需要 2～3d，加上钢格栅制作安装及钢支撑的制作安装，每一开挖土层施工时间需要 7d 左右，施工效率低。

工程位于城市居民区、闹市区，施工过程对环境保护的要求比较高，而喷锚混凝土的粉尘污染较重，对周围环境影响很大。顶管井较深时，工人喷射混凝土时又处在一个相对封闭的空间，对作业工人的安全威胁较大。工程施工区域，人员比较密集，喷锚混凝土的机械噪声很大，周围居民投诉严重。

原设计钢筋格栅和支撑加工、安装比较复杂，对工期影响加大。

优化后采用钢筋混凝土井壁，现场施工操作简单，大大缩短了顶管井的施工工期。

钢筋混凝土护壁的顶管井利润更高。同等深度、同等尺寸的顶管井，现浇混凝土结构（混凝土为甲供材）比喷锚混凝土结构（喷射混凝土为乙供材）利润多 5200 元左右。

3）优化过程。在第一批截污图纸下发进行审图时发现，顶管井尺寸虽不大（方形井尺寸 6m×8m），但钢筋格栅的结构较为复杂，钢筋型号较多、形状各异，每个井的需求量较小，施工加工制作烦琐，由于每种需求量小，进货比较困难。

工人喷射混凝土时处在相对密闭的空间下，施工环境相对较差，喷射混凝土在潮湿和带水环境下的凝结时间较长，强度提升较慢，整个顶管井的施工工期相对较长，劳务对此意见较大。在施工时遇到村民投诉施工噪声较大的情况，项目部以此为契机将原设计的支护形式的弊端完全暴露在参建单位面前。

在现场实际踏勘后，立即召开专题会讨论优化顶管井支护的结构形式，在讨论争执不下时，抛出预先和设计单位沟通好的钢筋混凝土＋止水帷幕的结构形式，很快各方达成一致共识。后续出图全部采用了钢筋混凝土＋止水帷幕的结构形式。

（3）"双优化"实施中质量、安全情况。钢筋混凝土护壁实施范围广，质量、安全风险相对较小。实施过程中，项目严格控制质量，对钢筋质量、混凝土原材质量、钢筋绑扎质量、混凝土浇筑质量、拆模时间等严格按照方案要求施工，并全程进行旁站记录，确保了井壁质量可控。

由于本项目有 7.15km 的顶管施工，约 140 个顶管井（深基坑），施工隐患较大，施工前，项目提前进行安全技术交底，做到交底全覆盖，交底确为本人签字，施工时，做好临边防护，现场工程师旁站式管理，切实保证施工安全。

（4）创新点。积极与设计方、业主方联系沟通，将复杂的工艺简单化，提出可行的能降低对周围环境影响的设计做法，同时提出能缩短相应的施工工期、提高施工企业效益的优化项。项目全员参与，在体系联动的基础上进行施工，技术体系、物资体系和商务体系要充分配合，从而保证此项优化顺利实施。在取得业主方对设计图纸工程量认可的同时，按照实际施工工程量确认分包单位工程量，提前进行施工器械、材料的准备与替换，减少不必要的租赁与浪费，并实现开源与节流。

该优化解决了人口密集区施工噪声和环境污染问题，规避了潮湿甚至带水环境下的喷射混凝土强度上升慢甚至达不到设计强度的安全风险，改善了工人的作业环境。

最主要的创新点就是为履约赢得了时间：喷锚＋钢筋格栅＋斜角支撑结构每一开挖层施工时间为 7d，而钢筋混凝土井壁施工一层为 1d，两者进行下一层开挖的时间基本相同或钢筋混凝土井壁优于喷锚，真正实现了技术创新的意义。

（5）适用范围与应用前景。根据施工现场环境不同，采取更贴近于现场实际的施工方案，减小项目实施过程中的阻力，加快施工进度，施工单位通过对原设计图纸和工程量清单内容的对比分析，对施工困难、效益低的做法，有方向性地制定优化措施，创造新盈利的机会，最终达到提高效益、缩短工期的效果。

2. 泵闸站工程

（1）水利泵闸站情况介绍。工程涉及市政截污、河床底泥清淤、调水改善水质、主涌和支涌的分级节制闸调度运用等诸多工程措施，其中涉及水利专业的主要有节制水闸的设置和增设改善水质的调水泵站等措施。经实地调研，并结合工程的实际，为达到对水系综合整治的目标，拟订在工程范围内需要增设 3 座节制闸和 3 座调水泵站及 3 座闸站，这些新增的闸、站共 9 座。

本次优化以某闸站为例，采用整体式结构，闸站合一，水闸在中间，两侧设置潜水轴流泵。进水池的宽度为 1.5m，闸站段长 10m，自排闸的宽度为 5m。

（2）闸站优化。该闸站作为一个单位工程，其工序繁杂，流程众多，且各工序互有联系，要做到效益最大化，就要在保质保量的前提下快速施工，而针对水利泵闸站设计优化的内容就是围绕方便施工、节约工期展开的。根据实际建设情况，闸站设计优化主要内容见表 4.14。

表 4.14 闸站设计优化内容

序号	原设计	优化原因	优化内容	效果、作用
1	内外涌防冲段基础水泥土搅拌桩加固	施工工期长	改为松木桩加固,梅花形布置	施工方便、工期短、高效
2	水泵无详细的施工部位图	水泵安装无法固定、无法施工	增加水泵梁固定	防止抽水晃动、提高安全性
3	闸室上部机房悬挑梁配筋不够	无法承载上部负荷	增加牛腿	确保安全性
4	结构段打桩前用石粉填筑打桩平台 150mm 厚,打完桩挖除	实地勘察后发现,现状淤泥层厚度较勘有所不同,现状地质条件较差,基坑填筑 150mm 厚石粉层,无法满足打桩及施工设备施工条件	进行基坑基础换填处理。将原有打桩平台 150mm 厚石粉增加至 600mm 厚,满足机械作业要求	保证安全条件、满足施工要求、顺利施工
5	因闸站施工时需要全封闭施工,施工红线范围占用现有道路	当地村委提出该道路居民需要通行	应在围蔽外新建临时通行道路,路面宽度 6m,基础碾压块石 500mm 厚,石粉基层 150mm 厚	不影响居民出行,稳定周边关系
6	内、外涌连接段采用素混凝土挡土墙方式施工	现场勘察发现,顺水流左岸挡土墙与权属当地居民的厂房围墙相接,基础施工与土方开挖时会破坏厂房围墙基础	根据现场实际地形,在不影响原河道宽度的前提下,将原设计素混凝土挡土墙改为填土后采用连锁砖护坡方式进行施工	稳定周边关系,防止村民阻碍施工
7	原设计图纸要求搅拌桩成桩 7d 后,经触探和载荷试验检验后对桩身质量有怀疑时,应在成桩 28d 后,采用双管单动取样器钻取芯样做抗压强度检验	因工期较为紧迫,应选用较为直观的检查方案	取消轻型动力触探检测,直接采用取芯检测及复合地基静载试验,取芯数量为 3 点,复合地基静载数量为 3 点	施工快、工期短、高效

(3) 设计优化总结。若闸站周边厂房和居民众多,结合现场的实际施工环境及条件,初始设计图考虑的因素有限,势必存在不合理的地方,所以在每一道施工工序展开前需收集现状问题,整合分析,联合业主、监理、设计四方联动,积极沟通与探究,确定优化事宜并落实到位。

实际表明,在进行相关设计优化后,不仅在保质保量的基础上加快了施工进度,提高了施工效率,缩短了工期,而且涉及安全作业的因素风险降到了最低,在取得业主方对设计图纸工程量认可的同时,按照实际施工工程量确认分包单位工程量,提前进行施工器械、材料的准备与替换,减少不必要的租赁与减少浪费,并实现开源与节流。除此之外,为了达到不影响周边居民正常生活的目的而进行的有效优化对稳定周边居民关系起到重要作用,能在很大程度上解决城市更新项目施工时的难点和痛点,减小项目实施过程中的阻力,实现多方共赢的目标。

4.3.3 基础设施改造类项目更新施工策划

1. 管理策划

（1）针对施工部署的全方位策划。根据工程特点划分区域进行组织，并根据施工部署明确施工顺序，优先满足交通疏解，并明确场地移交优先级。

（2）针对实际场地移交情况跟踪。有效利用业主及政府资源，积极对接周边地块业主，摆事实，讲道理，将工程重点背景做好说明，事先收集好每个业主场地移交的时间信息、难处，做好跟踪落实。

（3）协调管理程序化。制定对接"五步走"流程，分阶段、分步骤地协调问题，避免协调时无目的、无主张。第一步，成立对接小组；第二步，收集汇总各地块相关资料及需求，分析协调工作重难点；第三步，针对协调重难点进行责任分工，明确组员对接内容；第四步，追踪落实协调内容，保证对接工作如期进行；第五步，加强对接过程中的信息反馈，及时调整对接对策。

（4）对接管理动态化。过程中实施动态控制，建立及时有效的反馈循环系统。做到协调结果有执行，执行之后有反馈，反馈之后有调整，调整之后有实施。动态化管理流程见图 4.2。

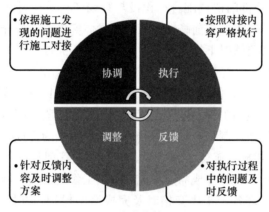

图 4.2　动态化管理流程

（5）协调管理及时化。根据对接管理需求对应成立应急抢工对接小组，以区域负责人为组长，对施工对接中需应急抢工保证其他单位施工或通行的区域，经管委会和业主协调后，第一时间组织人员进行抢工，保证项目对接管理工作的落实。

（6）对接管理提前化。工序施工时或完成后，立即邀请相关移交单位提前介入检查，发现问题马上进行整改，保证验收一次通过，并顺利移交。

2. 基础设施类项目改造规划

（1）"诚信"先行，以人为本。由于工程特性满足了周边地块，才能实现场地移交情况，除了对接督促周边地块场地移交，对周边地块对接许诺的事情，施工方也要积极完成，以真正有效地推进项目开展。

（2）依托"现场"，灵活应对。

1）成立专项对接小组与建设单位对接配合，尊重和服从业主指导，严格履行施工合同。

2）施工中，加强与业主各部门的沟通，充分理解业主的阶段目标和要求，办好业主交办的各项工作，求得业主的充分理解和支持。

3）利用业主资源做好征地拆迁、管线迁移等工作，处理好施工影响范围内居民的关系，排除施工干扰，保证工程顺利进行。

4）与各相邻地块对接配合。工程所占路段多为交通要道，且紧邻的周边地块施工工况复杂，通往外界的道路有限，施工过程中必须积极配合业主做好相关的协调施工工作，统筹安排协调道路的使用，积极参与业主召开的周边多家施工单位的碰头协调会，讨论解决施工过程中出现的各种矛盾及问题，理顺每一阶段的关系。

5）协调内部各个专业对接配合。工程包含众多专业分包，包含消防、给排水、路灯、沥青、标识标线等专业，项目部要发挥好把控关键线路、协调各方关系、明确进场时间、落实工序交接的作用。通过项目专题会、周例会等方式，讨论解决施工过程中出现的各种矛盾及问题，保障项目内部施工的通畅有序。

6）与交管部门协调配合。编制合理可行的交通疏导方案，办理相关手续，储备好实施交通疏导的相关器材，并按规定设置交通指示牌、指示灯、信号灯等，派专人对其看守、维护。施工影响范围内的道路或便道，与相邻施工单位签订共同维护协议，如有损坏及时修补，保证道路或便道的安全、畅通，文明施工满足要求。

7）与市政管线产权部门协调配合。积极与管线产权单位进行关系协调，由于管线产权单位迁改流程烦琐，需注重前瞻性，策划及具体实施要提前介入。配合管线产权单位的现场迁改工作，必要情况下提供设备、人力支持；完成与管线迁改有关的工作。

（3）"责任心"施工，保障成果。

1）加强现场执行力，确保按工期节点目标实施。项目部内部做好施工组织交底，确保施工现场管理人员熟悉工程总体施工流程。做好各区段及区段内部的施工衔接，每周根据现场进度进行反馈，制订销项计划，确保工期节点的完成。

2）做好成品保护措施，确保实施效果。成品保护管理是确保成品、半成品保护工作得以顺利进行的关键。为确保成品、半成品保护工作的落实，项目部可成立成品保护管理小组，专门监督管理各个工序交接时及完成后的保护，共同维护已完成工程及成品、半成品的质量。

3. 基础设施改造类项目改造优秀案例分享

基础设施改造类项目改造"双优化"案例见表 4.15。

表 4.15 基础设施改造类项目改造"双优化"案例

序号	优化项目名称	"双优化"项目简述		优化类别：方案/设计	效益/万元
		原方案或设计内容	优化后内容及其优势		
1	管廊基坑支护形式设计优化	综合管廊基坑支护原设计为钢板桩＋钢支撑支护形式	由于市场行情的变化，钢板桩施工为本项目的亏损点。根据现场水文地质情况，经与业主、设计沟通，将钢板桩支护改为 SMW 工法桩支护，提高了基坑支护的稳定性和安全性，增加了效益	设计	

序号	优化项目名称	"双优化"项目简述		优化类别：方案/设计	效益/万元
		原方案或设计内容	优化后内容及其优势		
2	综合管廊支护结构与侧墙之间间隙处理设计优化	合同中约定综合管廊支护结构与侧墙之间的间隙处理费用采用总价包干，原设计间隙为1m	经分析，1m处理成本费用远超总包合同包干费用，经与业主、设计协商，将1m间隙调整为小于20cm，节约了成本投入，扭亏为盈	方案	
3	土方减亏	管廊支护结构与侧墙之间的间隙为1m	通过支护桩与侧墙之间衬砌结构尺寸优化，缩小外放距离，减少土方开挖量及外运量	设计	
4	管廊支护形式优化	共建段原支护形式为SMW工法桩	经过与设计的沟通，已将共建段支护形式由SMW工法桩变更为双排三轴＋钻孔灌注桩	设计	
5	抗裂剂优化	原设计中主体结构混凝土中无抗裂剂	通过与设计、业主沟通混凝土配合比试配等工作，明确管廊主体结构 C35 P8 混凝土添加镁质抗裂剂（含量为23kg/m³）	设计	
6	钻孔方式优化	原方案钻孔灌注桩采用正循环成孔	桩基采用旋挖钻成孔，由于在老路上作业，旋挖钻有利于护筒埋设，成孔速度快，效率高，泥浆可以循环使用，减少造浆量，可以降低成本，环境污染小，便于文明施工管理	设计	
7	钻孔灌注桩孔钻长度优化	原方案钻孔灌注桩开钻地面标高为原有路面标高	经项目部分析，钻孔灌注桩可以在开挖基坑至第一道支撑处开钻减少空钻长度	施工方案	
8	管廊基坑降水优化	原设计图纸中，降水管井为16m布置一处，原有地质情况下，地下水丰富	1）通过与业主、设计的沟通，加大地基双轴搅拌桩加固的范围及深度，使地基自身具备"自防水"，减少降水井的数量及运营时间，降低基坑降水的费用。2）通过招标约定结算方式：基坑降水上限为总包投标价，现场实际降水费用小于投标价时按现场实际计，超过投标价时按投标价包干计	设计	
9	管廊钢筋连接优化	原设计图纸中规定：受力钢筋直径≥25mm时，可采用机械连接接头	考虑现场钢筋连接的质量，与设计单位沟通，≥18mm的钢筋全部采用机械连接，过程计量及结算按图纸设计计算数量及工程量	设计	
10	管廊基坑地基加固优化	综合管廊基坑坑底以下搅拌桩加固深度为3m	由于地质条件复杂，为确保基坑安全稳定及减小土方开挖对基地的扰动，经与业主、设计沟通、计算，将坑底以下搅拌桩加固深度调整至6m，提高了基坑支护的稳定性和安全性，增加了效益	设计	

序号	优化项目名称	"双优化"项目简述		优化类别：方案/设计	效益/万元
		原方案或设计内容	优化后内容及其优势		
11	隧道地基加固形式优化	原设计中，隧道基坑地基加固为裙边加固	由于地质条件复杂，为确保基坑安全稳定及减小土方开挖对地基的扰动，经与业主、设计沟通、计算，将基坑地基加固形式优化为裙边加固＋抽条加固形式	设计	
12	隧道钢筋连接方式优化	原设计图纸中规定：受力钢筋直径≥25mm时，可采用机械连接接头	考虑现场钢筋连接的质量，与设计单位沟通，受力钢筋直径≥22mm钢筋全部采用机械连接，过程计量及结算按图纸设计计算数量及工程量	设计	
	合计（万元）				

4.3.4　老旧小区改造类项目更新施工策划

中标进场后，合理组织项目管理人员，在施工企业层面下，完成项目管理策划工作，对项目的各个体系需要准备的工作，分析施工过程中可能遇到的问题，制定相应的对策。如西安某老旧小区改造项目中标后，组织项目管理人员，各体系管理人员经验丰富、能力出众。设计管理方面，从设计院选拔建筑、景观、机电等专业的优秀人才，在项目驻场进行设计，因老旧小区改造，政府对设计只有指导性文件，在设计初期阶段，设计人员到每个居民家中进行入户调查，了解居民的需求和居民的意愿，在完成设计方案后，对居民进行公示，积极采纳居民的意见。进场施工后，为减少因改造施工对居民正常生活的影响，项目成立议事小组，协调施工过程中与居民存在的矛盾，积极满足居民的需求。安全方面也极为重要，因使用吊篮、脚手架等存在较大危险源的项目，因此在施工过程中做好安全措施，在居民出入的楼梯口搭设安全通道。专职安全员每天对小区施工进行检查。另外，在施工方案中关于安全文明措施费方面的施工方案需要详细说明（费用方案）。

5 城市更新项目进度管理

本章主要介绍城市更新项目进度计划的制定与调整，并结合城市更新项目的特点罗列在公建场馆改造类项目、环境整治类项目、基础设施改造类项目、老旧小区片区改造类项目中影响项目进度的风险因素，就如何实现进度风险的规避提供具体的进度控制措施及方向，以期实现城市更新项目总工期的目标。

5.1 城市更新项目进度管理内容

城市更新项目进度管理是指根据改造类型的项目特点，考虑项目所处地理环境和社会环境，在合同总工期的目标下编制城市更新项目进度计划，按照进度计划开展项目施工，并定期检查进度计划实施效果，根据进度计划检查效果进行进度计划调整的总称。施工企业需根据自身企业的管理水平，以优化施工方案、合理组织与供应劳动力和物资、协调内外部关系为出发点，编制合理、经济的工程进度计划。

5.1.1 城市更新项目进度计划制定

1. 公建场馆改造类项目进度计划制定

根据城市更新类项目的拆改特点，需全面梳理各专业工程间各工序之间的先后顺序。重点考虑前期拆除的进度计划及资源安排，拆除工作完成后，重点对防腐除锈与结构加固制定详细的施工计划，不影响各部位的机电安装、隔墙等施工；室内工作的一项重点工作就是屋面的施工，必须合理地制定屋面的施工计划保证现场不受屋面未闭水影响。此外，需制定专项外立面幕墙拆改的施工进度计划，以免影响室内工作正常进行。

后期要对装饰装修施工进行仔细摸排，精确到每个房间的每个工序，制定好进度计划及资源需求。如有必要可制定销项计划，并根据现场实际推进情况定期召开销项会，对各项工作进行销项推进。

针对性地制定好项目进度计划后，需对项目全体管理人员及各分包进行专项交底，使相关人员清楚项目部的总体部署，各相关人员参与并讨论各项进度计划的合理性，同时做好前后工序的衔接工作安排，避免工序衔接不畅或先后顺序有误导致相关专业返工。

拆除改造项目的进度管理主要在于拆除改造过程中分部分项工程的进度管理、拆除方式优化管理、加固工程设计管控三大方面。

（1）分部分项工程的进度管理。进度控制的重点在于各分部分项工程的细节管控，进度计划编制过程中需要考虑各方面因素，包括材料进场、人员安排、环境影响、流水

73

段设置等诸多因素。

如某工程城市更新的进度计划特点在于拆除改造项目可避免传统项目施工流水段的划分，每层均可进行拆除加固施工，多层同时进行施工，最大限度地合理利用现场实际条件，达到快速建造的目的。

（2）拆除方式优化管理。城市改造过程中，静力拆除作为最常用的拆除方式，拆除分块大小直接影响拆除效率，分块过小则影响拆除效率，拆除过大则不易运输，现场实际施工时应充分利用现场条件，拆除块体尽量放大，现场机械破碎进行配合，达到最优效果。

（3）加固工程设计管控。加固形式的选择直接影响项目整体进度，如某改造项目根据现场实测，增大梁截面的加固形式对工期影响最大，进行梁加固设计优选粘钢加固、新增钢梁等多种形式，在考虑安全性的前提下尽量考虑现场施工实现性，达到最优解。

2. 环境整治提升类项目进度计划制定

（1）项目总体进度计划编制原则。

1）合理安排施工顺序，保证在劳动力、材料物资及资金消耗量最少的情况下，按规定完成拟建工程施工任务。

2）采用可靠的施工方法，确保工程项目的施工在连续、稳定、安全、优质、均衡的状态下进行。

3）节约施工成本。

（2）项目各专业子项进度逻辑关系。水环境综合治理项目所包含的专业子项大体可以分为截污工程、清淤工程、管道修复工程、生态修复工程、补水活水工程、人工湿地调蓄池、园林景观（河道景观）、污水处理厂、水利闸站（水资源宏观调配）等。在编排总施工进度计划的时候需厘清各专业的逻辑关系，以确保施工安排的合理性。

各专业之间的关键线路为污水处理厂→截污工程（同时进行水利闸站工程）→清淤工程→生态修复工程（同时进行河道景观工程、人工湿地调蓄池工程）→补水活水工程。管道修复工程多为现有管道的疏通、修复，与河道内水治理交叉不大，可以穿插进行施工。

常见进度编辑的逻辑关系有工程逻辑、优先逻辑、资源逻辑。

1）工程逻辑。工程逻辑有时也被称为"硬逻辑"，是工程项目实施过程中无可争辩的必要条件。例如，只有完成管道清淤后才能开始管道修复施工，管道修复完成才能开始路面恢复施工等，这种逻辑是固定不变的。

2）优先逻辑。优先逻辑有时也被称为"软逻辑"，是工程项目实施过程中根据管理程序要求而形成的逻辑关系。例如，施工流水段"A"的结构施工是施工流水段"B"结构施工的前置任务等。优先逻辑的建立是为了提高时间的合理利用率，降低非生产性资源的占用。

3）资源逻辑。根据各种管理需要，优先逻辑可以有许多变化，其中针对特定项目资源可能需要安排特殊的逻辑顺序。例如，特大型履带起重机的运行轨迹决定了有关施工区域的逻辑顺序等。作为优先逻辑的一种，该逻辑关系是为了提高时间的合理利用率，降低非生产性资源的占用或其他效率的损失。

（3）总体进度计划及各子项进度计划的制定。

1）总体进度计划。编制施工总体进度计划是一项要求严格、量大面广、步骤烦琐的工作。其基本要求是：保证拟建工程项目在规定的期限内按时或提前完成；基本做到施工的连续性和均衡性；努力节省施工费用，降低工程造价。

为编制出科学合理的施工总进度计划，需要注意如下几点：

① 准确计算所有项目的工程量，并填入工程量汇总表。项目划分不宜过细过多，应突出主要项目，一些附属工程、辅助工程、民用建筑可予以合并。

② 根据施工经验、企业机械化程度、建设规模、建筑物类型等，参考有关资料，确定建设总工期和单位工程工期。

③ 根据使用要求和施工条件，结合物资技术供应情况，以及施工准备工作的实际，分期分批地组织施工，并明确每个施工阶段的主要施工项目和开竣工时间。

④ 同一时间开工的项目不宜过多，以免施工干扰较大，人力、材料和机械过于分散。但对在生产（或使用）上有重大意义的主体工程，工程规模、施工难度较大及施工周期长的项目，需要先期配套使用或可供施工使用的项目，以及对提高施工速度、减少暂设工程的项目，应尽量优先安排。

⑤ 尽量做到连续、均衡、有节奏地施工。

⑥ 在施工的安排上，一般要做到先地下后地上，先深后浅，先干线后支线，先地下管线后筑路。在场地平整的挖方区，应先平整场地后挖管线土方；在场地平整的填方区，应由远及近先做管线后平整场地。

⑦ 按照上述各条进行综合平衡，对不适当部分进行调整，编制施工总进度计划和主要分部（分项）工程流水进度计划。

2）各子项进度计划制定。

① 截污工程进度计划。

a. 截污工程进度计划编制需遵循的原则：截污施工按照流水作业，并根据实际情况分段、分块穿插施工，确保总工期的顺利完成；根据现有资料（例如物探资料和地勘资料），尽可能详细地考虑管道施工中的各种影响因素，进度计划尽可能地结合实际情况进行编制；根据不同的施工工艺、施工条件和施工部位，分区段、分工序进行进度计划的编制；优先安排控制性节点施工，平行交叉作业不得影响工程的质量与安全；选择合理的流水节拍及合理地配置劳动力需用计划，保证各施工节点进度，以利于进场施工，使之同步达到计划工期要求；充分估计材料、构件、设备的到货情况，使施工项目的时间合理衔接；确定一些调剂项目，作为既能保证重点又能实现均衡施工的措施；使主要分部分项工程实行流水作业，连续均衡施工，从而做好劳动力、施工机械、材料和构件的四大综合均衡。

b. 进度计划实现的保证措施。

• 技术措施。根据已调查的物探资料和地勘资料结合管道施工路由上的现场条件、空间限制因素和人文环境等，制定合理的设计方案和施工措施方案，使管道施工对周围环境、行人车辆的影响降至最低；分级制定节点管控目标，根据工程大小和施工工艺的不同，将支护、开挖、地基处理、管道敷设、基坑回填、拆除支护、路面恢复等工序细分至每个施工流水段，并设定关键节点信息和管线；对复杂环境下施工的管道工程不拘泥于现有设计方案，创新施工方式，在确保质量和安全的情况下确保工程进度。

• 管理措施。管道施工并非新型行业，施工中讲究快速施工、分段施工，因此施工经验和管理经验尤为重要。施工现场成立精干、务实、高效的项目领导班子，经理部主要技术人员和管理人员均由经资格预审合格并有较好的从事工程施工管理经验、具有较丰富排水管道施工经验的人员组成，其组织机构和现场主要管理人员在整个施工过程中保持稳定；精选有经验、高水平、高效率的施工队伍进场作业；加强与交通、供电、供水、环保、市政、公安等部门及相邻合同段承包商和附近居民的联系与协调，取得相互理解和支持，谋求一个良好的外部施工环境，同时主动加强和增进与业主、监理、设计单位的联系与汇报，及时解决施工中出现的问题，确保工期目标的顺利实现；建立岗位责任制，实施进度监控管理；建立岗位责任制，签订责任状，明确各级管理人员的职责，完善考核及奖罚制度；实行分工负责，按大工序分工把守。围绕工期目标制定各阶段进度计划和具体措施，每月检查落实情况，定期召开工程例会，及时掌握施工动态，了解各项目进度情况；采用计算机运用网络计划技术对工期实行动态管理，及时调整各分项工程的进度计划，按工作内容和进度要求适时调整各生产要素，满足工期要求；对未完成进度计划的情况查明原因，制定改进措施，使工程进度按计划进行。做到旬保月、月保季、季保总工期。按工期要求合理配置施工资源，对关键线路上的工序通过加大机械、设备、人员投入的方法来保证。按施工进度要求制定设备进场计划和材料分期供应和采购计划，并在施工过程中抓好计划的落实；加快资源调配，加大投入，上足设备，提高机械化作业水平，充分发挥机械化作业的效率，确保施工人员准时到岗，机械设备按期进场，临时设施以最快速度完成，所需材料超前订购，并确保及时到货；编制各分项、分部实施性施工组织设计及各分项工程施工、工艺与技术措施，并报业主、监理单位审核批准。

② 清淤工程进度计划。

a. 编制依据：招标文件对施工进度的有关文件要求；设计图纸；有关施工及验收规范；工程量清单；主要施工方法；招标文件对工期的要求；现场实际情况；本单位施工力量情况。

b. 编制原则：施工进度必须服从总工期的要求；施工总进度计划必须服从地基稳定的大局，在确保地基稳定的前提下，配置满足施工进度计划要求的施工资源，大强度施工；在认真分析现场情况和本单位情况的基础上，尽可能采用先进的施工技术、设备，充分发挥机械效率和尽量减少准备、辅助和停待等非生产时间，最大限度地做到连续施工和均衡施工，加快施工进度。同时，应注意留有适当余地，保证工程质量和安全文明施工，当施工情况发生变化时，及时调整进度计划，保证工期目标的实现。

c. 施工进度计划安排：采用分段按工程项目平行流水搭接作业施工方法，利用电脑进行严格的项目进度管理，不断提高项目机械化程度和劳动生产率，组织有节奏、均衡和连续的施工。施工程序遵循先基础再上部的顺序，确定关键线路，并采取有效措施确保关键工序按计划施工，同时采用提前插入、交叉作业等综合措施，充分利用时间和空间。对非关键工序则应根据工地实际情况优化穿插安排，相互衔接。

　　d. 施工进度计划说明：施工准备工作包括机械和人员进场、施工场地平整、施工道路修筑、水电系统、施工辅助生产企业和其他临建设施建设，3d 内陆续完成；主体工程于开工令下达后立即开始，按合同约定完成全部工作。

　　③ 生态修复子项进度计划。

　　a. 编制依据。招标文件对施工进度的有关文件要求；设计图纸；有关施工及验收规范；工程量清单；主要施工方法；招标文件对工期的要求；现场实际情况；本单位施工力量情况。

　　b. 编制原则。施工进度必须服从总工期的要求；施工总进度计划必须服从地基稳定的大局，在确保地基稳定的前提下，配置满足施工进度计划要求的施工资源，大强度施工；在认真分析现场情况和本单位情况的基础上，尽可能采用先进的施工技术、设备，充分发挥机械效率和尽量减少准备、辅助和停待等非生产时间，最大限度地做到连续施工和均衡施工，加快施工进度。同时，应注意留有适当余地，保证工程质量和安全文明施工。当施工情况发生变化时，及时调整进度计划，保证工期目标的实现。

　　c. 施工进度计划安排。采用分段按工程项目平行流水搭接作业施工方法，利用电脑进行严格的项目进度管理，不断提高项目机械化程度和劳动生产率，组织有节奏、均衡和连续的施工。施工程序遵循先基础再上部的顺序，确定关键线路，并采取有效措施确保关键工序按计划施工，同时采取提前插入、交叉作业等综合措施，充分利用时间和空间。对非关键工序则应根据工地实际情况优化穿插安排，相互衔接。

　　d. 施工进度计划说明。施工准备工作包括机械和人员进场、施工场地平整、施工道路修筑、水电系统、施工辅助生产企业和其他临建设施建设，3d 内陆续完成；主体工程于开工令下达后立即开始，按合同约定完成全部工作。

　　e. 施工进度计划横道图。以红岗涌为例，红岗涌项目的实施措施包括 PVDF-MABR 强化耦合生物膜反应器、微纳米气泡发生器、NANO-沉水式微孔曝气系统、表面曝气机、底质净化剂投加、微生物菌剂投加、水下悬浮式微生物生态基、生态护坡、沉水植物栽培及生态浮岛系统等，总工期为 60d，具体安排如图 5.1 所示。具体的开工时间以业主通知为准。

　　④ 泵闸站工程进度计划。泵闸站主要的施工工序包含前期准备、地基处理、土方开挖、底板及剪力墙（闸室底部结构）施工、闸室施工、金结及机电、附属工程。以下用某一子项（古鉴涌闸站工程施工进度计划横道图）的进度计划表举例说明泵闸站的计划编排关系，进度图见图 5.2。

　　⑤ 管道修复工程。管道修复主要的施工工序包含施工排查、清淤检测、开挖修复（非开挖修复）、恢复交通几项。

3. 基础设施类项目更新进度计划制定

　　依据招标文件要求编排合理、详细的总进度计划，对施工过程做出战略性部署，确定主要施工阶段的开始时间及关键线路、工序，明确施工主攻方向。根据工程总进度计划确定控制节点，提出分阶段计划控制目标，编制分阶段进度计划。

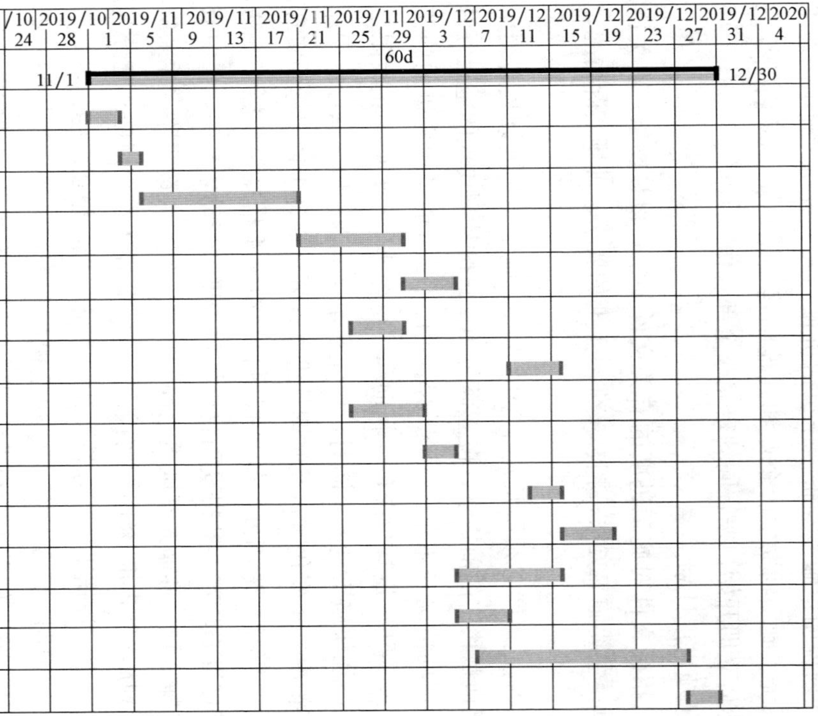

图 5.1　红岗涌项目施工进度计划横道图

标识号	任务名称	工期/d	开始时间	完成时间
1	红岗涌生态修复工程	60	2019年11月1日	2019年12月30日
2	施工准备	3	2019年11月1日	2019年11月3日
3	围堰排水	2	2019年11月4日	2019年11月6日
4	PVDF-MABR强化耦合生物膜反应器系统安装与调试	15	2019年11月6日	2019年11月20日
5	NANO-沉水式微孔曝气系统安装与调试	10	2019年11月21日	2019年11月30日
6	微纳米气泡发生器安装与调试	5	2019年12月1日	2019年12月5日
7	底质净化剂第一次投撒	5	2019年11月26日	2019年11月30日
8	底质净化剂第二次投撒	5	2019年12月11日	2019年12月15日
9	水下悬浮式微生物生态基	7	2019年11月26日	2019年12月2日
10	微生物菌剂第一次投撒	3	2019年12月3日	2019年12月5日
11	微生物菌剂第二次投撒	3	2019年12月13日	2019年12月15日
12	沉水植物栽植	5	2019年12月16日	2019年12月20日
13	生态浮岛系统	10	2019年12月6日	2019年12月15日
14	表面曝气机	5	2019年12月6日	2019年12月10日
15	生态护坡	20	2019年12月8日	2019年12月27日
16	竣工验收	3	2019年12月28日	2019年12月30日

序号	分项工程名称	开始时间	完成时间	持续天数/d
	古鉴涌闸站工程施工	2018年7月1日	2018年12月27日	180
一	开工	2018年7月1日	2018年7月20日	20
1	前期准备（机械人员进场）	2018年7月1日	2018年7月4日	4
2	围堰填筑	2018年7月5日	2018年7月14日	10
3	拉森钢板桩支护	2018年7月15日	2018年7月17日	3
4	抽水	2018年7月18日	2018年7月20日	3
二	搅拌桩施工	2018年7月20日	2018年8月28日	40
三	土方开挖与回填	2018年8月29日	2018年9月18日	21
1	土方开挖	2018年8月29日	2018年9月12日	15
2	回填砂垫层	2018年9月13日	2018年9月18日	6
四	底板施工	2018年9月17日	2018年10月4日	18
五	泵室施工	2018年9月24日	2018年11月5日	43
1	钢筋模板施工	2018年9月24日	2018年11月3日	41
2	混凝土浇筑	2018年10月24日	2018年11月5日	33
六	金结及机电	2018年11月6日	2018年12月4日	29
1	水泵安装	2018年11月6日	2018年12月4日	29
2	拦污栅	2018年11月13日	2018年12月4日	22
七	附属工程	2018年12月5日	2018年12月27日	23

图 5.2　古鉴涌闸站施工进度计划横道图

专业分包单位根据总进度计划要求，编制所施工专业的分部、分项工程进度计划，在工序的安排上服从施工总进度计划的要求和规定。

4. 老旧小区片区改造类项目进度计划制定

（1）设计进度管理与控制措施。

1）设计进度管理。设计进度管理实行业主、EPC工程总承包项目部、设计管理部三层管理。业主主要负责总工期要求和设计计划的批复等；EPC工程总承包项目部负责总体计划编制，对设计管理部上报的设计计划进行审查、审批和管理，并实施计划督促、检查，设定奖惩办法并落实实施；设计管理部根据总体设计计划编制施工图设计计划，各专业设计依据施工图设计计划落实并完成施工图设计工作。

2）设计进度控制措施。

① 细化进度控制节点。在考虑各种不利因素（如节假日、人员流动等）影响后，设计管理部组织专业人员编制详细计划，作为监控计划实施的基本文件，项目部将以此为依据安排专人跟踪督促。

② 对设计进度进行动态控制。定期组织设计管理部对专业人员计划的实际完成情况进行检查，并与计划进度比较分析。对出现的偏差，在分析原因的基础上提出措施加快设计进度。定期召开协调会议，检查实际进度，一旦发现偏差，及时督促设计部分析原因，加快进度，以满足总的设计进度控制要求。

③ 构建多级沟通协调渠道。定期举行设计联络会议，收集、整理施工中可能存在的与设计相关的问题，及时协调处理或提出初步的处理意见。定期组织设计管理范围内的设计例会，参加业主或EPC工程总承包项目部组织的设计例会或专题会议，提出设计过程中需要协调、解决的问题，与相关设计管理部门共同解决设计接口问题，推动设计工作进展。对由业主、设计咨询单位提出的或现场施工组织发生变化需进行计划调整（影响到对关键点的控制或确属无法完成）的，将由EPC工程总承包项目部、设计管理部收集、整理资料，提交EPC工程总承包项目部领导班子讨论后与业主和监理沟通、协商，经业主批准后对进度计划进行调整。

④ 加强考核力度。每季度邀请业主相关部门对专业人员进行设计服务巡检和考核，对设计管理部进行设计服务巡检和考核，对设计管理部的资源配置情况、施工图计划的执行情况等进行检查和考核。

（2）采购进度管理与控制措施。

1）采购进度管理。采购进度管理是EPC工程总承包项目管理的重要内容。采购供应实行全面计划管理，所有设备、材料的采购、供应必须按计划执行。采购计划包括采购进度计划、采购执行计划及实施方案、质量保证体系和质量保证措施、HSE管理体系（健康、安全、环境管理体系）、采购合同管理程序和措施、驻厂监造和出厂验收管理方案、催交催运管理办法、现场物资收发存管理程序、现场仓库和露天堆放场地的管理办法等。

① 采购进度管理原则和范围。采购进度管理将遵循全面规范、细致、可行的原则，充分发挥进度计划管理工作的规范和实效作用。采购进度计划管理范围即从工程项目准备工作开始，至采购完工报告被批准结束。在此期间工程需用所有采购、生产制造、加

工、运输、分配调拨、安装使用、售后服务、剩余物资回收等均属于采购管理的范围。

② 采购进度计划管理的依据。

a. 业主审定批准的设计管理部门的工程物资设计料表、图纸和有关技术文件；

b. 工程采购进度计划等文件；

c. 经业主批准确认的工程项目变更单、设计变更通知单和其他具有法定效能的文件等。

③ 采购进度计划的内容。采购进度计划根据计划的类型有不同的内容，通常主要包括项目、物资名称、单位、数量、技术规格书数据单（清单）提交时间、发标时间、评标时间、供货厂商、合同签订时间、供货期限、物资到场的开始结束时间等采购周期、运输发站及到站地点、调拨领用单位等。

④ 采购进度计划的责任划分。项目采购管理部负责工程所需设备、材料的订购、催办、监造、检验、运输、接收、调拨、结算等一系列采购活动。负责根据 EPC 工程总承包项目总体工程计划编制采购的总体实施计划；负责协调、控制采购进度，并编制采购订单状态报告及物资接收报告等。

2）采购进度控制措施。

① 控制采购进度的基础资料是设备和材料订购、加工、运送等各种活动记录的数据和相关文件信息。通过掌握的采购活动记录来计算采购完成情况。

② 催办是保证采购进度计划实施的重要措施，主要工作是督促供货厂商按照合同规定的期限提供技术文件和材料设备以满足工程设计和现场施工进度的要求，故催办工作贯穿于从合同订货开始到出厂检验交货的全过程。催办工作的要点是要及时地发现问题，尽一切努力保障所有材料和设备按规定的时间交货，并取得供货商提供的完整的技术文件和质量证明资料，作为最后竣工资料的组成部分。为保证工程的进度和质量，采购管理部应及时与供货商负责设计、采购、生产和检测的人员沟通，获取信息，保证生产工艺和进度，催交技术资料。对每个合同，资源催办应有相关的证明文件，以证实设备及物资经过了仔细的检测及任何必要的检验步骤。

（3）施工进度管理与控制措施。

1）施工进度管理。施工进度管理主要从组织措施、管理措施对工程施工进度进行控制。

在组织上，通过成立 EPC 工程总承包项目部，按国家法律法规组织施工，严格按照施工进度总计划控制施工进度，确保总工期。

在管理上，确保工程物资的落实。开工前，组织专业人员编制各类物资和构配件计划，专人负责落实采购工作，做到材料、构配件按质按时适量供应，杜绝因物资供应而影响施工进度。在劳动力管理上，安排技术素质好、有类似工程施工经验的工人、管理人员投入施工，全企业范围内统一调配，在专业工种和劳动力需要量等方面，满足现场施工需要。在机械管理上，确保现场工程材料和构配件的运输，企业优先安排该工程需要的一切施工机械，力求提高施工机械化水平，减轻劳动强度，加速施工进度。

在施工过程中，现场生产负责人协调、指挥、检查，防止返工而影响工期，同时，项目部按日安排具体施工进度计划，做到以日保旬，以旬保月，确保总工期按计划完成。管理人员每天下班前 1h 开现场生产碰头会，小结当天工作情况和存在的问题，布置第二天的工作，及时解决施工过程中的矛盾。受客观因素影响工程进度时，采取有力措施，及时补回来，保证施工进度计划的实现。

2）施工进度控制措施。

① 缩短施工准备期，尽早进入工程施工。在收到中标通知书 7d 内，项目主要管理人员全部到位，将全力以赴组织有关人员结合现场条件，安排施工准备和编制实施性施工组织设计，及时调遣生产操作人员和设备进场。

② 本着"质量第一"的原则，运用 ISO 9001 系列管理程序，统筹安排生产计划。以互联网为手段，按实际情况调整施工部署，实现动态管理，提高插入度水平，形成合理的立体交叉作业局面。通过合理的施工组织与正确的施工方法来加快施工进度，均衡施工。

③ 集中资源、材料和劳动力投入施工，协调生产、物资、安全、技术、质量等各部门工作，协调施工计划落实，确保工期按计划实施。

④ 配备数量充足、经验丰富的技术人员，选派合作多年的分包队伍。

⑤ 根据不同施工阶段的现场特点和需求，设计不同阶段的现场平面布置图，针对各阶段机械设备的布置、各阶段材料堆场的改移等方面进行布置。各阶段的现场平面布置图和物资采购、设备订货、资源配备等辅助计划相配合，对现场进行宏观调控，使现场平面布置与施工进度合拍，保证各阶段的施工顺利进行。

⑥ 加强与交通部门、市政部门、供电供水部门、市容环保部门及公安部门等单位的协调，具体协商解决施工运输、现场地下管线探查、现场临水临电接驳、施工噪声排放、施工现场临时建筑搭设及防火审批等实质性问题，创造良好的工程施工环境，进一步保证施工生产的正常进行。

⑦ 加强与业主、监理等单位的联系，同时积极与其他相关部门联系，及时解决施工中存在的问题及突发事件，创造一个良好宽松的施工环境，确保施工生产的顺利进行。

5.1.2 城市更新项目进度计划调整

1. 公建场馆改造类项目进度计划调整

总进度计划编制完成后，后期改造项目进度计划调整由项目生产经理牵头，根据当前所需调整计划，由项目生产部制定各调整后的节点目标，各专业分包单位以节点目标倒排计划上报各自的施工计划及资源安排至生产部，生产部各专业工程师根据穿插作业工序进行各单位工程内的各专业进度调整，后汇总至生产经理处，由生产经理进行审核后编制项目调整后进度计划。项目部对进度计划进行调整后，上报监理及业主单位进行审批。

如某公建场馆改造类项目进度计划调整主要有两次：

（1）受新冠肺炎疫情影响，工人返工受阻，国家及地方政策限制，各监管部门的复工手续管控，影响项目进度计划安排，故对项目进度进行整体调整，而关键节点时间不予调整，故本次重点调整前期拆除作业进度及对结构加固、幕墙外立面施工时间进行及时插入。

（2）在拆除作业完成后，隐蔽在装饰层下方的结构暴露出来，许多与图纸不符的地方需协调设计重新出图，施工工程量增加，施工难度加大。尤其是项目的 E02、E03 两栋单体，由于两栋单体为钢筋混凝土框架结构，且为二十余年前建造，缺少竣工图纸，而在前期房屋检测单位的实体勘察检测仅能在有饰面的情况下大体进行测量检测。当施工单位进场拆除饰面后，大量的结构与检测图纸不符，且当进行基础开挖加固时，存在更多的不确定性，开挖后与原预想基础形式包括尺寸均不一致。诸多的问题使设计不得不根据现场实际情况重新设计出图，导致原进度计划有较大调整。

2. 环境整治提升类项目进度计划调整

（1）截污工程。

1）进度计划调整内容。项目的进度计划每天、每周、每月、每季度、每年直至总进度计划都应有专人进行监测、测算，当发现某个环节的进度计划有偏差时，应当及时分析原因并判定对上一层级的进度计划的影响程度，从而判定是否需要调整进度计划，以利于总进度计划的实现。进度计划的调整内容分为以下几点：

① 重新划分施工流水段。管道施工为线性工程施工，不存在左右、上下交叉作业情况，当施工进度计划需要调整时，可考虑新增流水段作业进行赶工。

② 工序或逻辑关系的调整。管道施工的某些工序并非流水作业关系，在施工进度紧张时可根据实际情况进行多工序穿插施工。例如，支护开挖管道敷设时，在沟槽开挖的同时可以进行管道分段焊接的施工，在管道敷设时采用吊装形式进行管道安装。

③ 施工工艺的调整。现场某些因素制约了原设计施工工艺施工时，根据现场情况可调整施工工艺以加快施工进度。例如，管道施工时遇到既有管线的影响，无法按照原工艺施工，管线迁改工期较长，为保证总工期的实现，可考虑选用托管或顶管的施工工艺进行避让。

④ 增加相应的资源投入。施工中在现场条件允许的情况下，在经济合理的情况下，尽可能多地投入施工资源。

2）进度计划调整原因分析。

① 征拆原因。某些管线施工路由或资源运输通道上需临时征用部分土地，或河道边施工时需拆除违建、危房等，因赔偿或其他因素无法实现征拆。

② 管线迁改。管线施工大部分都在地下，尤其是非开挖施工时，遇到管线交底不明、物探资料不准确、地勘资料未探明的一些地下管线或障碍物，需要迁改或处理时，对施工工期的影响。

③ 极端天气影响。管道施工时遇到台风、暴雨等极端恶劣天气的。

④ 资源投入影响。受到市场资源供应的限制，无法满足现场进度需求时，需在满足质量和安全的情况下调整资源投入或进度计划。

⑤ 方案调整。原设计方案实施时由于周围环境、居民投诉、交通情况等影响较大时，需调整方案。

⑥ 其他因素。例如河道内施工管道围堰影响两岸养殖产业发展，围堰后影响河道行洪，由于征拆不力，施工时导致未征拆房屋出现损坏等。

（2）清淤工程。

1）工艺顺序调整。清淤子项施工理论上应在截污子项工程完工后开展，实际施工中，由于征地拆迁等情况导致截污子项工程进度滞后，为保证总工期，需要提前进行清淤子项工程。当截污子项工程完成后，依河涌实际情况确定是否需要二次清淤。

2）流水作业段调整。进度计划中，清淤子项应按河涌从头至尾逐次清淤，实际施工中，当部分河涌段无法进行河涌清淤时，可以调整计划，跳过当前段完成后续河段清淤。

3）灾害天气下进度调整。清淤工程与气象及水文条件息息相关，尤其是南方地区，有长时间的汛期，易发生洪涝灾害。为保证施工安全和工程进度，计划安排及实施过程应随时关注相关信息，视实际情况，及时加快施工进度或停止作业。为保证施工进度，必要时需要采取赶工措施，多作业段同时作业，一些项目如土石方开挖、混凝土浇筑等可采取昼夜施工，保证按期完成施工任务。

4）突发情况下进度调整。城市河涌施工，与周边居民生产生活关系密切。当遇到龙舟节等特殊情况时，需要调整计划，合理安排工作，必要时进行赶工。

（3）泵闸站工程。从施工进度计划图里可以看出，泵闸站的工序比较固定，前后工序逻辑性非常强，如果在进度监测过程中发现实际进度与计划进度不符，只能通过缩短某些工作的持续时间来保证下一步施工工序不受影响。具体分析如下：

1）主要工序的进度调整。泵闸站主要工序包含地基处理、主体结构施工，主要工序原则不允许调整，因其工序紧密且逻辑性强，要在前一道工序保质保量地完成并验收合格后才能进行下一道工序，且主要工序一般持续时间比较固定，不允许有过多的进度调整。如果实际出现较大偏差，为保证施工进度，必要时刻只能采取赶工措施，压缩主要工作线路的施工时间。

2）次要工序的进度调整。泵闸站次要工序包含围堰、消力池、防冲槽、挡土墙施工等，在主要工序保证按进度实施的基础上，可以兼顾次要工序，形成流水段作业与主要工序平行施工。

3）灾害天气下进度调整。南方地区有长时间汛期，易发生洪涝灾害。为保证施工安全和工程进度，计划安排及实施过程应随时关注相关信息，视实际情况及时加快施工进度或停止作业。为保证施工进度，必要时需要采取赶工措施，加班加点，昼夜施工，保证按期完成施工任务。

4）对资源的投入做局部调整等。对因资源供应发生异常而引起进度计划执行问题，应采用资源优化方法对计划进行调整，或采取应急措施，使其对工期影响最小。

（4）管道修复工程。

1）进度计划调整内容。在进度监测过程中，一旦发现实际进度与计划进度不符，即有偏差时，进度控制人员必须认真寻找产生进度偏差的原因，分析该偏差对后续工作和对总工期的影响。及时调整施工计划，并采取必要的措施以确保进度目标实现。进度计划调整的最有效方法是利用网络计划。调整的内容包括：

① 关键线路长度的调整。这种方法是不改变工作之间的逻辑关系，而是缩短某些工作的持续时间，而使施工进度加快，并保证实现计划工期的方法。这些被压缩持续时

间的工作是位于由于实际施工进度的拖延而引起总工期增长的关键线路和某些非关键线路上的工作。同时，这些工作又是可压缩持续时间的工作。这种方法实际上就是网络计划优化中的工期优化方法和工期与费用优化的方法。

② 非关键工作时差的调整。

③ 增减工作项目。增减工作项目应做到不打乱原计划的逻辑关系，只对局部逻辑关系进行调整。在增减工作项目以后，应重新计算时间参数，分析对原网络计划的影响。当对工期有影响时，应采取调整措施，保证计划工期不变。

④ 调整逻辑关系。当工程项目实施中产生的进度偏差影响到总工期且有关工作的逻辑关系允许改变时，可以改变关键线路和超过计划工期的非关键线路上的有关工作之间的逻辑关系，达到缩短工期的目的。

⑤ 对资源的投入做局部调整。对因资源供应发生异常而引起进度计划执行问题，应采用资源优化方法对计划进行调整或采取应急措施，使其对工期影响最小。

2）计划调整原因。一种是项目的各要素、资源等都没有变化，完全是由于计划阶段和范围管理的疏漏引起的计划调整；一种是项目目标发生了变化，如原来计划的半年项目周期由于交通压力需要调整为4个月等情况；一种是项目本身没有变化，但由于范围、资源、环境、进度等相关要素发生的变化导致项目无法实现最初的项目目标。

（5）进度计划调整流程。进度计划调整流程见图5.3。

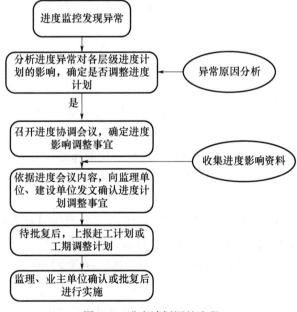

图5.3　进度计划调整流程

3. 基础设施改造类项目进度计划调整

通过每日速报的方式对进度计划的实行情况进行检查，按时完成就标绿色，未按时完成就标红色。每周召开进度例会，及时对滞后情况进行反馈，如滞后的工期未在关键线路上，不影响最后的总工期，那么就不需要调整工期计划；如滞后的工期在关键线路上，将对最后的总工期产生影响，那么就需要通过调整施工方案或者增加人、材、机的措施来确保总工期计划实现。进度标注示例如图5.4所示。

K0+920—K1+80												
分项工程		工程量		完成日期		资源配置			材料计划	分包单位	滞后原因	纠偏措施
		单位	数量	计划	实际	人员	材料	机械				
管廊工程	JD1	m	11.8	5.24		24		起重机		航辉		
	JD2（综合口）	m	24.3	5.27		24		起重机		航辉		
	JD3（钢结构）	m	40	6.3		14		起重机		联众		
	JD4（钢结构） 土方开挖			4.15	4.15			挖掘机、渣土车		吴之道		
	主体结构			5.12		14		起重机		联众		
	管廊顶回填土	m³	4960	6.1				推土机一台、250挖机两台、压路机两台、摊铺机一台		古柏		
	JD1-JD4型钢拔除	根	209	6.3		12		拔桩机二台、25t汽车吊二台		博联特		
	冠梁切割	m	240	6.4		4		绳锯一台、80t汽车吊一台、平板车一辆		苏南爆破		
排水工程	西雨管道X1-X6	m	160	6.2		6	钢筋混凝土管道	轮挖一台		通达		
	过路雨水管线（西侧）	m	15	6.10		7	钢筋混凝土管道	轮挖一台		通达		
辅道及人非	灰土回填	m²	500	6.2		4		推土机一台、250挖机两台、压路机两台		古柏		
	水稳施工	m³	998	6.6		10	土工布、水稳	摊铺机、压路机、推土机		高仁		

图5.4　进度标注示例

4. 老旧小区片区改造类项目进度计划调整

在老旧小区片区改造中，一般调整较多的就是施工进场时间、脚手架搭设时间、脚手架拆除时间。

（1）施工进场时间，方案图纸已确认、居民议事会已召开等前置条件满足后即可进场。

（2）脚手架搭设时间调整一般因为部分楼栋一层的违建没有及时拆除导致脚手架钢管无法落地，从而导致进度滞后。一般违建由街道拆除，建议施工进场前就要求街道提前将所有违建拆除。

（3）脚手架拆除时间调整的主要原因是施工过程中天气因素影响，如连续阴、雨、雪天气，无法进行施工（特别是外墙腻子、防水、真石漆等），还有一个原因是最终的真石漆完成效果达不到相关部门的要求，可能会进行真石漆调整。

5.2　城市更新进度风险识别及风险规避

5.2.1　公建场馆改造类项目进度风险识别及风险规避

（1）公建场馆改造类项目进度风险识别。

1）设计图纸与现场实际情况不符导致的工程量及施工难度增加。如某公建场馆改造类项目图纸中要求保留的石膏板墙实际破损严重，原需保留砌体墙灰缝漏浆且出现贯穿性裂缝等严重质量及安全隐患，需全部拆除重建。这样一来将影响室内各专业施工进度。

2) 重要材料及非常规材料若未及时进行下单生产，将导致进度存在滞后风险，某公建场馆改造类项目，特色鲜明尤其外立面效果独特，材料跟踪影响进度尤为明显。如A馆大量的立面及采光顶玻璃需提前定好材料小样，要根据节点进度计划安排倒排下单及玻璃到场时间，需提前与厂家沟通好玻璃生产周期，因玻璃下单到生产送货周期较长（近15d时间），需严格把控前置下单条件；B馆外立面不规则及镂空铝板、金属网格等材料均非常规材料，需严格对材料下单、生产至送货时间进行把控（非常规材料需寻找多家规模大、产能高、有能力和实力的厂家，以免影响材料进度）；C馆外立面为耐候钢板，需将原耐候钢板拆除后经过进场修复等一系列流程，然后返回项目进行原位安装，故对此材料的各项工艺流程均需严格把控，否则将影响进度。

3) 受现场施工场地制约带来的影响。施工企业进行改建的四大场馆分布较为分散，场馆临近场地均为其他标段，材料堆场、加工场、大型车辆停靠点均无充裕场地布置；其他标段进行路面破除改造时，导致材料机械无法进出场。

4) 极端天气带来的影响，比如上海梅雨期间，室外幕墙作业无法进行，高温天气时，作业时间需进行调整等。

5) "三边工程"（边勘测、边设计、边施工工程）既造成工期大幅延长，影响居民出行，又造成国家投资的巨大浪费。该类工程虽然违背了工程建设的基本程序，但在目前的城市更新项目中由于工期紧、任务重，往往存在"三边工程"的可能性较大，为此设计进度直接影响现场进度。

6) 管理人员经验不足，导致项目进度无法推进。由于城市更新类项目涵盖的改造对象多，专业涉及广，现场的管理人员往往第一次接触该类型的项目，存在管理经验不足、施工进度难以推进的情况，严重影响施工进度。

(2) 针对以上影响公建场馆改造类项目进度的风险因素，可采取以下措施提前规避或减小对总工期的影响：

1) 对图纸与实际不符的情况，一是要注意保留好施工过程资料，并及时与监理、业主进行施工过程见证。二是要求检测单位对现场实际情况进行实地勘察，重新提供给设计方，进行设计变更。三是对图纸要求保留部位，项目部先行探讨，综合成本、质量、工期等各项指标考虑如何处理。若质量不满足现行规范要求，则可进行现场取样复试等进行检测确认，以便对各方后续处理提供依据。四是要积极与设计、监理及业主方进行对接，共同推进。

2) 改造项目若有修旧如旧的要求或恢复原貌的要求，则各种材料小样及视觉样板的提前确认将是提前规避进度风险的一大重要举措，对各项材料样板提前进行规划准备，能对后期各专项进度路线上的计划起到至关重要的作用。

3) 若有其他标段带来的场地限制影响，要提前要求业主进行统筹协调解决，预留出入通道，如果实在无法通行，需及时发文业主要求合理顺延工期。

4) 对极端天气带来的影响，要及时关注天气预报，并调整施工内容，如大风及雨天时避免室外作业，后期采取加人加班等措施进行赶工。

5) 紧抓设计红线管理，将进度计划前移至设计计划控制，分专业分批次进行设计进度控制。

6) 加大项目全体人员关于城市更新的专业性培训，在整个施工过程中重视专业性，同时编制专业性施工计划。

5.2.2 基础设施改造类项目进度风险识别与风险规避

1. 基础设施改造类项目进度风险识别

基础设施改造类项目工期主要影响因素见表 5.1。

表 5.1 基础设施改造类项目工期主要影响因素

序号	影响因素	主要内容
1	组织管理因素	夜间施工许可证办理困难；组织协调不力，导致停工待料、相关作业脱节
2	施工技术因素	如施工工艺错误；不合理的施工方案；施工安全措施不当；不可靠技术的应用等
3	自然环境因素	如复杂的工程地质条件；不明的水文气象条件；地下埋藏管线、电缆等的保护、处理；洪水、地震、台风等不可抗力等
4	社会环境因素	如外单位邻近工程施工干扰；节假日交通、市容整顿的限制；临时停水、停电、断路等；噪声造成周围居民投诉，而使夜间施工受到干扰
5	材料、设备等生产要素的因素	因材料、构件未按计划进场，或进场后不能及时送检而造成如水泥、钢材等材质不明，影响下道工序的延期施工；施工设备不配套，选型失当，安装失误，有故障等
6	资金因素	受资金影响而使材料、构件不能按时进场，造成停工待料，影响施工进度
7	其他因素	因图纸会审深度不够设计变更较多，设计修改方案不能及时拿出影响施工进度，地基勘察资料不准确，或出现其他不可预见因素而影响工期

2. 基础设施改造类项目进度风险规避

通过每日速报的方式对进度计划的实行情况进行检查，按时完成就标绿色，未按时完成就标红色。每周召开进度例会，及时对滞后情况进行反馈，如滞后的工期未在关键线路上，不影响最后的总工期，那么就不需要调整工期计划；如滞后的工期在关键线路上，将对最后的总工期产生影响，那么就需要通过调整施工方案或者增加人、材、机的措施来确保总工期计划的实现。

5.2.3 老旧小区片区改造类项目进度风险识别与风险规避

1. 老旧小区片区改造类项目进度风险识别

（1）设计方案的确定和施工图纸的确认不同于新建项目，小区片区出新项目设计方案、施工图不需要送审，仅需专家评审即可，同时设计方案还需要得到街道、社区、居民的认可后方可实施。

（2）施工材料的进场也是影响老旧小区改造施工进度的重要因素，因老旧小区位于市中心地带，材料白天不允许进场施工，且现场基本无材料堆放场地，因此材料也是影响施工进度的主要因素之一。施工材料复检周期过长，按照规范要求，材料进场验收合格、需复检的材料复检合格后方可使用。一般小区出新脚手架搭设15d，首先进行基层处理，所需材料混凝土界面剂、网格布、抗裂砂浆的复检周期均在30个工作日以上，严重影响工期。项目均应采用提前报备进场后所使用的材料，然后提前送检，确保工期。同时，现场拉拔试验及时完成。

（3）施工过程中会受到居民阻扰施工、干扰施工等问题。如少部分居民不同意设计方案，不同意更换晾衣架与遮阳篷，脚手架搭设影响停车（老旧小区片区停车位较少）、出行不便等。老旧小区改造前期要对居民做入户的民意调查，且要经产权单位、物业同意后方可进场施工，因此，前期进场与产权单位、物业、居民的沟通协调是影响施工的重要因素。

（4）小区环境复杂，道路狭窄，脚手架钢管一般在6m左右进出场相对困难，搭设脚手架还需注意搭拆顺序，如先搭设小区靠里楼栋、后搭设靠外楼栋，先拆除靠外楼栋、后拆除靠里楼栋。

（5）道路出新手续复杂，涉及杆线下地、强弱电、燃气、自来水等，管理难度大。

（6）季节性施工影响，主要是高温天气、连续阴雨雪天气，而且小区片区出新不能进行夜间施工。因目前全国对环境管控比较严，外墙真石漆施工、室外管沟施工，容易造成环境污染，若启动环境应急响应，可能就面临停工风险。

（7）劳动力的配备也是影响施工进度的主要因素。目前劳务市场紧张，若劳动力不能及时跟上，会影响施工进度。

2. 老旧小区片区改造类项目进度风险规避

（1）周密翔实地将施工总进度计划分解落实到每一工段、每一立面、每一工序、每一月、每一旬、每一天，实施过程中动态监控，比较计划同实际存在的差距，找出原因并提出改进措施。落实"制定计划→实施→检查→改进→处理"的循环工作方法。

（2）对涉及影响工期的人员、机具、料、环境、方法五方面因素进行全面综合评估预测。人员方面成立强有力的项目管理班组，配备足够的有经验的熟练技术工人，严格管理。机具方面配备足够的运转正常的设备，并配备专人维修保养，同时考虑备用机具的储备。材料必须保障按时按质供应到位。注意天气的变化趋势，合理安排不同工序交替作业，防止窝工、返工。天气晴好的情况下，加班加点争。计划方法要有针对性，结合工程特点，科学组织人员、机具，合理安排施工顺序，避免返工及交叉污染。

（3）施工前期的准备工作要周密细致，对基面的状况要充分了解；对材料、人员、机具的进场时间逐一落实，以防配合不利影响工期。进场后及时对全员进行工期交底，动员全体施工人员拼搏奋战，发扬能吃苦、敢打硬仗的精神。

（4）充分考虑雨天、大风或寒暑对工期的不利影响而采取必要的防护措施，做好成品、半成品保护工作。

6 城市更新项目质量管理

质量是工程建设的核心。设计文件在各专业设计总说明中对各项专业工程均进行了质量要求,如建筑设计总说明中对建筑防火构造进行了要求,并对防水进行了楼地面防水防潮、屋面防水等说明。建造过程本身是工程实体质量形成的过程,为保证工程质量,除现场管理人员熟悉设计文件要求外,还需建设单位形成自身的质量管理体系,并在日常施工过程中对施工质量进行控制。本章根据各类城市更新项目施工管理经验,总结各类工程常见的质量通病,并介绍质量通病控制措施。

6.1 城市更新项目质量保证体系

6.1.1 公建场馆改造类项目质量保证体系

(1)质量保证组织。某公建场馆改造类项目质量保证组织机构框架见图 6.1。

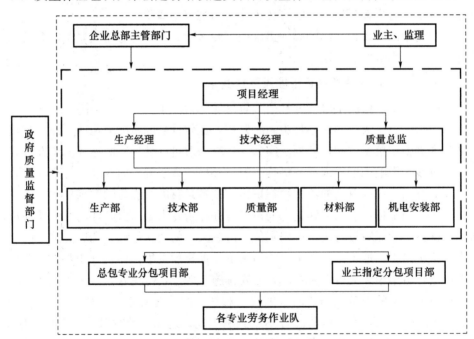

图 6.1 某公建场馆改造类项目质量保证组织机构框架

某公建场馆改造类项目质量控制程序见图 6.2。

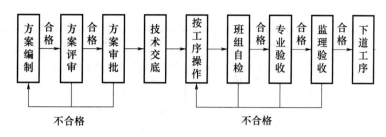

图 6.2 某公建场馆改造类项目质量控制程序

（2）质量保证制度。公建场馆改造类项目质量保证制度见表6.1。

表 6.1 公建场馆改造类项目质量保证制度

序号	制度名称	制度内容
1	工程质量承包负责制度	拟订工程质量责任状，充分调动项目经理部全体管理人员及班组成员的工作积极性，努力提高其整体战斗技能
2	图纸会审技术交底制度	技术部组织项目相关人员进行图纸审核、做好图纸会审记录，协助业主、设计做好设计交底工作，解决图纸中存在的问题，并做好记录 技术部编制有针对性的施工组织设计，积极采用新工艺、新技术，针对特殊工序编制有针对性的作业指导书。每个工种、每道工序施工前要组织进行各级技术交底，包括项目工程师对工长的技术交底、工长对班组的技术交底，班组长对作业班组的技术交底。各级交底以书面进行。因技术交底不清而造成质量事故的要追究有关部门和人员责任
3	材料进场检验制度	工程钢筋、水泥及各类材料进场，需具有出厂合格证，并根据国家规范要求分批量进行抽验，抽验不合格的材料一律不准使用，因使用不合格材料而造成的质量事故要追究验收人员的责任
4	样板引路制度	首先进行样板层的施工，通过样板层检查各种施工要点，通过样板明确验收标准和要求后，进行大面积的施工。以便达成工序标准化操作，通过不断探索，积累必要的管理和操作经验，进而提高工序的操作水平，确保操作质量
5	施工挂牌制度	各工种如钢筋、混凝土、模板、砌筑、抹灰及水电安装等，施工过程中在现场实行挂牌制，注明管理者、操作者、施工日期，并做好相应的图文记录，作为重要的施工档案保存，因现场不按规范、规程施工而造成质量事故的要追究有关人员的责任
6	"三检"制度	实行自检、互检、交接检制度，自检要做文字记录。隐蔽工程要由工长组织项目技术负责人、质检员、班组长检查，并做出较详细的文字记录
7	质量否决制度	不合格分项、分部和单位工程必须进行返工。不合格分项工程流入下道工序要追究班组长的责任，不合格分部工程流入下道工序要追究项目经理和工长的责任，不合格工程流入社会要追究单位经理和项目经理的责任，有关责任人员要针对出现不合格的原因采取必要的纠正和预防措施
8	质量例会、讲评制度	由项目质量总监组织每周质量例会和每月质量讲评。对质量好的要予以表扬，对需整改的限期整改，在下次质量例会逐项检查是否彻底整改
9	奖罚制度	依据国家质量验收规范，每周进行一次现场质量大检查，奖优罚劣

续表

序号	制度名称	制度内容
10	质量保证金制度	项目部配备一定数量的资金作为项目质量保证金,以保证科技进步、技术攻关和施工质量奖励的实现
11	质量月制度	在9月积极进行质量月相关活动,针对改造项目的特点进行质量月策划,然后积极落实质量月策划,通过质量月活动提升项目人员质量意识,发扬质量工匠精神,为创造精品项目打下坚实基础
12	隐蔽验收制度	根据改造项目特点识别各道隐蔽验收工序,例如防腐除锈前的钢结构表面打磨工作、各项封板前的机电管线施工工作

6.1.2 环境整治提升类质量保证体系

6.1.2.1 质量管理体系的建立与运行

1. 质量管理体系的建立

(1) 质量管理目标:执行国家、省或行业现行的工程建设质量验收标准及规范,须达到合格标准,满足招标人对工程质量的要求,确保水质达标、投资可控(水质检测以招标人指定的第三方检测单位的检测结果为准,第三方检测单位由招标人确定)。

(2) 质量保证体系:为达到既定质量目标,制定以质量保证管理体系、质量管理机构和质量管理制度为核心,以工程采购保证计划、关键工序质量保证措施及工程质量通病防治措施为基础的质量保证计划。环境整治类项目质量管理组织机构见图6.3。

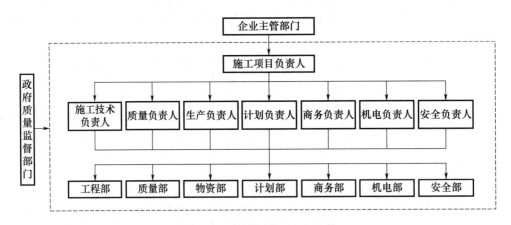

图6.3 企业质量管理组织机构

2. 质量管理体系控制程序

环境整治提升类项目质量管理体系见图6.4。

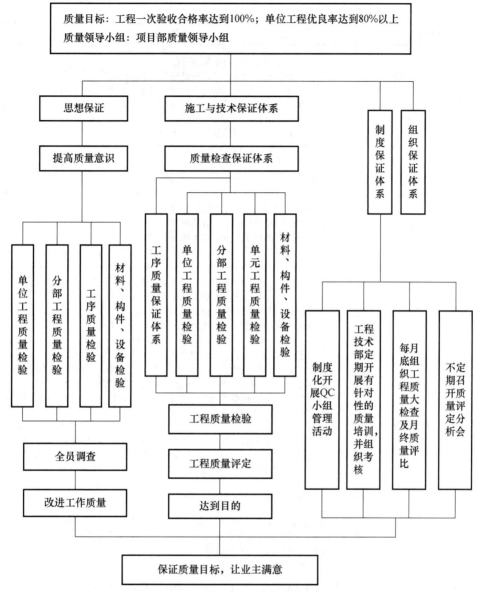

图6.4 环境整治提升类项目质量管理体系

3. 质量管理体系职责划分

环境整治提升类项目管理职责划分见表6.2。

表6.2 环境整治提升类项目管理职责

序号	管理人员岗位	管理职责
1	施工项目负责人	1）施工项目工程质量的第一责任人，对施工项目的质量管理工作负直接领导责任 2）保证国家、行业、地方的法律、法规、技术标准，以及企业的各项质量管理制度在项目的实施中得到贯彻落实 3）建立施工项目的质量管理体系并保持其有效运行 4）召集并主持项目部质量专题会议 5）按规定上报工程质量事故，并配合开展事故调查和处理

续表

序号	管理人员岗位	管理职责
2	施工技术负责人	1）对项目的工程质量负技术管理责任 2）严格执行国家、行业的工程质量技术标准、规范 3）组织看图识图，参加图纸会审和设计交底及变更管理，保证图纸有效性 4）保证施工方案、技术措施满足项目既定的质量目标和分部工程的质量标准，并监督按批准的施工方案、技术措施组织施工 5）根据工程质量策划和质量计划，组织专项施工方案、工艺标准、操作规程编制，提出质量保证措施。负责工程施工规范、规程和标准管理 6）参加项目质量例会，对涉及施工过程管理的质量问题监督整改 7）参加项目质量验收工作
3	生产负责人	1）对项目施工过程质量负直接领导责任 2）严格执行企业各项施工过程质量制度 3）严格按批准的施工方案、技术措施组织施工 4）参加项目质量例会，对涉及施工过程管理的质量问题监督整改
4	商务负责人	1）保证施工项目的合同条件与工程质量承诺协调 2）保证各分包单位合同条件满足总体质量目标要求 3）落实项目质量罚款在分包付款时的扣除 4）落实质量专项管理协议增加至合同条款，并落实奖罚
5	质量负责人	1）对项目的工程质量负技术管理责任 2）保证试验、检测的数据反映施工质量的真实状态。严格执行国家、行业的工程质量技术标准、规范，严格执行企业各项施工过程质量制度 3）保证施工方案、技术措施满足项目既定的质量目标和分部工程的质量标准，并督促按批准的施工方案、技术措施组织施工 4）参加项目质量例会，对涉及施工过程管理的质量问题提出技术保障措施 5）参与项目质量策划编制，参与工程质量策划和质量计划的编制，指导和监督项目质量工作的实施。贯彻国家及地方的有关工程施工规范、工艺规程、质量标准，严格执行国家施工质量验收统一标准，确保项目总体质量目标和阶段质量目标的实现 6）参加项目分部（子分部）工程质量验收工作
6	计划负责人	参与工程质量策划，组织项目质量计划的编制，并指导工程质量管理部工作。制定质量计划和阶段质量实施目标，并对阶段目标的实施情况定期监督、检查和总结；负责定期组织质量讲评、质量总结，以及与业主和业主代表、监理进行有关质量工作的沟通和汇报
7	测量工程师	1）对施工现场的各项测量成果数据的真实性、准确性负责 2）使用合格的测量设备进行各项测量作业 3）严格按批准的测量方案操作 4）真实记录测量成果，编制测量相关资料，并保证资料的同步性、真实性、可追溯性 5）配合质量负责人开展项目实测实量自检
8	试验工程师	1）对应送第三方的检（试）验工作的真实性、有效性负责 2）严格按有关检（试）验方案取样，保证试件的代表批量符合规范的规定 3）保证项目部试验设备、设施符合有关规范的规定 4）保证各类送检试件交由具有相应资质的检测机构检验 5）完整、准确填写试件送检单，保证试验结果具有可追溯性
9	资料员	1）负责收发各类工程资料，保证工程资料及时有效 2）督促相关岗位工程师及时完成工程资料，保证工程资料与施工现场同步 3）负责工程资料的整理（更新及作废、分类、组卷）、归档和移交，保证工程资料有效性和可追溯性

6.1.2.2 质量管理保证制度与流程

（1）质量管理保证制度见表6.3。

表 6.3 环境整治提升类项目质量管理保证制度

序号	制度名称	制度核心内容
1	工程质量负责制度	项目部对工程的分部分项工程质量向业主负责，每月向业主（或监理）呈交一份本月技术质量总结。规定管理人员和管理部门的质量责任
2	图纸会审技术交底制度	技术管理部组织项目相关人员进行图纸审核、做好图纸会审记录，协助业主、设计做好设计交底工作，解决图纸中存在的问题，并做好记录 技术管理编制有针对性的施工组织设计，积极采用新工艺、新技术，针对特殊工序编制有针对性的作业指导书。每个工种、每道工序施工前要组织进行各级技术交底，包括项目技术负责人对工程师的技术交底、工程师对班组的技术交底、班组长对作业班组的技术交底。各级交底以书面进行。因技术交底不清而造成质量事故的要追究有关部门和人员责任
3	材料进场检验制度	工程混凝土、钢筋、水泥及各类材料进场，需具有出厂合格证，并根据国家规范要求分批量进行抽验，抽验不合格的材料一律不准使用，因使用不合格材料而造成的质量事故要追究验收人员的责任
4	"三检"制度	实行自检、互检、交接检制度，自检要做文字记录。隐蔽工程要由项目技术负责人组织工程师、质量员、班组长检查，并做出较详细的文字记录
5	质量否决制度	不合格分项、分部和单位工程进行返工。不合格分项工程流入下道工序要追究班工程师的责任，不合格分部工程流入下道工序要追究项目技术负责人和项目经理的责任，不合格工程流入社会要追究单位经理和项目经理的责任，有关责任人员要针对出现的不合格原因采取必要的纠正和预防措施
6	质量例会、讲评制度	由项目施工经理组织每周质量例会和每月质量讲评。对质量好的要予以表扬，对需整改的限期整改，在下次质量例会逐项检查是否彻底整改
7	奖罚制度	依据国家质量验收规范，每周进行一次现场质量大检查，奖优罚劣
8	质量保证金制度	项目部配备一定数量的资金作为项目质量保证金，以保证科技进步、技术攻关和施工质量奖励的实现

（2）质量管理流程见图6.5。

6.1.3 基础设施类项目质量保证体系

在正式施工前，依据项目实际情况编制质量策划、质量管理体系，为质量管控提供了方向。在此基础上，细化编制了质量检验计划、质量工匠之星、质量通病防治方案等。在后续施工中，严格按照检验计划进行监督审查，确保工程质量。

施工前组织全体人员学习施工规范，强化全员质量意识，推行全员质量管理责任制，在各个工序均定岗定期提高全员质量的自觉性，教育好全体施工人员。基础设施改造类项目质量培训清单见表6.4。

根据企业要求制定各项管理制度：

（1）工程技术质量责任制度；

（2）工程质量检查制度；

（3）技术复核制度；

（4）施工标准规范管理制度；

（5）施工技术资料管理制度；

（6）材料设备进场验收制度；

（7）现场材料设备存放管理制度；

（8）现场质量奖罚管理制度；

（9）计量器具的管理制度和精确度控制；

（10）分包商资质及分包商的管理制度。

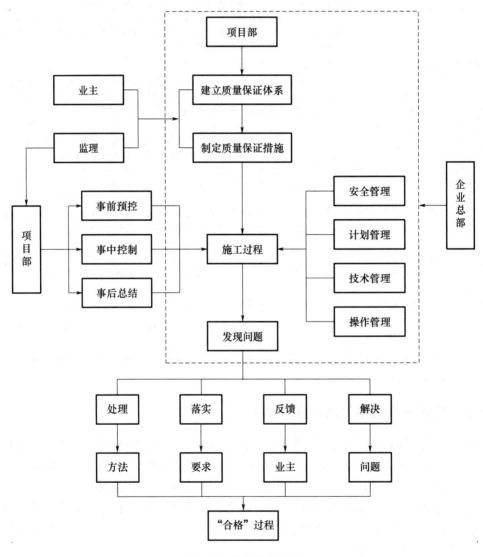

图 6.5　质量管理流程

表 6.4　基础设施改造类项目质量培训清单

序号	培训内容	人员	责任人
1	《质量管理体系要求》（ISO 9002：2008）	全体人员	
2	《钦州道路质量管理策划》	全体人员	
3	《工程测量标准》（GB 50026—2020）	施工、测量人员	
4	《城镇道路工程施工与质量验收规范》（CJJ 1—2008）	全体人员	
5	《给水排水构筑物工程施工及验收规范》（GB 50141—2008）	全体人员	
6	《给水排水管道工程施工及验收规范》（GB 50268—2008）	全体人员	
7	《城市道路照明工程施工及验收规程》（CJJ 89—2012）	全体人员	
8	《质量管理手册》	全体人员	
9	《公路路基施工技术规范》（JTG/T 3610—2019）	施工人员	
10	《公路路面基层施工技术细制》（JTJ F20—2015）	施工人员	
11	《公路土工试验规程》（JTG 3430—2020）	施工人员	
12	《建筑地基处理技术规范》（JGJ 79—2012）	施工人员	
13	组织参加企业每年举办的 QC 小组活动知识讲座或培训班	全体人员	
14	参观优质工程，听取现场讲解	全体人员	

6.1.4　老旧小区片区改造类项目质量保证体系

（1）贯彻质量目标责任制：以项目经理和项目技术负责人为领导核心的质量保证体系，使工程质量始终处于有效的监督和控制状态。

（2）树立"百年大计、质量第一"思想：进场人员必须经质量教育，施工人员必须经技术培训，操作人员保证上岗，无证人员不得进行施工操作。

（3）执行"三检制"：坚持"自检、交接检、专检"三检制，隐蔽工程必须经监理、质量单位检验合格后，方可组织下道工序施工。

（4）建立技术质量管理体系，配备相应的技术质量管理人员，严格按照企业各级技术质量管理制度执行。老旧小区片区改造类项目质量保证流程见图 6.6。

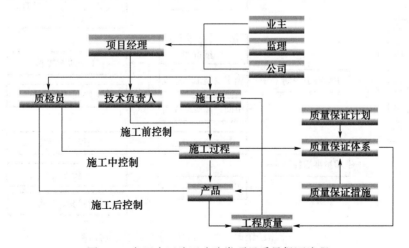

图 6.6　老旧小区片区改造类项目质量保证流程

（5）建立有效的规范标准清单，管理人员配备相关的规范标准，定期组织管理人员对规范标准进行培训。

（6）对方案分类并制定了方案编制计划，符合老旧小区片区整治特点，相应的施工专项方案齐全。方案逐级进行交底，确保对工程开展的指导性和建设性的作用。

（7）建立施工交底台账，各项施工均进行施工交底，确保交底及时、手续完善。

（8）建立质量标准化、质量考核制度，实行实测实量，组织质量工匠之星，严格按照质量管理底线行为 13 条执行。

6.2 城市更新项目质量控制

6.2.1 公建场馆改造类项目质量控制

若改造项目设计图纸中各专业施工图纸有注明"图纸与现场发生偏差，请按照现场实际情况进行施工"，项目可根据现场情况进行综合考虑后上报监理、设计、业主等各方。此注明对项目成本、质量及进度控制有利。

施工阶段性质量控制主要分为三个阶段，即事前控制、事中控制和事后控制。其中施工阶段性质量控制见图 6.7，并通过这三阶段对改造项目的各分部分项工程的施工进行有效的阶段性质量控制，其中施工阶段性质量控制措施见表 6.5。

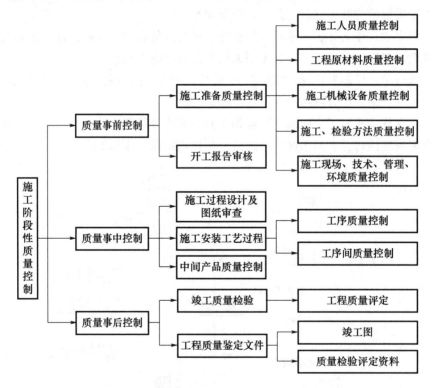

图 6.7 公建场馆改造类项目施工阶段性质量控制

表 6.5 施工阶段性质量控制措施

序号	阶段	质量控制措施
1	事前控制	施工质量的事前控制包括施工组织设计或施工方案的审核，施工图纸的熟悉和会审、原材料的审核和控制，施工分包单位资质的审核及工程测量放线的质量控制
2	事中控制	1）建立和完善工序质量控制体系 2）要求严格按照批准的施工组织设计（方案）组织施工 3）对关键施工工艺实行跟踪监督 4）严把隐蔽工程验收关，深入施工现场，及时发现和处理施工过程中出现的质量问题 5）行使质量监督权，对专业分包下达工程暂停令，认真处理施工过程中出现的施工质量事故 6）组织现场质量专题会，对量大面广的分部、分项工程实行"样板先行"的制度
3	事后控制	1）采取评优必选制度。对同类工程进行各单位评比，对工程质量抓得好的单位或个人进行奖励并普及经验，对工程质量差的单位要实行处罚（暂停支付进度款、违约扣罚单等）。对多次工程质量较差的单位，从管理、组织架构上分析，视情况进行其人员调整 2）定期召开质量专题会，对近期出现的问题或将出现、易出现的问题进行沟通或总结。如因工艺问题出现较多同类问题，质量部、技术部、生产部讨论对策，避免后期出现类似情况

1. 事前控制方向及措施

施工质量的事前控制包括施工组织设计或施工方案的审核，施工图纸的熟悉和会审、原材料的审核和控制，施工分包单位资质的审核及工程测量放线的质量控制等。公建场馆改造类项目事前控制主要措施见表 6.6。

表 6.6 公建场馆改造类项目事前控制主要措施

控制环节	控制要点	责任人	控制内容	控制依据	见证
设计交底	图纸自审	专业工程师	图纸资料是否齐全、是否满足施工	图纸、技术文件	自审记录
	设计交底	专业工程师	了解设计意图、提出问题	图纸、技术文件	设计交底记录
	图纸会审	专业工程师	对图纸完整性、准确性、合法性、可行性进行会审	图纸、技术文件	图纸会审记录
制定工艺文件	施工组织设计	总工程师	编制施工组织设计并报项目管理公司监理审批	图纸、规范	批准的施工组织设计
	施工方案	专业工程师	编制施工组织设计并报项目管理公司、监理审批	图纸、规范	施工方案
项目班子建设	项目班子配备	项目经理	懂业务、懂技术、会管理	项目管理文件	任命文件
现场布置	施工平面	项目生产经理	水线、电线、临设、材料堆放、工程测量定位	施工总平面规划	按平面规划布置临设、材料、机具堆放场地

续表

控制环节	控制要点	责任人	控制内容	控制依据	见证
材料机具准备	项目提出需用量计划	合约商务部、物资部、机电安装部	编制、审核、报批	图纸、定额	批准材料机具计划
材料选用及验收	设备开箱检查	专业工程师	核对规格型号，检查配件、随机文件是否齐全	供货清单、产品说明书	材料验收单
	材料验收	专业工程师	物资部审核质保书、清查数量、检验外观质量、检验和试验	材料预算	材料验收登记
	材料保管	物资部	分类存放、进账、立卡	设备材料计划	进料单
材料发放	材料发放	物资部	核对名称、规格、型号、材质、合格证书	材料预算	领料单
开工报告	确认施工条件	项目经理	三通一平、人员上岗，设备材料、机具进场	施工文件	批准的开工报告
技术交底	各工种技术交底	专业工程师	图纸规范、操作规程	图纸、评定标准	交底记录
分包选择	适应本工程施工	项目经理	技术水平、人员素质	施工业绩	劳务合同、总分包合同

2. 事中控制方向及措施

事中控制方向及措施主要包含以下内容：

（1）建立和完善工序质量控制体系。

（2）要求严格按照批准的施工组织设计（方案）组织施工。

（3）对关键施工工艺实行跟踪监督。

（4）严把隐蔽工程验收关，深入施工现场，及时发现和处理施工过程中出现的质量问题。

（5）行使质量监督权，对专业分包下达工程暂停令，认真处理施工过程中出现的施工质量事故。

（6）组织现场质量专题会，对量大面广的分部、分项工程实行"样板先行"的制度。

公建场馆改造类项目施工过程质量控制主要措施见表 6.7。

表 6.7　公建场馆改造类项目施工过程质量控制主要措施

控制环节	控制要点	责任人	控制内容	控制依据	见证
测量定位	轴线、标高控制	测量工程师	复核±0.00 以下柱轴线，核对±0.00 以上测量定位	业主、设计院提供的有关图纸	测量定位记录
钢筋工程	钢筋制作	土建工程师	钢筋原材复试，检验下料长度、弯钩尺寸	设计图纸、有关规范、钢筋翻样	质检评定表
	钢筋绑扎	土建工程师	接头位置、钢筋规格与型号、绑扎牢固	设计图纸有关图集、规范	质检评定表、隐蔽验收记录

续表

控制环节	控制要点	责任人	控制内容	控制依据	见证
模板工程	模板支设	土建工程师	模板尺寸、垂直度、平整度、加固情况	设计图纸、施工方案	自检记录、隐蔽验收记录
	模板拆除	土建工程师	拆除时间、模板清理修整	施工日记、混凝土试块强度	施工日记
钢结构	钢结构的材料、制作、安装、涂装	专业工程师	钢材原材料、焊材材质、制作、安装精度、焊缝质量、螺栓连接的抗滑移控制、构件的防腐及防火	设计图纸、施工方案、有关规范	高强螺栓抗滑移试验、漆膜厚度检测、焊材复试报告
砌块墙体	砌块墙体砌筑	土建工程师	砌块质量、墙中线、垂直度、灰缝饱满度、标号、梁底塞缝、构造柱圈梁	设计图纸、有关规范	质检评定表
装修工程	装饰工程施工质量	装饰工程师	装饰材料选用报验、装饰施工方案、平整度、观感、线条与细部处理	施工方案、施工图纸、规范	质检评定表
门窗工程	木门、铝合金窗及钢门窗安装	装饰工程师	成品半成品质量、安装位置、框边塞缝、框体牢固	设计图纸、规范要求	质检评定表
楼地面工程	各种地面面层质量	土建工程师	楼面标高，面层平整度	设计图纸、规范要求	质检评定表
回填土	回填土的平整度、密实度、标高	土建工程师	土质情况、土的干重度与含水量、土的平整度与标高控制	设计图纸、规范要求	环刀取样试验报告
设计变更	设计变更合理	专业工程师	确认下达执行设计变更的合理性	设计变更单	批准后设计变更通知单
材料代用	材料代用合理	总工程师	代用文件，申请审批	材料代用通知单	变更后的材料预算
隐蔽验收	分项工程	专业工程师	隐蔽内容、质量标准	图纸规范	隐蔽工程记录

3. 事后控制方向及措施

（1）采取评优必选制度。对同类工程进行各单位评比，对工程质量抓得好的单位或个人要进行奖励并普及经验，对工程质量差的单位要实行处罚（暂停支付进度款、违约扣罚单等）。对多次工程质量较差的单位，从管理、组织架构上分析，视情况进行其人员调整。

（2）定期召开质量专题会，对近期出现的问题或将出现、易出现的问题进行沟通或总结。如因工艺问题出现较多同类问题，质量部、技术部、生产部讨论对策，避免后期出现类似情况。

公建场馆改造类项目交工验收阶段质量控制主要措施见表6.8。

表6.8 公建场馆改造类项目交工验收阶段质量控制主要措施

控制环节	控制要点	责任人	控制内容	控制依据	见证
质量评定	分项工程	质量工程师	保证基本偏差项目、允许偏差项目	验评标准	验评记录
	分部工程	质量工程师	各分项工程资料	验评标准	验评记录
	单位工程	项目总工程师	所含分部资料、观感	验评标准	验评记录
最终检验和试验	最终检验和试验	项目经理、项目总工程师	交工前的各项工作	图纸、规范标准、合同	各种检验资料
成品保护	成品保护措施得力	项目经理、项目总工程师	竣工工程做好看守、保护措施,确保美观	图纸和合同	成品无损坏、污染
资料整理	资料齐全	总工程师、专业工程帅、技术部	质保资料、技术管理资料、验评资料齐全	图纸、规范标准、档案馆有关文件	各种见证资料
工程交工	办理交工	项目经理等组成交工小组	组织工程交工、文件资料归档、办理移交手续	图纸合同	交工验收记录、竣工验收证明书
工程回访	质量情况	项目经理项目总工程师	了解用户意见,提出组织实施		整改报告
料具盘点清理	料具、盘点清理	物资部	对未用完的材料和设备清退出场	材料对账单	材料盘点报表
竣工决算	竣工决算	商务合约部	按图纸、合同、变更、材料代用等进行决算	合同	竣工决算书

4. 质量控制措施及方向

(1) 对部分拆除的同一建筑物或构筑物进行拆除前,应对保留部分采取必要的加固措施。

(2) 拆除施工应分段进行,禁止立体交叉方式拆除施工。

(3) 必须采取相应措施确保作业人员在脚手架或稳固的结构上操作,被拆除的构件应有安全的放置场所。对只进行部分拆除的建筑,必须先将保留部分加固,再进行分离拆除。

(4) 施工中必须由专人负责监测被拆除建筑的结构状态,并应做好记录。当发现有不稳定状态的趋势时,必须停止作业,采取有效措施,消除隐患。

(5) 加固所用的各种材料应符合规定,在加固施工前应确认材料供应商提供的产品质保书和合格证。

(6) 在进行植筋前必须对钢筋表面的氧化层清除干净,使之露出光洁部分。对原钢筋有锈蚀区域的混凝土表面要进行清洁处理,确保无油污、油脂和蜡状物等。在清理混凝土破损区域时,如发现保护层厚度偏小或钢筋锈蚀严重,应停止施工,及时上报监理工程师或业主。

(7) 钻孔完成后应及时验孔,及时注胶施工,防止进水、进灰等二次污染。原则上植筋孔不过夜。注胶量必须达到孔深 2/3，且钢筋插入后应有胶水溢出，否则为灌胶不足，需进行补灌。

（8）粘钢施工中周围温度要高于 15℃，严格控制黏结胶面不小于所粘贴的钢板大小，黏合面处理必须严格按照要求执行；贴炭纤维布施工中周围温度必须高于结露点 3℃以上，否则需要用红外线等加热施工面，严格控制黏结胶涂布面应不小于所粘贴的炭纤维布大小，按设计要求的尺寸裁剪炭纤维布，注意不要在幅宽方向进行裁剪。

（9）在粘贴钢板及炭纤维布之前，必须对混凝土表面的劣化层予以清除，并用吹风机吹净，露出干净、坚实的基面。对出现急剧凹陷或构件缺损的部位，应用环氧树脂砂浆等材料填补修复平整或圆滑顺畅过渡。在打磨底层树脂时，注意不能把底层树脂层打磨穿。

（10）由于拌和配好的建筑结构胶使用期仅 30min，因此黏合前必事做好一切准备工作，然后再配胶，这样才能保证在使用期内完成黏合操作。

（11）底层树脂用量必须根据涂布面积计算，确保在适用期内一次用完，不允许使用拌和时间较长的材料。

（12）在粘贴炭纤维布时，用胶辊在炭纤维布上沿炭纤维布方向施加压力并反复碾压，使树脂胶液充分浸渍粘贴炭纤维布，消除气泡和除去多余树脂，使炭纤维布和底层充分黏结。粘贴施工结束后，等待黏结胶固化，应再次对所贴炭纤维布进行仔细检查，如果贴层有空鼓或气泡，可以用刀片将炭纤维布划开（注意不要划断太长），然后采用注射器针管将调制好的黏结胶注入空鼓或气泡内填充至密实；如果大面积发生此种情况，必须按照施工工艺重新施工。

6.2.2　环境整治提升类项目质量控制

6.2.2.1　技术管理组织控制措施

依据项目技术管理的组织体系，施工过程将采用三级交底模式进行技术交底。

第一级为项目总工程师交底，即项目总工程师给技术质量部交底。

第二级为技术质量部交底，即技术质量部和专业分包管理人员给各自所辖技术质量专业组交底。

第三级为技术质量专业组交底，即技术质量专业组给各专业施工队交底。

6.2.2.2　计量管理的技术组织措施

计量工作在整个质量控制中是一个重要环节，单位应根据现行《质量管理体系　要求》（GB/T 19001）对计量器具进行管理，保证计量工作符合国家计量规定的要求，使整个计量工作完全受控，从而确保工程的施工质量。

根据工程需要及时配备所必需的测量设备，并能满足预期使用要求。按要求建立计量器具台账，并及时上报变动情况；监管测量设备的选择，制定配置计划并存档，工作流程见图 6.8。

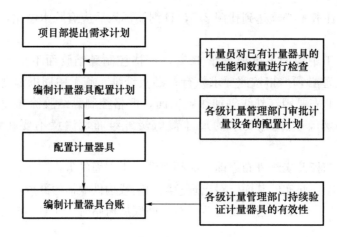

图 6.8　计量器具控制工作流程

6.2.2.3　隐蔽工程施工的技术组织措施

　　城市更新项目中的隐蔽工程具有体量大、专业复杂、覆盖面广的特点，其施工的关键在于技术组织。单位应按流程实施对隐蔽工程的技术组织，重点加强对协调准备、检查验收两环节的组织控制，工作流程见图 6.9。

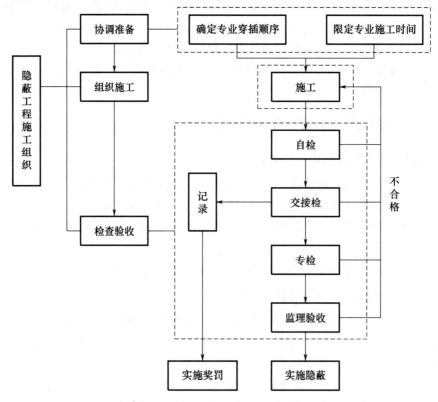

图 6.9　隐蔽工程施工组织流程

　　（1）协调准备。通过与各专业分包单位或工种协商，确定各专业穿插顺序，限定相应施工的时间。

（2）检查验收。实行自检、交接检、专检三管齐下的质量"三检"制度，实现"监督上工序、保证本工序、服务下工序"的控制目标，详见表6.9。

表6.9 工程"三检"制度实施内容

序号	项目	内容
1	自检	某一工序完成后，按照施工规范及质量验评标准，首先由该工序班组长组织作业人员对本工序质量进行自查自纠，完成后填写工序自检记录，通知交接检
2	交接检	接交接检通知后，由工序班组长组织人员对即将被隐蔽覆盖的上一工序的质量进行监督检查，确认不存在影响本工序施工的不合格质量因素，通知专检
3	专检	在完成工序自检、交接检，接到专检通知后，由项目技术质量部组织进行工序质量专项检查，发现问题并督促整改；整改复核后报请监理验收并完成隐蔽工程验收记录的填写、签字工作，然后归档妥善保存

（3）实施奖罚。建立健全奖罚制度，严格按照单位的《工程质量奖罚制度》文件执行，根据检查验收的相关记录兑现奖惩。

6.2.2.4 雨期质量保证措施

（1）雨期施工前，做好雨期防护措施，保证工程按时保质完成。

（2）由专人收集天气预报，根据天气情况合理安排施工，及时做好防护工作。

（3）工程施工时，做好基坑及周围地表的排水工作，防止雨水流入基坑。雨天停止混凝土灌筑。

（4）雨后砂、石含水量增加，施工需要重新测定砂、石含水量，调整混凝土施工配合比，保证混凝土质量。

（5）水泥堆放在防雨棚内，底面铺垫木枕或方木，以免受潮。所有的材料及机具置放在较高空，必要时支挡篷布防雨，并在地面上设挡水和排水设施。

（6）对施工中的排水沟进行整修、疏通，保证排水畅通。遇暴雨时，加强施工地段的监测。

（7）制定防洪措施，建立防洪组织，备足防洪物资，做好抗洪抢险的一切准备工作，确保工程施工质量。

6.2.3 基础设施改造类项目质量控制

1. 事前控制

样板先行，交底到位、所有工序大规模施工前，项目部均要求分包单位做样板段。样板段经项目部验收合格合，才能进行大规模施工。项目管理人员依据样板段反映出来的问题，优化施工工艺，并再次对队伍进行交底（技术交底与现场交底），传达大规模施工使用的施工工艺和施工方法。

2. 事中控制方向及措施

（1）建立工序验收标准制度，明确验收标准。

（2）将各工序关键节点作为必需监控工作，并形成系统检查、留存记录；对施工设计、施工方案深入讨论实施的细节，确保方案的可操作性与实现程序。

（3）通过日常巡检对施工过程中的常见问题进行现场解决，定期组织项目管理人员、劳务管理人员及工人召开质量专题会议，对口头通知整改未进行落实的立即下发书面整改通知单。

3. 事后控制方向及措施

发现质量缺陷并提出施工质量的改进措施，保持质量处于受控状态。

6.2.4 老旧小区片区改造类项目质量控制

1. 工程材料、设备的保证措施

（1）工程材料、设备采购控制。采购管理部统一采购施工现场所需的材料、设备，并严格进行质量控制。企业采购材料将严格从建设单位要求的品牌库中选取，品牌库中没有具体要求的材料，施工企业承诺优先选取中高档产品，所有的主要材料品牌必须经过建设单位审核备案才能使用。

（2）工程材料、设备的报批和确认。工程材料、设备的质量直接关系到工程质量。除业主指定的供应商外，总包单位对工程材料和设备实行报批和确认的方法。工程材料、设备报批和确认程序见图6.10。

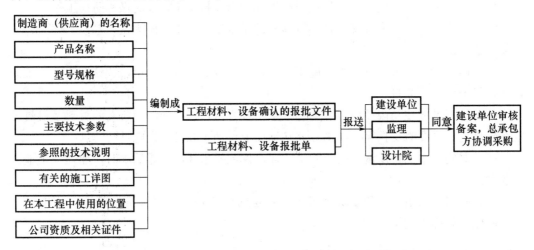

图 6.10 工程材料、设备报批和确认程序

报批手续完毕后，项目部、业主和监理各执一份，作为工程材料、设备质量检验的依据。

（3）加强工程材料、设备的进场验证和校验。项目部对进场材料、设备进行全面的验证和检验，拒收与规定要求不符的材料设备，同时对相关的供应商予以警告，确保使用或安装的设备和材料符合质量规定的要求。工程材料、设备质量控制流程见图6.11。

（4）标识工程所有材料、设备，保证可追溯性。为了保证工程使用的物资、设备、原材料、半成品、成品的质量，防止使用不合格品，以适当的手段进行标识，所有标识均应建立台账，做好记录，使之具有可追溯性。

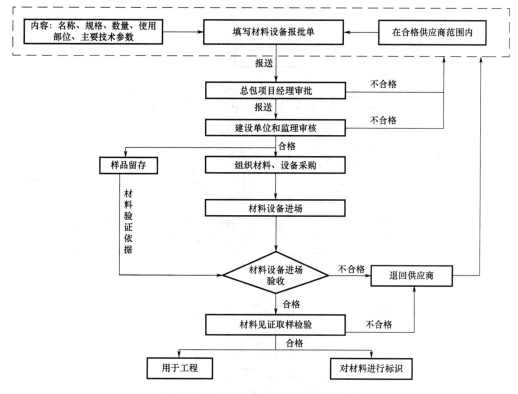

图 6.11　工程材料、设备质量控制流程

2. 样板管理的技术组织措施

工程施工过程中设置样板，对各道工序样板进行集中展示宣传。各分部分项工程施工前均应制作实物样板，样板均得到审批后方可组织施工。

（1）总承包商对工程样板的管理主要包括：

1）组织相关专业分包商进行报审，并参与评审验收及封样保存工作。

2）组织相关专业分包商进行样板施工方案编制和报审，参与样板施工方案（工艺）的评审，组织工程样板制作、检查和整改，配合业主及监理单位进行样板工程验收，进行样板交底和操作示范。

（2）样板管理的基本要求。总承包商作为工程样板的组织单位，以及样板施工方案（工艺）协调及样品样板审批的重要参与单位，对工程样板管理基本要求如下：

1）总承包商负责组织依据总控计划进行样品报审计划，样板深化、制作、验收计划的编制，监督和督促各项计划的实施。

2）样板验收通过作为相关工程施工开始的前提条件，各分部分项工程的样板经验收合格后，方可正式组织施工。

（3）样板的管理流程。结合工程的施工进度，材料、设备样品报审，样板设计、制作及验收应及时组织、合理穿插，并加强实物样板施工质量的控制，确保一次成型。样板管理流程见图 6.12。

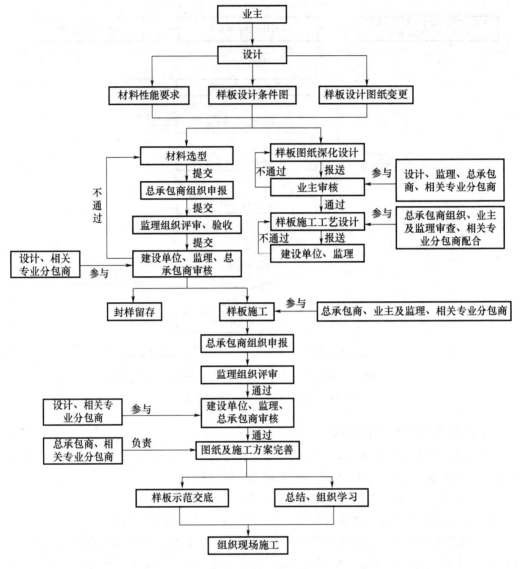

图 6.12　样板管理流程

3. 过程质量控制措施

施工工序质量控制措施见表 6.10。

表 6.10　施工工序质量控制措施

序号	控制措施	控制措施内容
1	计划先行	项目部根据各专业各工序的工艺特点及现场实际情况制定详尽的人力计划,对现场施工进行统一规划指导。要保证现场施工持续有序进行,避免因为人员不足而影响施工质量
2	全过程全天候跟踪监控	项目部派出专业工程师,对过程质量展开全过程、全天候的监督与认可,凡达不到质量标准的不予签证,并责成限期整改

续表

序号	控制措施	控制措施内容
3	抓住关键过程，进行质量控制	根据施工进度节点，突出重点，抓住关键过程进行质量控制。为了控制关键过程的工程质量，编制详细的施工方案，组织质量技术交底，下达作业指导书，对施工全过程实施质量检验。加强对关键过程的检查和监督，使关键过程施工质量始终处于受控状态
4	接受工程监督，进行督促整改	在自检的基础上，需通过监理工程师检验签字认可后，方可进入下道工序施工。对监理单位在监理过程中开具的施工质量不符合设计要求、施工技术标准和工程合同约定，或存在的测量、质量、安全等隐患方面的整改通知，项目部予以积极及时落实
5	过程检验	在施工过程中抓好过程检验。 1）在自检的基础上，对分部分项工程的质量进行复验认可 2）对隐蔽工程采取连续或全数的检验和试验方法，对隐蔽工程验收记录进行复验认可，并在监理核验签证后方可进入下道工序施工

4. 计量管理的技术组织措施

计量工作在整个质量控制中是一个重要环节，施工企业将根据现行《质量管理体系要求》（GB/T 19001）对计量器具进行管理，保证计量工作符合国家的计量规定的要求，使整个计量工作完全受控。

按要求建立计量器具台账，并及时上报变动情况。计量器具控制流程见图6.8。

5. 检测及试验管理的技术组织措施

（1）检测试验组织机构。施工现场设置实验室，现场实验室只进行试件制作和标准养护，施工实验主要由指定的地方实验室完成。指定的地方实验室负责对送来的样品进行保管、试验、出具试验资料。检测试验组主要负责进场材料检验、唯一性标识、抽样送检及现场质量控制。

（2）进货检验和试验。检验程序见图6.13，试验程序见图6.14。

6. 隐蔽工程施工的技术组织措施

城市更新工程中的隐蔽工程具有体量大、专业复杂、覆盖面广的特点，施工的关键在于技术组织。应重点加强对协调准备、检查验收两个环节的组织控制。

（1）协调准备。通过与各专业分包单位或工种协调，确定各专业穿插顺序，限定相应施工的时间。

（2）检查验收。实行自检、交接检、互检三管齐下的质量"三检"制度，实现"监督上工序、保证本工序、服务下工序"的控制目标。

（3）实施奖罚。对施工质量优良的班组，项目部统一组织进行奖励。对施工质量差的班组进行罚款警告，警告后质量仍无法达到要求的清退出场。

7. 工程资料管理的技术组织措施

工程资料管理是一项重要的内容，是证明工程质量的客观依据，也是管理有效的重要体现。工程资料也是质量管理和质量保证体系的重要组成部分，是评价管理水平非常重要的见证材料。

（1）文件资料发放和处理流程。文件资料发放和处理流程见图6.15。

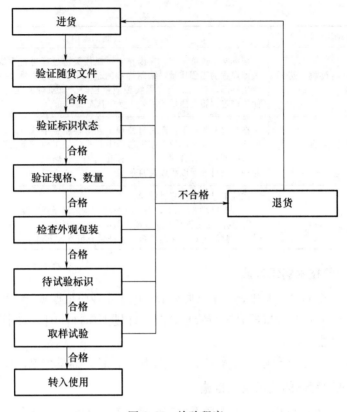

图 6.13　检验程序

图 6.14　试验程序

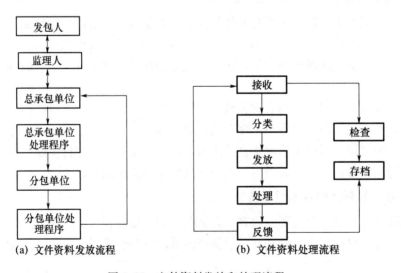

(a) 文件资料发放流程　　　　(b) 文件资料处理流程

图 6.15　文件资料发放和处理流程

（2）文件资料管理要求。

1）资料员负责文件资料接收、发放和保存等工作。文件资料由资料员统一收发、统一编号、统一记录。

2）采用现代化信息管理手段，对文件资料进行存档和整理，并对处理结果（是否已发放给有关单位和人员，是否已按文件资料要求实施，是否有反馈信息）跟踪检查并做记录。

3）对文件资料的有效性进行控制，定期发放有效文件和资料的目录给相关文件资料的持有人，及时收回作废的文件资料，确保所有单位和人员使用的是有效的文件和资料。

4）设置资料保管专用办公室，采取防潮、防虫措施。配置资料柜、文件夹。

（3）技术档案整理要求。

1）工程档案资料管理按西安市建设档案管理部门的有关规定执行，并满足业主对档案资料管理的要求，在工程施工过程及时做好工程档案、收集、汇总、整理工作。

2）工程资料记录是施工过程中积累形成的，要求与工程进度同步进行，直至工程交工验收结束。

3）工程资料要求内容真实、数据准确，不后补，不擅自修改，不伪造，不外借。

4）资料的整理，要求字迹清晰、装订规范、内容齐全完整，人员调动要办理交接手续。

8. 分部分项工程质量控制措施

（1）施工测量质量控制措施。工程施工测量主要包括平面控制和高程传递。施工测量将从测量人员、测量仪器、测量操作方法等关键方面进行重点控制，详见表 6.11。

表 6.11　施工测量质量控制措施

序号	主控项目	控制措施
1	测量人员	按照组织机构配备数量足够、资质合格的测量人员，抽调企业优秀测量人员进驻工程，对先进仪器操作等方面进行上岗前专题培训，以更高的业务素质适应工程的施工测量
2	测量仪器	测量仪器的选用上充分考虑工程对测量精度的要求，选用先进水平的同类设备，测量仪器均在计量部门规定周期内进行检定，并由专人负责。非专业人员不能操作仪器，以防损坏而影响精度。在进场前对仪器设备重新进行检定
3	测量操作方法	严格按规范和设计精度要求进行各项测量工作。采用合理可行、科学先进的施工方法进行测量放线工作，建立合理的复核制度，每道工序均有专人复核
4	其他保证措施	对坐标基准点和轴线控制网定期复查。由于施工分项多，为保证各班组相互配合，以求紧密搭接，施工测量应与各专业工种密切配合，并制定切实可行的与施工同步的测量措施

（2）混凝土施工质量控制措施。混凝土施工质量控制措施见表 6.12。

表 6.12　混凝土施工质量控制措施

序号	控制措施	内容
1	优化配合比	混凝土使用的各种原材、掺和料、外加剂均应具有产品合格证书和性能检验报告。其品种、规格、性能必须符合现行国家标准和当地建设主管部门颁发的相关规定，同时应符合施工配合比对材料的相关特殊要求。在拌和物中掺加外加剂、掺和料，以减少水泥用量，改善混凝土性能。分析混凝土性能要求，考虑各种施工环境，在实验室进行试配，检测混凝土性能，最终得出混凝土最优施工配合比
2	加强振捣	在浇筑混凝土时，选用合理的振捣器具。采用正确的振捣方法，掌握好振捣时间，控制好混凝土分层厚度，同时做好二次振捣，提高混凝土的密实度，保证混凝土质量
3	加强养护	为保证混凝土在规定的龄期内达到设计要求的强度，控制混凝土产生收缩裂缝，必须做好混凝土的养护工作，养护期间 24h 不间断。混凝土的养护应在混凝土浇筑完毕后 12h 左右、混凝土终凝后进行

（3）防水工程质量控制措施。建筑功能对建筑防水要求较高，防水工程容易出现渗漏现象，因此必须进行重点控制。防水工程质量控制措施见表 6.13。

表 6.13　防水工程质量控制措施

序号	项目	控制措施
1	防水材料	1) 严把防水材料进场，材料的质量、技术性能符合设计要求和施工验收规范规定 2) 加强材料验收，使用合格产品。防水材料分批进场后按批量要求进行抽样试验，试验合格后报监理认可方可进行下道工序施工 3) 防水基层应牢固，基面应洁净、平整，不得有空鼓、松动、起砂和脱皮现象；基层阴阳角处应做成圆弧形
2	细部节点防水措施	细部防水节点是施工的薄弱环节，处理不好极易出现渗漏，因此对变形大或容易破坏、老化的部位，如穿墙管道、穿楼板管道、转角、三面角等部位增铺附加层做加强处理，施工中严格按规范操作，确保防水施工质量
3	蓄水试验	在防水层施工完毕后，须经蓄水 24h 无渗漏，才允许进行下道工序施工

（4）抹灰工程质量控制措施。抹灰工程直接影响工程质量的外观形象，因此在施工过程中必须严格控制。其质量保证措施见表 6.14。

表 6.14　抹灰工程质量控制措施

序号	项目	具体措施
1	选择合适配合比	在保证强度条件下，水泥砂浆面层应尽量减少水泥用量
2	甩浆	混凝土面用 1:1 水泥砂浆（内掺 5% 水泥质量的 801 胶）在湿润、无油污情况下，人工抹厚 2mm 并毛化，适时养护至用手搬不动喷浆点或砂浆毛刺，方可进行下道工序；对砌体墙面，湿润后用 1:3 水泥中砂砂浆抹厚 3~5mm 毛化处理
3	控制面层厚度	水泥砂浆不厚于 7mm，防止超厚产生混缝
4	操作工艺	表面用木抹子直接毛化处理是防止产生裂缝空鼓现象的好方法；根据气温适时对面层浇水养护，以防干缩裂缝

（5）保温施工质量保证措施。

1）材料验收。

① 进入现场的各种材料的品种与技术性能应符合设计和产品质量要求。

② 工程现场采用的保温板和黏结剂等材料，进场时应对其以下性能进行复检，复检应为见证取样送检：

a. 导热系数、密度、抗压强度或压缩强度、燃烧性能。

b. 黏结剂的黏结强度。

c. 网格布的力学性能、抗腐蚀性能。

③ 检验方法：随即抽样送检，核查复检报告。

2）施工过程中隐蔽工程验收。

① 保温板的厚度应符合设计要求。检验方法：游标卡尺检验。

② 保温板与基层墙面的黏结强度和黏结方式应符合设计要求。检验方法：现场拉拔试验。

③ 每块无机改性聚苯颗粒保温板与基层面的有效黏结面积应在 40%。

a. 检查数量：按楼层每 20m 长抽查次数不少于 3 处，每处检查不少于 2 块。

b. 检验方法：尺量检查取其平均值。

c. 检验应在黏结砂浆凝结前进行。

④ 锚固件的数量、位置、锚固深度和拉拔力应符合设计要求。检验方法：观察、退出自攻螺丝观察检查、现场拉拔试验。

⑤ 网格布铺设，压贴密实，不能有空鼓、褶皱、翘边、外露等现象。标准网格布的水平、垂直方向搭接均不小于 100mm。

a. 检查数量：按楼层每 20m 长抽查 1 处，每处 3m 延长线，但每层不少于 3 处。

b. 检验方法：观察及尺量检查。

3）保温层完工验收标准。

① 检验批的划分。

a. 采用相同材料、工艺和施工做法的墙面，每 $500\sim1000m^2$ 面积划分为一个检验批，不足 $500m^2$ 也为一个检验批。

b. 检验批的划分也可根据与施工流程相一致且方便施工与验收的原则，由施工单位与监理（建设）单位共同商定，但一个检验批保温面积不得大于 $3000m^2$。

② 保温层完工验收标准。

a. 护面层平整度、垂直度应达到中级抹灰要求，且不得有露网现象。

b. 检查确保外墙外保温系统表面平整度、立面垂直度、阴阳角方正和垂直度、伸缩缝（装饰线）平直度等均符合现行《建筑装饰装修工程质量验收标准》（GB 50210）的相关要求。

（6）道路施工质量保证措施。

1）路基质量保证措施。

① 基层填筑前应按设计要求对基底进行清理，如对基底表面的杂草、有机土、种植土及垃圾等进行清理。

② 基层选用材料要得当，一般采用干碎石、煤渣石灰土、石灰土做基层，并应采用不小于 12t 的压路机碾压，每层碾压厚度<20cm。

③ 基底土层松软的区域要进行地基加固处理。

④ 填土的含水量在最佳含水量附近时，进行压实；填土应水平分层填筑、分层压实，通常压实厚度不超过 20cm。

⑤ 对含水量过大的填土，可采用翻松晾晒或均匀掺入石灰粉来降低含水量；对含水量过小的土，则洒水湿润后再进行压实。

2）沥青道路面层质量保证措施。

① 道路基层应有足够的强度和密实度，以减少面层由于基础沉降而沉陷。

② 绘制场地施工坐标方格网，按图上坐标在坐标点上打桩定点，考虑排水方向和做好场地找坡，横坡与纵坡比要合理，较大面积的场地要分区找坡。

③ 集水井或排水管设计标高及位置设置合理，排水通畅。

（7）绿化施工质量保证措施。为了确保绿化栽植成活，在栽植过程中要注意以下问题并采取相应的技术措施。

1）树苗。

① 栽植时间确定：经过修剪的绿植应马上栽植。如果运输距离较远，则根苑处要用湿草、塑料薄膜等加以包裹和保湿。栽植时间最好在 11 时之前或 16 时以后。

② 栽植：种植穴要按一般的技术规程挖掘，穴底要施基肥并铺设细土垫层，种植土疏松肥沃。把树苗根部的包扎物除去，在种植穴内将苗立正栽好，填土后稍稍向上提一提，再压实土壤并继续填土至穴顶。最后，在树苗周围做出拦水围堰。

③ 灌水：树苗栽好后要立即灌水，灌水时要注意不损坏土围堰。在土围堰中灌满水后，让水慢慢下到种植穴内。为了提高定植成活率，可在所浇灌的水中加入生长素，刺激新根生长。生长素一般采用萘乙酸，先用少量酒精将粉状的萘乙酸溶解，然后掺进清水，配成浓度为 $2×10^{-4}$ 的浇灌液，作为第一次定植水进行浇灌。

2）花卉。

① 花卉起苗应符合下列规定：

a. 裸根苗，应随起苗随种植。

b. 带土球苗，应在圃地灌水渗透后起苗，保持土球完整不散。

c. 盆育花苗去盆时，应保持盆土不散。

d. 起苗后种植前，应注意保鲜，花苗不得萎蔫。

② 种植顺序。

a. 独立花坛，应按由中心向外的顺序种植。

b. 坡式花坛，应由上向下种植。

c. 高矮不同品种的花苗混植时，应按先矮后高的顺序种植。

d. 宿根花卉与一年生、二年生花卉混植时，应先种植宿根花卉，后种植一年生、二年生花卉。

e. 模纹花坛，应先种植图案的轮廓线，后种植内部填充部分。

f. 大型花坛，宜分区、分块种植。

g. 种植花苗的株行距，应按植株高低、分蘖多少和冠丛大小决定，以成苗后不露出地面为宜。

h. 花苗种植时，种植深度宜为原种深度，不得损伤茎叶，应保持根系完整。球茎花卉种植深度为球茎的1～2倍。块根、块茎、根茎类可覆土3cm。

i. 花卉种植后应及时浇水，并应保持植株清洁。

3）草坪种植。

① 在干旱地掘草块前应适量浇水，待渗透后掘取，草块运输时宜用木板置放2～3层，装卸车时，应防止破碎。

② 在换土或耕翻后一次浇透水或滚压2遍，使坚实不同的地方能显出高低，以利于最后平整时加以调整。

③ 灌水量：每次灌水量根据土质、生长期、草种等因素确定。一般草坪生产季节的干旱期内，每周需补水20～40mm；旺盛生长的草坪在炎热和严重干旱的情况下，每周需补水50～60mm。

④ 施肥：为保持草坪叶色嫩绿、生长繁密，必须施肥。草坪植物主要进行叶片生长，并无开花结果的要求，所以氮肥更为重要，施氮肥后的反应也最明显。在建造草坪时应施基肥，草坪建成后在生长季需施追肥。

⑤ 修剪：修剪是草坪养护的重点，而且是费工最多的工作。修剪能控制草坪的高度，促进分蘖，增加叶片密度，抑制杂草生长，使草坪平整美观。

⑥ 除杂草：防、除杂草的最根本方法是合理的水肥管理，促进目的草的生长势，增强与杂草的竞争能力，并通过多次修剪，抑制杂草的发生。一旦发生杂草侵害，除用人工"挑除"外，还可用化学除草剂，如用2.45-D类杀死双子叶杂草；用西马津、扑草净、敌草隆等封闭土壤，抑制杂草的萌发或杀死刚萌发的杂草；用灭生性除草剂草甘膦、百草枯等在草坪建造前或草坪更新时防、除杂草。

（8）电气设施改造施工质量保证措施。电气设施改造施工质量保证措施见表6.15。

表6.15 电气设施改造施工质量保证措施

序号	项目	保证措施
1	线管安装	1）按照设计要求选用管材 2）套丝选用与钢管匹配的板牙，管箍连接时的套丝长度为1.1倍的钢管外径外加两扣，与配电箱柜连接钢管套丝长度为两个锁母及箱体钢板厚度外加5扣
2	电气接线	1）导线接头不能增加电阻值、不降低原导线绝缘强度，使用刮刀刮去芯线表面的氧化膜。根据情况选择焊接方式或接线钮拧接导线 2）单芯线在插入开关、插座等的线孔时拗成双股，用螺丝顶紧。 3）截面积在10mm²及以下的单股导线直接与设备器具的端子连接；截面积在5mm²及以下多股铜芯线拧紧搪锡或接线端子后与设备、器具端子连接；截面积大于5mm²的多股铜芯线接续端子后与设备或器具的端子连接
3	电缆头制作	1）热缩头、热缩管及接线端子均采用符合国家标准的材料 2）电缆剥削使用旋转剥刀，控制导体、绝缘层、护层的剥削长度。电缆头的制作材料采用热缩终端头和热缩绝缘套管 3）喷灯加热收缩，加热温度控制在110～130℃ 4）接线端子压接模具与接线端子配套，每个压接型电缆端子使用压线钳压接 5）氧化镁电缆在存放时端头用专用胶封堵，每放一根电缆及制作终端头或中间头，电缆头制作前使用喷灯从里向外加热；使用压接型接线端子

续表

序号	项目	保证措施
4	配电箱、柜安装	1）箱柜内的器件选用通过"CCC"认证的产品，由厂家按照标准生产 2）配电箱柜安装时根据进出线规格、数量预留敲落孔，若不合适必须用机械开孔器开孔 3）明装配电箱安装前在墙面上定出箱体的下边线及侧边线，然后安装箱体，以保证箱体的标高、水平度及垂直度 4）配电箱柜内的导线排列整齐、绑扎成束
5	接地	1）选用符合设计和国标要求的镀锌扁钢、铜排、铜编织带、软铜线 2）镀锌扁钢钢板与镀锌扁钢的连接采用三面焊接，焊缝长度为镀锌扁钢宽度的2倍，焊完后刷防锈漆；镀锌扁钢与接地电缆采用涂锡铜端子螺栓连接 3）装有电器元件的可开启门与框架的接地端子间用裸铜编织带连接，然后压接到配电箱内接地汇流排上 4）钢管接地线使用专用接地卡卡接，接地线为软铜线，用并联的方式接地

（9）装饰装修工程质量保证措施。装饰装修工程质量保证措施见表 6.16。

表 6.16　装饰装修工程质量保证措施

序号	项目	保证措施
1	地面砖	1）贴砖前需将地面杂物、浮浆处理干净，刷一道界面剂素水泥浆结合层，以增加基层和结合层之间的黏结能力。然后虚铺干硬性的水泥砂浆。一般是铺一层砂浆，放一块砖。检查好后，浇一层水灰比为 0.45 的素浆结合层，厚度为 0.5mm。然后将砖正式放在上面，用橡皮槌敲打砖的表面，砸平砸实 2）面层与基层的结合必须牢固，无空鼓 3）地砖表面洁净、图案清晰、色泽一致、接缝均匀、无裂纹、无掉角和缺棱等现象
2	地面石材	1）铺石材板块，先里后外，按试拼编号，安放时四角同时下落，用橡皮槌锤击板材，用水平尺找平，校正后掀起浇素水泥浆安装就位。铺完第一块后，向两侧和后退方向顺次铺设，发现空隙应掀起板块，补实砂浆再安装，板块之间接缝要严，不留缝隙 2）在铺贴 2 昼夜后进行勾缝，选择与石板相同颜色的矿物颜料同水泥拌和均匀，调制成水泥色浆，用勾缝溜子勾缝，用棉砂将板面擦干净 3）地面平整，色泽基本调和，不得有空鼓现象
3	乳胶漆	1）将墙面灰尘、浆粒清理干净，用水石膏将墙面磕碰处及坑洼缝隙等找平，干燥后用砂纸将凸出处磨掉，将浮尘扫净 2）刮腻子时第一遍用胶皮刮板横向满刮，一刮板紧接着一刮板，接头不得留槎，每刮一板最后收头要干净利落。干燥后用磨砂纸将浮腻子及斑迹磨光，再将墙面清扫干净，干燥后用砂纸磨平并清扫干净。第三遍用胶皮刮板找补腻子或用钢片刮板满刮腻子，将墙面刮干刮光，干燥后用细砂纸磨光，不得遗漏或将腻子磨穿 3）刷乳胶漆时涂刷顺序是先刷顶板后刷墙面，墙面是先上后下。先将墙面清扫干净，用布将墙面粉尘擦掉。乳胶漆用排笔涂刷，使用新排笔时，将排笔上的浮毛和不牢的毛理掉 4）使用前充分搅拌，如不太稠，不宜加水，以防止透底。漆膜干燥后，用细砂纸将墙面小疙瘩和排笔打磨掉，磨光滑后清扫干净

9. 成品保护措施

（1）成品保护的组织机构与职责。城市更新工程施工工期紧、任务重，成品的保护关系到整个工程的质量和进度，必须高度重视成品保护工作，严格执行成品和设备保护措施。为此，将建立以项目经理为首，项目部各职能部门联动，并得到各分包单位积极响应的成品保护的责任机构——成品保护小组，协调各单位一致动作，有纪律、有秩序地进行穿插作业，保证用于施工的原材料、制成品、半成品、工序产品及已完成的分部分项产品得到有效保护，确保整个工程的施工质量。

（2）成品和设备保护措施的制定和实施。项目部根据施工组织设计和工程进展的不同阶段、不同部位编制成品保护方案。以合同、协议等形式明确各分包单位对成品的保护和交接责任，确定主要分包单位为主要的成品保护责任单位，明确项目部对各分包单位保护成品工作协调监督责任。

项目部对所有入场的分包单位都要进行定期的成品保护意识教育，依据合同、协议，使分包单位认识到做好成品保护是保证自己的产品质量，从而保证自身荣誉和切身利益。

（3）成品保护制度。成品保护制度具体内容见表 6.17。

表 6.17 成品保护制度具体内容

序号	项目	内容
1	成品保护小组	成立成品保护小组，负责施工中及工程后期对成品的巡查
2	作业区域申报	在作业前各分包单位须向总包单位呈报"进入作业区域申报表"
3	完成作业移交	分包单位在某区域完成施工任务后，须向总包单位书面提出作业面移交申请，得到批准后办理作业面移交手续，移交工作列入施工计划
4	成品损坏登记	成品受到损坏，成品保护责任单位必须立即到总包单位进行登记

（4）成品保护措施。成品保护措施见表 6.18。

表 6.18 成品保护措施

序号	名称	质量控制点
1	保护	保护就是提前保护，以防止成品可能发生的损伤和污染。在小推车易碰及的墙柱角、门边等，小推车车轴的高度加护条
2	包裹	工程成品包裹保护：此方法主要防止成品被损伤或污染。如楼梯扶手易污染变色，油漆前应裹纸保护。铝合金门窗应用塑料布包扎。电气开关、插座、灯具等设备也要包裹，防止施工过程中被污染
3	封闭	对楼梯地面工程，施工后可在周边或楼梯口暂时封闭，待地面达到上人强度并采取保护措施后再开放。室内墙面、天棚、地面等工程完成后，立即锁门保护

（5）清洁措施。清洁措施责任划分见表 6.19。

表 6.19 清洁措施责任划分

责任主体	措施
总包单位	制定施工现场的清洁制度并下发各分包单位；定期或不定期地进行清洁检查
分包单位	专人负责自己施工范围的清洁工作，且应保护好其他单位的清洁成果。严格执行总包单位的各项清洁制度并积极配合总包单位的清洁检查工作

6.3 城市更新项目质量通病防治

6.3.1 公建场馆改造类项目质量通病防治

1. 质量问题分析和处理的程序

当发现工程出现质量问题或事故后，应停止有质量问题部位和其相关部位及下道工序施工，采取适当的防护措施，并及时上报主管部门。

进行质量问题调研，明确问题的范围、程度、性质、影响和原因，为问题的分析处理提供依据。调查力求全面、准确、客观。在问题调查的基础上进行问题原因分析，正确判断问题原因。

事故原因分析是确定事故处理措施方案的基础。只有对调查提供充分的调查资料、详细数据，进行深入的分析后，才能由表及里、去伪存真，找出造成事故的真正原因。

研究制定事故处理方案，事故处理方案的制定以事故原因分析为基础。如果某些事故一时认识不清，而且事故一时不致严重恶化，可以继续进行调查、观测，以便掌握更充分的资料数据，做进一步分析，找出原因，以便于制定方案。制定事故处理方案，应体现安全可靠、不留隐患、满足适用功能、技术可行、经济合理等原则。如果项目部一致认为质量缺陷不需专门的处理，必须经过充分的分析、论证。按确定的处理方案对质量事故进行处理。

在质量问题处理完毕后，施工方组织有关人员对处理结果进行严格的检查、鉴定和验收，配合监理工程师把"质量事故处理报告"提交业主，并上报有关主管部门。质量问题处理流程见图 6.17。

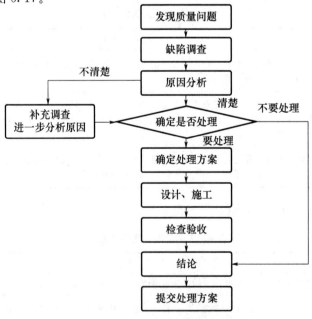

图 6.16 质量问题处理流程

2. 常见的质量通病及处理措施

（1）钢结构防腐防火处理。易出现表面油漆或者防火涂料脱落、返锈、厚度不合规范、表面观感质量差等状况。

处理措施：需要加强过程质量管控，在进行涂料或者底漆施工前，重点把控钢结构的原涂料铲除及表面处理效果，严格做好各项验收工作。以某工程为例，根据招标文件及现场实际情况，针对不同涂装部位，全部清理至基层，对面层涂刷脱漆剂，打磨至要求的粗糙度，然后再涂装防腐底漆及面漆；对返锈及锈蚀部位清理至钢结构面达到Sa2.5级的粗糙度，再涂装防腐底漆、中间漆及面漆。

（2）钢结构部件焊接。易出现焊接部位存在气孔、焊接未清理、漏焊、生锈等状况。

处理措施：需要严格执行验收制度，高空焊接时做好挡风措施，避免气孔产生，对不合格的部位严格要求返工，并做好防锈处理。

（3）抹灰工程质量控制。抹灰工程质量控制具体措施见表6.20。

表 6.20　抹灰工程质量控制具体措施

序号	内容		保证措施
1	选择合适的配合比		在保证强度条件下，水泥砂浆面层应尽量减少水泥用量
2	墙体抹灰	重视基层处理，防止基底空鼓	混凝土基层，先将基层表面的尘土、污垢、油渍等清除干净，而后采用下列方法进行处理：1) 将混凝土基层凿成麻面；抹灰前1d，应浇水润湿，抹灰时，基层表面不得有明水。2) 加气混凝土砌块基层，先将基层表面的尘土、污垢、油渍等清除干净，而后可选用1:1水泥砂浆或建筑用胶水泥浆拉毛墙面，或使用专用界面剂做基面处理；3) 可涂抹界面砂浆，界面砂浆应先加水搅拌均匀，无生粉团后再进行满批刮，并应覆盖全部基层墙体，厚度不宜大于2mm。在界面砂浆表面稍收浆后再进行抹灰
3	控制分层厚度		抹灰应分层进行，水泥砂浆每层厚度宜为5～7mm，水泥石灰砂浆每层厚度宜为7～9mm，并应待前一层达到六七成干后再涂抹后一层
4	抹灰加强措施		1) 抹灰总厚度大于或等于35mm时需采用挂网、增加抗裂纤维等加强措施 2) 不同材料基体交接处表面的抹灰应采取挂网的加强措施，加强网与各基体的搭接宽度不应小于100mm

（4）装饰装修工程质量控制。装饰装修工程质量控制具体措施见表6.21。

表 6.21　装饰装修工程质量控制具体措施

序号	项目	具体措施
1	轻钢龙骨轻质隔墙	1) 轻钢龙骨使用的紧固材料，应满足设计要求及构造功能。安装轻钢骨架应保证刚度，不得弯曲变形。骨架与基体结构的连接应牢固，无松动现象 2) 墙体构造及纸面石膏板的纵横向铺设应符合设计要求，安装必须牢固。纸面石膏板不得受潮、翘曲变形、缺棱掉角，无脱层、折裂，厚度应一致 3) 轻钢骨架沿顶、沿地龙骨应位置正确、相对垂直。竖向龙骨应分档准确、定位正直，无变形，按规定预留有伸缩量（一般竖向龙骨长度比净空短30mm），钉固间距应符合要求

序号	项目	具体措施
2	地面砖	1）贴砖前需将地面杂物、浮浆处理干净，刷一道界面剂素水泥浆结合层，以增加基层和结合层之间的黏结能力。然后虚铺干硬性的水泥砂浆。一般是铺一层砂浆，放一块砖。检查好后，浇一层水灰比为0.45的素结合层，厚度为0.5mm。然后将砖正式放在上面，用橡皮锤敲打砖的表面，砸平砸实 2）面层与基层的结合必须牢固，无空鼓 3）地砖表面洁净、图案清晰、色泽一致、接缝均匀、无裂纹、无掉角和缺棱等现象
3	地面石材	1）铺石材板块，先里后外，按试拼编号，安放时四角同时下落，用橡皮槌敲打板材，用水平尺找平，校正后掀起浇素水泥浆安装就位。铺完第一块后，向两侧和后退方向顺次铺设。发现空隙应掀起板块，补实砂浆，再安装，板块之间接缝要严，不留缝隙 2）地面平整，色泽基本调和，不得有空鼓现象
4	防静电架空地板	1）活动地板及其配套支承系列的材质和技术性能要符合设计要求，并有出厂合格证，大面积施工操作前，要进行试铺工作 2）弹完方格网实线后，要及时插入铺设活动地板下的电缆管线的工序，并验收合格后再安支承系统，这样做既避免了返工，同时又保证支架不被碰撞造成松动 3）安装底座时，要检查是否对准方格网中心交点，待横梁仓部安装完后要拉竖线，检查横梁的平直度，以保证面板安装后缝格的平直度控制在3mm之内，面板安装之后随时拉小线再次进行检查。横梁的顶标高也要严格控制，用水平仪核对整个横梁的上平
5	耐磨地面	1）硬化剂铺设：撒料时控制好撒料时间，不能早撒，也不能晚撒；不能错撒、漏撒，以免导致耐磨层厚薄不均 2）当混凝土初步平整后，运行抹平机。抹平机运行时，先整平四周边缘，再分别纵横方向运行整平 3）第二遍铺设硬化剂：沿第一次撒布材料的垂直方向均匀撒布剩余的材料；待第二次撒布材料吸收了足够的水分，用抹光机进行抹光，边角部位用抹刀进行处理 4）待全部材料撒布完、抹光后1~2h，混凝土足够坚硬不致被破坏时，用刀口角度倾斜的抹光机收光至要求
6	涂料墙面	1）将墙面灰尘、浆粒清理干净，用水石膏将墙面磕碰处及坑洼缝隙等找平，干燥后用砂纸将凸出处磨掉，将浮尘扫净 2）刮腻子时第一遍用胶皮刮板横向满刮，一刮板紧接着一刮板，接头不得留槎，每刮一板最后收头要干净利落。干燥后磨砂纸，将浮腻子及斑迹磨光，再将墙面清扫干净，干燥后用砂纸磨平并清扫干净。第三遍用胶皮刮板找补腻子或用钢片刮板满刮腻子，将墙面刮平刮光，干燥后用细砂纸磨光，不得遗漏或将腻子磨穿 3）使用前充分搅拌，如不太稠，不宜加水，以防止透底。漆膜干燥后，用细砂纸将墙面小疙瘩和排笔打磨掉，磨光滑后清扫干净
7	木门制作安装	按照现场实际及设计图纸尺寸弹好线，确定地面标高，然后确定门扇高度、宽度和厚度。木门根据现场实际尺寸在工厂加工制作完成后运至工地。门扇安装完后，在可能撞击的高度用夹板保护。门扇下用木楔塞紧，做好成品保护
8	玻璃栏板	1）玻璃安装运输过程中要小心，避免碰坏玻璃 2）玻璃裁割尺寸正确，安装必须平整、牢固、无松动现象 3）玻璃表面（非镀膜面）的胶丝迹或其他污物可用刀片刮净并用中性溶剂洗涤后用清水冲洗干净，过程中注意成品保护

序号	项目	具体措施
9	金属板吊顶	1）金属板应从一个方向依次安装。吊点的分布要均匀，在一些龙骨的接口部位和重载部位，应增加吊点 2）龙骨架的强度与刚度需满足要求，龙骨的接头处、吊挂处都是受力的集中点，施工中应注意加固；不得在龙骨上悬吊设备 3）金属龙骨接缝表面应平整、吻合、颜色一致，不得有污染、划伤、擦伤等表面缺陷，连接应均匀一致 4）在安装龙骨时要注意起拱，起拱高度不应小于房间短向跨度的1/200
10	轻钢龙骨罩面板吊顶	1）全面校正主、次龙骨的位置及其水平度，连接件应错开安装，明龙骨应目测无明显弯曲，通长次龙骨连接处的对接错位偏差不超过2mm，校正后应将龙骨的所有吊挂件、连接件拧紧 2）板材应在自由状态下进行固定，罩面板的长边沿纵向次龙骨铺设 3）同时作业。螺钉头宜钻进罩面板内1～2mm，且不使其破损，钉帽应做防锈处理，并用石膏腻子抹平

6.3.2 环境整治提升类项目质量通病防治

6.3.2.1 截污工程常见质量通病及控制方法

1. 常见质量通病

（1）管道位置偏移或积水。测量差错，施工走样和意外地避让原有构筑物，在平面上产生位置偏移，立面上产生积水甚至倒坡现象。

（2）管道渗漏水，闭水试验不合格。基础不均匀下沉，管材及其接口施工质量差、闭水段端头封堵不严密、井体施工质量差等原因均可产生漏水现象。

（3）检查井变形、下沉，构配件质量差。检查井变形和下沉，井盖质量和安装质量差，井内爬梯安装随意性太大，影响外观及其使用质量。

（4）回填土沉陷。检查井周边回填不密实，不按要求分层夯实，填料质量欠佳、含水量控制不好等原因影响压实效果，给施工后造成过大的沉降。

2. 控制方法

（1）管道位置偏移或积水。

1）施工前要认真按照施工测量规范和规程进行交接桩复测与保护。

2）施工放样要结合水文地质条件，按照埋置深度和设计要求及有关规定放样，且必须进行复测检验，其误差符合要求后才能交付施工。

3）施工时要严格按照样桩进行，沟槽和平基要做好轴线和纵坡测量验收。

4）施工过程中意外遇到构筑物须避让时，应在适当的位置增设连接井，其间以直线连通，连接井转角应大于135°。

（2）管道渗漏水，闭水试验不合格。管道基础条件不良将导致管道和基础出现不均匀沉陷，一般造成局部积水，严重时会出现管道断裂或接口开裂。

1）认真按设计要求施工，确保管道基础的强度和稳定性。当地基地质水文条件不良时，应进行换土改良处治，以提高基槽底部的承载力。

2）如果槽底土壤被扰动或受水浸泡，应先挖除松软土层，对超挖部分用杂砂石或碎石等稳定性好的材料回填密实。

3）地下水位以下开挖土方时，应采取有效措施做好坑槽底部排水降水工作，确保干槽开挖，必要时可在槽坑底预留 20cm 厚土层，待后续工序施工时随挖随清除。

管材质量差，存在裂缝或局部混凝土松散，抗渗能力差，容量产生漏水。因此要求：

1）所用管材要有质量部门提供的合格证和力学试验报告等资料。

2）管材外观质量要求：表面平整，无松散露骨和蜂窝麻面现象。

3）安装前再次逐节检查，对已发现或有质量疑问的应责令退场或经有效处理后方可使用。

若管接口填料及施工质量差，管道在外力作用下会产生破损或接口开裂。防治措施如下：

1）选用质量良好的接口填料并按试验配合比和合理的施工工艺组织施工。

2）抹带施工时，接口缝内要洁净，必要时应凿毛处理，再按照施工操作规程认真施工。

若检查井施工质量差，井壁和与其连接管的接合处会渗漏。预防措施如下：

1）检查井砌筑砂浆要饱满，勾缝全面不遗漏；抹面前清洁和润湿表面，抹面时及时压光、收浆并养护；遇有地下水时，抹面和勾缝应随砌筑及时完成，不可在回填以后再进行内抹面或内勾缝。

2）与检查井连接的管外表面应先润湿且均匀刷一层水泥原浆，并坐浆就位后再做好内外抹面，以防渗漏。

规划预留支管封口不密实，因其在井内而常被忽视。如果采用砌砖墙封堵，应注意做好以下几点：

1）砌堵前应把管口 0.5m 左右范围内的管内壁清洗干净，涂刷水泥原浆，同时把所用的砖块润湿备用。

2）砌堵砂浆强度等级应不低于 M7.5，且具良好的稠度。

3）勾缝和抹面用的水泥砂浆强度等级不低于 M15。管径较大时及内外双面较小时只做外单面勾缝或抹面。抹面应按防水的 5 层施工法施工。

4）一般情况下，在检查井砌筑之前进行封砌，以保证施工质量。

闭水试验是对管道施工和材料质量进行全面的检验，其间难免出现两三次不合格现象。这时应先在渗漏处一一做好记号，在排干管内水后进行认真处理。对细小的缝隙或麻面渗漏可采用水泥浆涂刷或防水涂料涂刷，较严重的应返工处理。严重的渗漏除了更换管材、重新填塞接口外，还可请专业技术人员处理。处理后再做闭水试验，如此重复进行直至闭水合格为止。

（3）检查井变形、下沉，构配件质量差，预防措施如下：

1）认真做好检查井的基层和垫层，破管做流槽的做法，防止井体下沉。

2）检查井砌筑质量应控制好井室和井口中心位置及其高度，防止井体变形。

3）检查井井盖与座要配套；安装时坐浆要饱满；轻重型号和面底不错用，铁爬梯安装要控制好上、下第一步的位置，偏差不要太大，平面位置准确。

（4）回填土沉陷的预防措施如下：

1）管槽回填时必须根据回填的部位和施工条件选择合适的填料和压（夯）实机械。如桂畔海项目主干道下的排水等设施的坑槽回填用地沙。管槽从胸腔部位填至管顶50cm，再灌水振捣至相对密度≥0.93，实践证明效果很好。

2）沟槽较窄时可采用人工或蛙式打夯机夯填。不同的填料、不同的填筑厚度，应选用不同的夯压器具，以取得最经济的压实效果。

3）填料中的淤泥、树根、草皮及其腐殖物既影响压实效果，又会在土中干缩、腐烂形成孔洞。这些材料均不可作为填料，以免引起沉陷。

4）控制填料含水量大于最佳含水量 2% 左右；遇地下水或雨后施工必须先排干水再分层随填随压密实。

根据沉降破坏程度采取相应的处治措施：

1）不影响其他构筑物的少量沉降可不做处理或只做表面处理，如沥青路面上可采取局部填补以免积水。

2）如造成其他构筑物基础脱空破坏，可采用泵压水泥浆填充。

3）如造成结构破坏，应挖除不良填料，换填稳定性能好的材料，经压实后再恢复损坏的构筑物。

6.3.2.2 清淤常见质量通病及控制方法

（1）在每道工序施工前，施工员依据施工图纸、施工方案对有关施工组进行技术、质量、书面交底，交底内容包括操作方法、操作要点及质量标准等。

（2）严格执行自检制度，检测人员及时对已完工作面进行检测，避免出现重复施工现象。

（3）施工完成并经自检合格后方可向监理工程师及有关上级部门报检、交接。

（4）技术负责人、质量员对工程全过程进行质量和进度控制，因此要加强疏浚质量检查，隐蔽工程验收，施工测量、放样成果及施工资料等及时报验和做好必要验收签证确认。

（5）坚持上道工序未经验收不准进行下道工序施工的原则，并坚持质保资料不全不能验收的原则，以及施工自检或自检体系不完善不得申请复检的原则。

6.3.2.3 泵闸站常见质量通病及控制方法

（1）泵闸站地基处理（水泥搅拌桩、钻孔灌注桩、高压旋喷桩等）常见质量通病及控制方法。泵闸站地基常见质量通病及控制方法见表 6.22。

表 6.22 泵闸站地基常见质量通病及控制方法

通病现象	原因分析	控制方法
孔深未达到设计要求	孔深测量基点、测绳不准、岩样误判	1）细查岩样防止误判 2）根据钻进速度变化和钻进工作状况判定 3）设固定基点，采用制式测绳

续表

通病现象	原因分析	控制方法
孔底沉渣过厚	清孔不彻底	1) 选用合适的清孔工艺 2) 清孔、下钢筋、浇灌混凝土连续作业
坍孔	岩层变化、措施不力	1) 松散砂土或流砂中减慢钻进速度 2) 加大泥浆比重 3) 保证施工连续进行
孔径不足	钻头直径偏小、土质特殊	1) 选用合适的钻头直径 2) 流塑性地基土变形造孔时，宜采用上下反复扫孔方法，以扩大孔径
钢筋笼位置、尺寸、形状不符合设计要求	加工、运输、安装工艺有误	1) 钢筋笼较大时，应设 $\phi16$ 或 $\phi18$ 加强箍，间距 2～2.5m 2) 钢筋笼过长时应大吨位整体吊装 3) 设置足够的环状混凝土或砂浆垫块控制保护层厚度
混凝土灌注中非通长的钢筋笼上浮	钢筋笼底标高以下混凝土灌注速度过快、导管提升不及时、流砂涌入	1) 浇灌混凝土导管不能埋得太深，使混凝土表面硬壳薄些，钢筋笼容易插入 2) 将 2～4 根竖筋加长至桩底 3) 保持合适的泥浆密度，防止流砂涌入托起钢筋
桩身混凝土蜂窝、孔洞、缩颈、夹泥、断桩	混凝土配合比或灌注工艺有误	1) 严格控制混凝土的坍落度、和易性 2) 连续灌注，每次灌注量不宜太小，成桩时间不能太长 3) 导管埋入混凝土不得小于 1m，导管不准漏水，导管第一节底管长度应≥4m 4) 钢筋笼主筋接头焊平，导管法兰连接处以圆锥形铁皮罩，防止提管时挂住钢筋笼

（2）泵闸站主体结构钢筋工程常见质量通病及控制方法。泵闸站主体结构钢筋工程常见质量通病及控制方法见表 6.23。

表 6.23　泵闸站主体结构钢筋工程常见质量通病及控制方法

通病现象	原因分析	控制方法
钢筋锈蚀	保管不善	1) 对颗粒状或片状老锈必须清除 2) 钢筋除锈后仍留有麻点者，严禁按原规格使用 3) 进场后加强保管，堆放处要下垫上盖
钢筋接头的连接方法和接头数量及布置不符合要求	技术交底不细、工艺控制有误、标准不清、把关不严	1) 严格进行技术交底及工艺控制 2) 合理配料，防止接头集中 3) 正确理解规范中规定的同一截面的含义
钢筋位置不对及产生变形		1) 认真按要求施工，加强检验 2) 控制混凝土的浇灌、振捣成型方法
接头尺寸偏差过大		1) 绑条长度符合施工规范，绑条沿接头中心线纵向位移不大于 $0.5d$，接头处弯折不大于 4°；钢筋轴线位移不大于 $0.1d$，且不大于 3mm 2) 焊缝长度范围内应满焊，最大误差为 $0.5d$
焊缝尺寸不足		1) 按照设计图的规定进行检查 2) 图上无标注和要求时，检查焊件尺寸，焊缝宽度不小于 $0.7d$，焊缝厚度不小于 $0.3d$

通病现象	原因分析	控制方法
电弧烧伤钢筋表面	操作人员责任心不强，质检人员检验不及时	1）防止带电金属与钢筋接触产生电弧 2）不准在非焊区引弧 3）地线与钢筋接触要牢固
焊缝中有气孔		1）受潮，药皮开裂、剥落及焊芯锈蚀的焊条均不准使用 2）焊接区应洁净 3）适当加大焊接电流，降低焊接速度 4）雨雪天不准在露天作业
闪光对焊接头未焊透，接头处有横向裂纹		1）直径较小钢筋不宜采用闪光对焊 2）重视预热作用，掌握预热操作技术要点，扩大加热区域，减小温度梯度 3）选择合适的对焊参数和烧化留量，采用"慢→快→更快"的加速烧化速度

注：d 为钢筋直径。

（3）泵闸站主体结构混凝土工程常见质量通病及控制方法。泵闸站主体结构混凝土工程常见质量通病及控制方法见表 6.24。

表 6.24　泵闸站主体结构混凝土工程常见质量通病及控制方法

通病现象	原因分析	控制方法
混凝土表面缺浆、粗糙、凹凸不平	1）模板表面在混凝土浇筑前未清理干净，拆模时混凝土表面被粘损 2）模板表面脱模剂涂刷不均匀，造成混凝土拆模时发生粘模 3）模板拼缝处不够严密，混凝土浇筑时模板缝处砂浆流走 4）混凝土振捣不够，混凝土中空气未排除干净	1）模板表面认真清理，不得沾有干硬水泥砂浆等杂物 2）全部使用钢模板 3）混凝土脱模剂涂刷均匀，不得漏刷 4）振捣必须按操作规程分层均匀振捣密实，严防漏捣，振捣手在振捣时掌握好止振的标准：混凝土表面不再有气泡冒出
混凝土局部酥松，石子间几乎没有砂浆，出现空隙，形成蜂窝状的孔洞	1）混凝土配比不准，原材料计量错误 2）混凝土未能充分搅拌，和易性差，无法振捣密实 3）未按操作规程浇筑混凝土，下料不当，石子与砂浆分离造成离析 4）漏振造成蜂窝 5）模板上有大孔洞，混凝土浇筑时发生严重漏浆造成蜂窝	1）采用电子自动计量拌和，检查混凝土和易性；混凝土拌和时间应满足其拌和时间的最小规定 2）混凝土下料高度超过 2m 应使用串筒或滑槽 3）混凝土分层厚度严格控制在 30cm 以内；振捣时振捣器移动半径不大于规定范围；振捣手进行搭接式分段，避免漏振 4）仔细检查模板，并在混凝土浇筑时加强现场检查
混凝土结构直边处、棱角处局部掉落，有缺陷	1）混凝土浇筑后养护不好，边角处水分散失严重，造成局部强度低，在拆模时造成前述现象 2）模板在折角处设计不合理，拆模时对混凝土角产生巨大应力 3）拆模时野蛮施工，边角处受外力撞击 4）成品保护不当，被车或其他机械刮伤	1）加强养护工作，保证混凝土强度均匀增长 2）设计模板时，将直角处设计成圆角或略大于90° 3）拆模时精心操作，保护好结构物 4）按成品防护措施防护，防止意外伤害

6.3.2.4　管道修复常见质量通病及控制方法

1. 非开挖 CIPP 修复常见质量通病

（1）起皱。CIPP 修复工程中可能出现轴向与环向两类褶皱。轴向起皱产生的主要原因可能是原管径测量不准，内衬管直径过大，或者原管道内径不一致。环向起皱的原因可能是翻转过程中压力不足，或者由于旧管道直径在修复段内不一致引起的。

（2）起泡。在施工过程中，如果固化温度过高或者防渗膜与织布之间黏合不牢固，就有可能出现起泡现象。起泡使内衬管很容易被磨损，严重降低内衬管的使用寿命。

（3）软弱带。如果施工工艺不到位，或者施工环境不适宜，有可能导致内衬管固化不完全，从而出现软弱带。加热的温度太低，加热固化时间太短，或者由于管外地下水温度低都可能影响软管的固化，使内衬管道的结构强度达不到要求。出现这种情况的工程应该被判为不合格，应重新进行修复。如果只是局部出现软弱带，可以切除该部分，然后进行局部修复。

（4）隆起。管道内的杂物清理不彻底，或者管道错位破损都有可能导致内衬管的隆起。这些隆起可能对流体的通行造成阻碍。

（5）白斑。如果编织软管没有被树脂或聚酯浸透，这些未浸透固化剂的区域在固化后会使内衬管内壁留下一些白斑。这些白斑是不符合要求的，需要进行局部的切除和修复。如果在整个管段上出现较多白斑，就要求全部移除，重新修复。

（6）内衬管开裂。开裂可能是冷却速度过快收缩而引起的。一旦内衬管出现开裂，就应判为不合格工程。需要局部重新修复或整段重新修复。

（7）内衬管与旧管分离。这种问题发生的原因有：翻转与固化时气压或水压不足；旧管破坏严重；内衬管直径比旧管内径小。除由于旧管破裂太严重所引起的内衬管脱落是无法避免的以外，其他原因应该避免。

2. 开挖修复常见质量通病

（1）柔性接口不严密。

1）现象：柔性接口污水管道，在闭水时，接口出现渗漏现象。

2）原因分析：

① 管材承口、插口工作面不平整，以及工作面上有泥土或杂物未清除干净，使胶圈与承口或插口之间有空隙。

② 胶圈与管材插口不配套，胶圈松紧度不合适、太松，安装后，胶圈与插口之间有缝隙或太紧，安装时，胶圈被拉出裂缝。

③ 胶圈上有缺陷，如截面粗细不均，质地偏硬，或有气泡、裂缝、重皮等现象，尤其缺陷处漏水。

④ 承口、插口的间隙过大或承口、插口圆度不一致，局部间隙过大，胶圈截面不足以在全周长范围内胀严间隙。

⑤ 接口时，由于胶圈受力不均，出现扭曲，局部出现过松或过紧状况。

3）危害：柔性接口管道如出现接口漏水，是很难处理的，因为检查井往往已砌好，如要拆掉重来，将造成很大浪费。如不拆掉，只能将承插口间隙中填塞防水嵌缝材料，同样造成费工、费时、费料的经济损失。

4）预防措施：

① 管材承插口密封工作面应平整光滑，接口的环形间隙应均匀一致。胶圈截面直径应与接口环形间隙配套。胶圈应由管材供应厂家配套供应，应做好管材和胶圈的进场

检查验收工作。对胶圈的外观质量，应检查截面粗细是否均匀，质地是否柔软，有无气泡、裂缝、重皮等缺陷；对胶圈的物理性能，应根据要求对接口橡胶圈物理性能做必要指标的复试；应根据管径与接口环形间隙，检验胶圈环径与胶圈截面直径。

②　接口前，应将承口内部和插口外部清刷干净，将胶圈套在插口端部。胶圈应保持平整，无扭曲现象。

③　对口应符合下列要求：

a. 将管子稍吊离槽底，使插口胶圈准确地对入承口的锥面内。

b. 利用边线调整好管身位置，使管身中线符合设计位置。

c. 认真检查胶圈与承口接触是否均匀紧密。不均匀时，应进行调整，使胶圈准确就位。

d. 安装接口的机具，其顶拉能力应能满足所施工管径良好就位的要求。

e. 安装接口时，顶拉设备应缓慢，并设专人检查胶圈就位情况。如发现就位不匀，应停止顶拉，将胶圈调整均匀后，再继续顶拉，顶拉就位后，应立即锁定接口。

④　对接口的严密性，应在未砌井时，按闭气标准先进行闭气检验，如闭气不合格，便于返工整修。如闭气合格，再行砌井，再做带井闭水，一般应无问题。

（2）刚性接口抹带空裂。

1）现象：雨污水管接口部位的水泥砂浆和钢丝网水泥砂浆抹带横向和纵向裂缝并空鼓，甚至脱落。

2）原因分析：

①　抹带水泥砂浆的配合比不准确，和易性、均匀性差。

②　因管口部位不净、未刷去浆皮或未凿毛，接口处抹带水泥砂浆未与管皮黏结牢固。

③　接口抹带水泥砂浆抹完后，没有覆盖或覆盖不严，受风干和暴晒，造成干缩、空鼓裂缝。

④　冬期施工抹带，没有覆盖保温或覆盖层薄，遭冻胀，抹带与管皮脱节。已抹带的管段两端管口未封闭，管体未覆盖，形成管体裸露，管内穿堂风，管节整体受冻收缩，造成在接口处将砂浆抹带拉裂。

⑤　管带太厚，只按一层砂浆成活，或水灰比太大，造成收缩较大裂缝。

⑥　管缝较大，抹带水泥砂浆往管内泄漏，即使用碎石、砖块、木片、纸等杂物充填，也易引发空鼓裂缝。

3）危害：

①　管带空裂将无法闭水，必须彻底返工重做，造成人力、物力的浪费且有遗漏，污水通过缝隙外，将污染地下水源；地下水通过缝隙内，会增大污水处理厂的处理量，增大泵站的抽升量，浪费电力资源。

②　雨水管抹带空鼓裂缝，也要返工重做；否则，当大雨期间雨水管满流时，会通过管缝冲刷管外泥土进管，使地面沉陷，危及地面构筑物和道路的安全。

③　实践证明，管上部土层的树根很容易通过破坏了的管缝长入管内，并会滋生很多须根，堵塞管道，小管径的管道很难疏通，有时会被堵死。

4）预防措施：

① 水泥砂浆接口抹带和钢丝网水泥砂浆接口抹带对大于等于 700mm 的管道，管缝超过 10mm，抹带时应在管内接口处用薄竹片支一垫托，将管内的砂浆充满捣实，再分层施作。

② 抹带完成后，应立即用平软材料覆盖，3～4h 后洒水养护。

③ 冬期施工的水泥砂浆抹带，不仅要做到管带的充分保温，而且还需将管身、管段两端管口、已砌好检查井的井口，加以覆盖封闭保温，以防穿管寒风和管身受冻使管节严重收缩，造成管带在接口处开裂。

④ 冬期施工拌和水泥砂浆，应用小于 80℃ 的水、小于 40℃ 的砂。如对砂浆有防冻要求，拌和时应加氯盐，根据气温的高低，按 2%～8% 掌握用量；也可加防冻剂。

⑤ 在覆土之前的隐蔽工程验收中，必须逐个检查。如发现空鼓开裂，必须予以返修。

6.3.3　基础设施改造类项目质量通病防治

1. 开槽埋管塌方、滑坡

（1）形成原因：

1）边坡稳定性计算不妥。边坡稳定性未按照土体性质对允许承载力、内摩擦角、孔隙水压力、渗透系数等进行计算。

2）边坡放量不足，坡面趋陡，施工时未按计算规定放坡。

3）沟槽土方量大，又未及时外运而堆置在沟槽边，坡顶负重超载。

4）土体地下水位高，渗透量大，坡壁出现渗漏。

5）降水量大，沟槽开挖后，沟底排水不畅，边坡受冲刷，沟槽浸水。沟槽开挖处遇有暗浜或流砂。

（2）防治措施：

1）应确保边坡的稳定，应根据土壤钻探地质报告，针对不同的土质、地下水位和开挖深度做出不同的边坡设计。

2）检查实际操作是否按照设计坡度，自上而下逐步开挖，挖成斜坡或台阶形都需按设计坡度修正。

3）为防止雨水冲刷坡面，应在坡顶外侧开挖截水沟或采用坡面保护措施。

4）在地下水位高、渗透量大及流砂地区，需采取人工降水措施。一般用井点降水。

5）采用机械挖土时，应按设计断面留一层土采用人工修平，以防超挖。在开挖过程若出现地面裂缝，应立即采取有效措施，防止发展，确保安全。

6）减少地面荷载的影响。坡顶两侧需堆置土方或材料时，应根据土质情况限定堆放位置和高度，一般至少距离坡边 3m，堆高不得大于 1.5m。

7）掌握气候条件，减少沟槽底部暴露时间，缩短施工作业面。

2. 管道铺设偏差

（1）形成原因：

1）管道轴线线形不直，又未予纠正。

2）标高测放误差造成管底标高不符合设计要求，甚至发生落水坡度错误。

3）稳管垫块放置的随意性，使用垫块与设计不符，致使管道铺设不稳定，接口不顺，影响流水畅通。

4）承插管未按承口向上游、插口向下游的规定安放。

5）管道铺设轴线未控制好，产生折点，线形不直。

6）铺设管道时未按每一只管子用水平尺校验及用样板尺观察高程。

7）沟槽回填未对称填筑，造成管道不均衡受压，产生偏移。

（2）预防措施：

1）在管道铺设前，必须对管道基础做仔细复核。复核轴线位置、线形及标高是否与设计标高吻合。如发现差错，应给予纠正或返工。切忌跟随错误的管道基础进行铺设。

2）稳管用垫块应事前按设计预制成型，安放位置准确。使用三角形垫块，应将斜面作为底部，并涂抹一层砂浆，以加强管道的稳定性。预制的管枕强度和几何尺寸应符合设计标准，不得使用不标准的管枕。

3）管道铺设操作应从下游排向上游，承口向上，切忌倒排。

4）采取边线控制排管时所设边线应紧绷，防止中间下垂；采取中心线控制排管时应在中间铁撑柱上画线，将引线扎牢，防止移动，并随时观察，防止界面扰动。

5）每排一节管材应先用样板尺与样板架观察校验，然后再用水准尺检验落水方向。

6）在管道铺设前，必须对样板架再次测量复核，符合设计高程后开始排管。

7）对称回填，对称压实。

3. 回填土沉陷

（1）形成原因：

检查井周边回填不密实，不按要求分层夯实，填料质量欠佳、含水量控制不好等原因影响压实效果，给工后造成过大的沉降。

（2）防治措施：

1）管槽回填时必须根据回填的部位和施工条件选择合适的填料和压（夯）实机械。

2）沟槽较窄时可采用人工或蛙式打夯机夯填。不同的填料、不同的填筑厚度，应选用不同的夯压器具，以取得最经济的压实效果。

3）填料中的淤泥、树根、草皮及其腐殖物既影响压实效果，又会在土中干缩、腐烂形成孔洞。这些材料均不可作为填料，以免引起沉陷。

4）控制填料含水量大于最佳含水量 2% 左右；遇地下水或雨后施工，必须先排干水再分层随填随压密实。

4. 检查井与路面的接缝处出现塌陷

（1）形成原因：大多数雨水井都设在行车道上，还有不少排水干管及其检查井也设在行车道上，当其井背宽度较小时，回填夯实十分困难，压实度检查也难以进行。施工中经常发生的疏忽或监控不严，必然使工程出现质量问题，导致常见的雨水井及其检查井与路面接缝处出现塌落缺陷，检查井变形和下沉，造成行车中出现跳车现象。井盖质量和安装质量差，铁爬梯安装随意性太大，影响外观及其使用质量。

（2）防治措施：

1）认真做好检查井的基层和垫层，防止井体下沉。

2）检查井砌筑质量应控制好井室和井口中心位置及其高度，防止井体变形。

3）检查井井盖与井座要配套，安装时坐浆要饱满，轻重型号和面底不错用，铁爬梯安装要控制好上、下第一步的位置，偏差不要太大，平面位置准确。

5. 人行道平整度、密实度差

（1）形成原因：

1）因沥青类人行道面层薄，对底层的不平整度很敏感，会明显反射到面层上来，而底层平整度往往较差。

2）在路树树裆中不便上碾部分，底层未夯打密实。铺面层时，使用墩锤、烙铁或平板振动夯比较费事又费劲，导致操作粗糙，夯打不密实、不平整，接槎不平顺。

（2）防治措施：

1）沥青类人行道面层平整度，主要依靠底层高度平整，在碾压、夯实过程中，要仔细找平修整。

2）摊铺沥青混合料时，要严格按操作规程施作，在虚实一致的状态下碾压。

3）对树裆不能上碾部位，底层要用小型夯具夯实达标。面层边角多，要配足人力和夯具，加快加细夯实和烫边工作。

6.3.4　老旧小区片区改造类项目质量通病防治

老旧小区片区改造类项目常见的质量通病有外墙粉化、流挂、变色现象及观感效果差等问题。

1. 外墙施工质量通病

（1）粉化现象。

1）基层有粉层、油污等；

2）涂刷时温度低、成膜不好；

3）涂刷渗水太多；

4）涂刷耐候性差；

5）墙体表面未加以处理。

处理方法：

1）上漆前应将表面松脱的旧面漆、尘埃、油污等清除；

2）施工温度应保持在 5℃ 以上；

3）减少渗水量；

4）涂上两层耐候性好的面漆。

（2）流挂现象。

1）漆膜厚度一次涂得过厚；

2）涂刷时加水太多；

3）环境湿度过大；

4）下层漆没有打磨，附着性差。

处理方法：

1）多涂几次漆，不宜一次涂完；

2）减少渗水量；

3）减少环境湿度，避免在环境湿度过大的天气施工；

4）打磨被涂物表面。

（3）变色发花或泛青现象。

1）基层含水量过大；

2）基层碱性过大；

3）施工环境有化学气体发生。

处理办法：

1）让基层完全风干；

2）水泥基层干燥要养护一段时间；

3）严禁与油性涂料同时施工。

2. 色差通病防治措施

（1）工程用涂料整批采购，由于此工程量较大，为控制色差在最小范围内，最好是一幢楼所用涂料为同一批号，施工前再次检验，确保色泽一致，杜绝色差；

（2）严格按施工要求对原料在施工前均匀搅拌，由专人负责及时将搅拌均匀的材料交给施涂人员；

（3）在封底漆施工前，对墙面表层进行平整处理；

（4）严格控制施工工序，施涂工具须专色专用，并准备好干净的搅拌桶，以免其他色渗入。

3. 感观效果的技术措施

（1）保持喷涂压力和涂料稠度恒定，风速超过 5m/s 时，停止喷涂施工；

（2）施工前严格控制涂料成品，在进行面涂层施工时要连续不中断；

（3）保持适当喷涂距离，保持涂料稠密度适中；

（4）风下不施工，每遍涂层不要太厚。

7　城市更新项目生产管理

本章在分析施工项目管理过程中涉及的各生产要素划分的基础上，利用已有的生产要素管理理论，结合城市更新项目特点，总结在开展城市更新项目施工活动中物资管理、劳动力管理、机械设备管理的措施及方向。

7.1　城市更新项目生产要素

1. 管理制度建立

项目部进场后需首先建立项目内部、项目针对分包的管理制度，规范现场生产条件，明确现场生产要求，为现场生产管理提供依据。

2. 人员管理

提前进行劳动力需求策划，测定巅峰期项目劳动力人数，分包实力，是否可满足需求等条件，制定合理的劳动力计划。

3. 机械设备管理

拆除改造项目应用机械较少，但单位时间能内相同机械应用数量多，如圆盘锯、绳锯等，应对现场机械使用部位、机械进场检测等要着重关注。

4. 物资材料进场管理

首先考虑施工所在地区是否具有工程所需主材厂家，如没有的话要考虑材料运输周期、材料运量等问题。

5. 施工方案确定

施工方案应根据现场实际情况因地制宜，如项目外墙拆除，不具备搭设外脚手架及吊篮拆除的条件，就需创新施工方案进行现场管控。

6. 周边环境影响

城市更新项目最大的特色就是位于城市繁华地带，项目建构筑物拆除过程中易造成大量的建筑垃圾及固体颗粒的污染，所以拆除过程中采用湿法作业。

7.1.1　公建场馆改造类项目生产要素

公建场馆改造类项目管理过程中生产要素主要涉及人、材、机等，见表7.1。

表 7.1 公建场馆改造类项目生产要素

序号	作业类别	涉及工种	涉及机械	涉及材料
1	拆除作业	拆除工、焊工、水电工	铲车、小挖、微挖（室内拆除用）、电动卷扬机	—
2	一结构加固	电焊工、切割工、钢筋工、木工、砌筑工	汽车式起重机、叉车、电焊机、电锤、角向磨光机、植筋胶注射器、静压桩机、CO_2气体保焊机、电焊机	桩、锚杆、钢筋、模板、混凝土、植筋胶、各种型钢、钢板、非标型材、螺栓、锚栓、底漆、中间漆、面漆、防火涂料
3	二结构作业	木工、钢筋工、泥工、钢结构安装工、加固工	水准仪、激光扫平仪、卷尺、移动脚手架	加气混凝土砌块、抹灰砂浆、砌筑砂浆、钢筋、模板、混凝土
4	幕墙作业	电焊工、切割工、幕墙安装工、涂料工	曲臂车、剪刀车、汽车式起重机、电动吸盘	各类型玻璃、各类型铝板、耐候钢板等
5	机电作业	管道工、水电工、通风工	剪刀车、移动脚手架、汽车式起重机	风管、电气管、给排水管等

7.1.2 环境整治提升类项目生产要素

1. 截污工程生产管理要素

截污工程生产管理要素主要内容见表 7.2。

表 7.2 截污工程生产管理主要内容

序号	要素	具体内容
1	人	电工、司机、测量工、抽水工、电焊工、顶管操作工、钢筋工、混凝土工、模板工、桩机操作工
2	料	回填材料、混凝土、钢筋、模板、沥青、松木桩、水泥、沙、管材、接头、砖块、钢板、块石、预制方桩
3	机	钢板桩机、搅拌桩机、旋喷桩机、地质钻机、挖掘机、自卸车、船只、破碎机、压路机、振捣器、发电机、顶管机、拖拉管机、热熔焊机等
4	法	工艺工法、施工措施、交通围蔽设置、喷淋设施等
5	环	人文环境、地理环境、物探环境、水文地质环境等

2. 清淤工程生产管理要素

（1）施工机械配置。清淤工程生产管理中主要施工机械设备见表 7.3。

表 7.3 主要施工机械设备

序号	设备名称	型号、规格	数量	国别、产地	用于施工部位	进场日期	备注
1	水上挖机		2		淤泥疏挖	根据情况需求	完好
2	斗式运泥船		3		淤泥水运	根据情况需求	完好
3	自卸汽车		3		淤泥陆运	根据情况需求	完好

序号	设备名称	型号、规格	数量	国别、产地	用于施工部位	进场日期	备注
4	20t吊车		1		淤泥斗吊放	根据情况需求	完好
5	发电机		1		临时用电	根据情况需求	完好
6	离心泵		1		人工清淤	根据情况需求	完好
7	潜水泵		1		降水	根据情况需求	完好
8	小船		1		下河探测	根据情况需求	完好
9	全站仪		1		全程测量	根据情况需求	完好
10	水准仪		1		全程测量	根据情况需求	完好
11	GPS		1		全程测量	根据情况需求	完好

注：机械设备按进度情况动态调增减。

（2）劳动力配置。清淤工程生产管理中劳动力配置计划见表7.4。

表7.4 劳动力配置计划

序号	名称	人数	进场时间
1	测量员	2	
2	施工员	1	
3	资料员	1	
4	汽车司机	3	
5	挖掘机司机	2	
6	机械维修工	1	
7	电工	1	
8	普工	7	
9	保洁工	1	
	合计	19	

注：劳动力为动态管理，按进度情况调整。

7.1.3 基础设施改造类项目生产要素

基础设施改造类项目施工时间相对来说十分紧张，对劳动力组织、物资准备、资料调配提出了更为严峻的要求。应尽可能创造多个工作面同时进行施工，以确保工程能在合同工期内完成。在施工中，必须进行合理的施工安排，确保各道工序顺利进行，尽量减少和避免施工中的干扰，并根据施工强度进行合理的施工机械和人员的配置，必要时实行三班全天候作业，确保工程在保证质量的前提下，满足业主对施工进度的要求。项目涉及面广，分布较分散，各片区必须同时投入相应机械设备进行施工。

在这一阶段，道路施工班组也应大力开展相关项目的施工。道路可与人行道平整、绿化树迁移结合，在平整的同时进行人行道的铺筑、夯实。道路铺筑应优先于人行道、路灯、绿化项目且尽早完成，以保证其他项目施工面。

项目任务繁重，分布战线长，应予重视。具备施工条件地段最好同时开工，平行作业与流水作业相结合，以免受雨期影响，延误工期。

7.1.4　老旧小区片区改造类项目生产要素

老旧小区片区改造类项目不同于常规新建项目，无法做到封闭管理，组织施工也与常规新建项目不同。

施工与居民之间生活的矛盾是影响城市更新施工的最大因素之一。在城市更新项目中，施工的同时居民需要正常生活，在施工过程中需要满足居民不同的需求。针对老旧小区片区改造类项目，小区市政改造，对居民出行造成影响，为尽量减少对居民的出行影响，需合理部署施工。

材料管理也是城市更新项目生产管理的一大重要环节，因老旧小区改造，在小区原有院子内进行改造，居民正常出行，几乎没有材料堆放场地。同时，老旧小区片区位于老城区，白天车辆限行，材料无法进场，夜间进场卸车又影响居民休息，只能选择在夜间进场然后白天卸车。

机械管理也是城市更新项目生产管理的重要一环，因老旧小区改造需大量的吊篮等机械，高空作业存在较大安全隐患，且由于老旧小区片区改造，吊篮需求量增加，吊篮资源比较紧缺，因此根据现场生产需要，对吊篮进场做出合理的安排，提前规划进场数量及时间。

劳动力管理是推进现场生产的主要因素之一，因老旧小区改造范围较广且比较分散，每个小区分项工程的工程量又不是很大，工人比较分散，管理难度较大。

7.2　城市更新项目物资管理

7.2.1　公建场馆改造类项目物资管理

（1）公建场馆改造类项目所涉及的物资特点。该类项目所涉及的物资与常规项目不一样，根据所涉及的分部分项工程对材料进行分类主要有：

基础部分：桩、锚杆、钢筋、模板、混凝土、植筋胶等。

钢结构加固改造、新增钢结构：各种型钢、钢板、非标型材、螺栓、锚栓等。

混凝土结构加固改造：钢筋、模板、混凝土、植筋胶、粘钢胶、钢板、锚栓等。

结构整体重新涂装：底漆、中间漆、面漆、防火涂料。

（2）物资进料计划、物资存储。物资进出场均按要求提前准备进出场单，并需经生产、材料、安全部门签字。由于场地限制，各单位材料堆场既要满足堆放加工空间需求，又要尽量不影响现场施工作业，需各场馆负责人进行统筹协调。

7.2.2　环境整治提升类及基础设施改造类项目物资管理

1. 物资需求特点分析

项目点多面广，现场难以及时监督；子项星罗棋布，材料进场困难；业主清单漏项多；新工艺材料故障责任判定困难；城市限行导致材料进场受限；平行分包间材料调动导致混乱；人员离职频繁导致资料缺损。

（1）现场实用性。污水管道施工为线性工程，大都在市区，可用于施工的设备较多，但必须根据现场周围环境、空间大小、交通围蔽情况等条件进行选用。

（2）环保性。截污管道施工大多在市区，施工过程中的扬尘防治和噪声污染防治是市民投诉的重点，因此选用机械设备时需结合这两点。在不违反规范等基础上，选用的各种材料应符合环保开采和砍伐的要求。

（3）市场供求关系。截污管线施工时，钢板桩、回填材料、松木桩等需求量很大，在选用物资时需提前调研市场供应和政策变化。

2. 物资采购计划

（1）物资采购计划应加入分包的签字项，为后续材料浪费、超量进场、进场时间争议提供支撑。

（2）分包进场，对分包进行企业物资采购计划管理的要求交底。

3. 物资采购管理

（1）业主提供的材料清单漏项严重，导致招采结束后的使用过程中新增同种材料的其他规格、类型、配件之类的材料。建议在收到业主提供的材料清单后，针对新材料，在招采前做充分的了解，包括其施工工时、使用注意事项等内容，针对行业使用量较大或频繁的清单未包含内容，加入合同内。

（2）同种用途材料，可结合项目特点，针对不同种类价格不同进行优化。以某水系为例，管材包括 HDPE 缠绕管、HDPE 实壁管（压力管）、焊接钢管、混凝土管，在实际使用中发现，作为排污用的管材使用的是给水压力管，且承压等级较高。

4. 物资现场管理

（1）物资存储及领用流程。

1）材料进场前，通知分包商提供足够的场地，需要下垫上盖的材料，让分包商准备相应材料，确认准备齐全后，跟分包商、供应商沟通好进场相关事宜。

2）材料进场后，通知分包商授权材料员及项目管理人员和供应商一起参与进场验收，确认好进场材料质量、数量后，三方签字确认，当天开具进场验收单，录入台账。

（2）各子项特殊性材料现场管理。混凝土顶管管材为混凝土材料制作，制作周期长，至少在施工使用前半个月将子项总使用量报给供应商备货。

7.2.3 老旧小区片区改造类项目物资管理

1. 物资采购概述

统计表明，EPC 工程总承包项目设备材料采购费用占项目总体费用的 50%～60%，采购质量的优劣，会直接影响生产项目工程产品的质量，也对降低产品成本，及时安全地组织物资供应，保障项目施工生产顺利进行等方面产生影响，物资产品质量的好坏会直接影响整体工程质量。

鉴于此，建立健全一套完整的物资采购质量管理体系，加强采购全体人员的质量意识，在采购全过程中进行监控管理，对实现物资"安全、及时、经济"供应，保障工程工作的顺利进行都具有重要意义。

从以下几个方面完成物资采购管理的整体部署：

（1）按照技术要求进行物资采购，确保物资采购质量满足业主的技术要求，并保证采购全过程的安全。

（2）结合业主综合计划，与设计、施工进行有效衔接，编排合理的采购计划，并严格依据采购计划组织物资采购工作。

（3）集中采购管理，结合采购计划对整个物资采购活动实行动态管理，根据计划实际执行情况及时采取纠偏措施，确保物资到场，满足工期要求。

（4）确保按照业主招标文件规定的采购程序，对大宗物资通过招标、谈判等方式，选择合格的供应商，以经济合理的价格签订物资供货及服务合同，达到保障工程质量和进度，最大限度地维护和保证业主利益的目的。

2. 物资采购进度管理

采购进度管理是 EPC 工程总承包项目管理的重要内容，采购供应实行全面计划管理，所有设备、材料的采购、供应必须按计划执行。采购计划包括采购进度计划、采购执行计划及实施方案、质量保证体系和质量保证措施、HSE 管理体系、采购合同管理程序和措施、催交催运管理办法、现场物资收发存管理程序、现场仓库和露天堆放场地的管理办法等。

（1）采购进度管理原则和范围。项目采购进度管理将遵循全面规范、细致、可行的原则，充分发挥进度计划管理工作的规范和实效作用。采购进度计划管理范围，即从工程项目准备工作开始，至采购完工报告被批准结束。在此期间，工程需用所有采购、生产制造、加工、运输、安装使用、售后服务、剩余物资回收等均属于采购管理的范围。

（2）采购进度计划管理的依据。

1）业主审定批准的工程物资设计料表、图纸和有关技术文件；

2）工程采购进度计划等文件；

3）经业主批准确认的工程项目变更单、设计变更通知单和其他具有法定效能的文件等。

（3）采购进度计划的内容。采购进度计划根据计划的类型有不同的内容，通常主要包括以下内容：项目、物资名称、物资单位、物资数量、技术规格书及数据单（清单）提交时间、发标时间、评标时间、供货厂商、合同签订时间、设计资料、供货期限、物资到场的开始和结束时间，以及采购周期、运输发站、到站地点、调拨领用单位等。

（4）采购进度计划的责任划分。项目采购管理部负责工程所需设备、材料的订购、催办、监造、检验、运输、接收、调拨、结算等一系列采购活动。负责根据 EPC 工程总承包项目总体工程计划编制采购的总体实施计划；负责协调、控制采购进度，并编制采购订单状态报告及物资接收报告等。材料员负责根据批准的采购总体实施计划审核采购实际进度，并根据已完成的采购进度计算已完成的采购进度计划百分比，以达到控制采购进度和掌握采购工作量完成情况的目的。项目部要对采购进度进行经常性的审核评估，使采购的进度在工程整体项目进度中符合每一级进度计划，同时按项目要求提供各种采购进度报告。

3. 现场物资管理

材料进场后，应做好材料的堆放管理，材料堆放整齐。材料管理要做到如下几条：

（1）危险品库。将安放易燃易爆品，使该类材料与其他材料分开，并远离配电房。

（2）机械机具仓库。易失、易损坏的小型机械、机具也设专门库房保存，并设置台账，收工时所有机械和机具设备都要交到机械房保存。

（3）设置专门的仓管员，负责材料进场登记、发放及保管工作。

（4）各类材料做到计划提料、计划采购、计划储存、计划使用，保证材料中转库中材料占用量不超过库房面积 30％，使材料供应有序流动，不大量存货、不大量积压、不提前采购，减小现场存储压力，并保证现场使用。

7.3 城市更新项目劳动力管理

7.3.1 公建场馆改造类项目劳动力管理

（1）劳动力特点。公建场馆改造类项目工序种类多，各工种穿插作业，人员流动较大，专业性强。

（2）劳动力安排。项目部设置专职劳务管理员，及时统计进出场人员。对进场人员进行入场教育，并定期召开安全教育大会及班组长会议。

该类项目要细排各专业进度计划，根据进度计划详细排出各工种的劳动力计划。项目部每天下午召开三方（业主、监理、总包）碰头会，对第二天各项工作进行安排，并对第二天各工种劳动力进行安排。每天早上项目部专业工程师要去现场察看前一天劳动力安排的落实情况。

7.3.2 环境整治提升类项目劳动力管理

1. 各子项劳动力需求特点分析

（1）劳动力配置繁杂。该类项目通常包含截污工程、清淤工程、岸线修复工程、泵闸站工程、生态修复工程及管道修复工程等子项，涉及内容多，专业范围广。有些子项对工人技术要求高，如泵闸站往往需要土建施工技能好的工人，管道修复需要安全意识强的工人，截污工程涉及钢板桩等特殊工艺施工，单一的劳动队伍并不能满足整个项目施工的需要。故需要根据工程专业种类及其施工总体部署，分阶段、分专业合理安排施工人员种类、数量，并略有富余，满足抢工期和赶工期的需要，确保工程总工期。

（2）劳动力安排是动态变化的过程。由于该类项目施工受现场条件制约较大，如遇上征拆或者周边关系阻工等情况，现场往往需要停止施工，从而使施工进度计划不断调整。故应根据实际情况不断调整实际施工计划，在施工进度计划的基础上确定日用工种类、数量。

（3）需挑选有经验的劳务队伍。因目前该类项目推广范围小，有经验的施工队伍少，故挑选有资质、有信誉、有类似工程施工经验的劳务队伍，特别是有市政经验的劳动队尤为重要。如截污工程中涌内包管施工、支护开挖施工易对周边房屋造成重大影响，有经验的劳务班组能通过采取措施来最大限度地避免损失。又比如管道修复施工过程中，往往需要人进入管道内进行施工，对不熟悉的劳务队伍来说，容易导致人员中毒或窒息等不安全施工。所以选择有经验的劳务队伍能确保施工质量和安全。

（4）劳动力可调配。该类项目一般涉及面积较大，按照一般的做法，各专业劳务负责本专业内的工作，有时会因为工程范围太大，人员上下班距离过长，影响生产效率。故施工过程中对一些专业性较差的施工内容可考虑劳务之间调配，如截污施工的班组在停工期间可配合生态修复班组进行生态修复工作内容的施工。对劳动力进行适度调配，适时增加或减少施工劳动力，可减少窝工或劳动力不足的情况。

2. 劳动力来源及劳务管理

（1）进场准备。

1）劳务队伍进场前，施工企业需组织考核，对考核不合格者进行培训，直至满足要求。尤其是特种作业人员，更应进行技术和安全双层考核，保证考核对现场的促进作用。

2）企业建立完善的农民工工资支付机构和保障小组，保证了农民工工资及时足额发放，从源头上控制了劳动力流失或不稳定的情况。

3）建立劳务资源品牌库，优先考虑拥有大量稳定的人员、技术素质高的施工队伍及实力雄厚的专业单位和供应商，以确保有效、快速地组织劳动力资源进场，根据该工程的特点和施工进度计划的要求，确定各施工阶段的劳动力需用量计划。

（2）过程管理。

1）在施工过程中，施工企业将随时了解劳务队伍的动态变化，了解工人的思想和情绪变化，将负面情绪及时消解在萌芽之中，有针对性地解决问题，保证劳务队伍安心工作，有始有终。

2）根据工程的特点、质量、工期要求，对所组织的劳务队伍进行现场岗位技术培训，提高劳动者的操作技能，加强质量意识教育，组织学习国家有关规范、标准、规程，进行施工组织设计的总设计交底，使施工人员了解该工程的特点，按照规范的要求，高质量地完成额定任务，确保计划用量，满足施工生产需要。

3）每月编制施工人员工资支付表，如实记录支付时间、支付对象、支付金额等工资支付情况，并于每月底在其现场管理机构办公场所显眼位置公示，接受监督。成立处理劳资纠纷的协调机构，由项目负责人亲自负责，配备专职人员，及时化解劳资矛盾及纠纷，并及时揭露、制止恶意煽动施工人员集体上访、集聚围阻的行为，保证在整个工程建设期间不发生施工人员集体上访、集聚围阻等事件。

4）搞好生活后勤工作，为员工提供日常的衣、食、住、行、医服务及设施，认真落实，以充分调动职工生产积极性。建立激励机制，奖罚分明，及时兑现，充分调动工人的积极性。

5）根据施工进程提前做好施工规划，明确每个阶段的劳动力安排。对突发情况，应根据现场情况进行专业间调配，保证工人工作时长，增加收入，减少窝工情况，保持工人工作的积极性。

6）对劳务队伍必须严格按照项目规章制度进行管理。对违反项目规章制度、施工质量差、存在安全隐患且屡教不改的队伍，应及时进行更换，以免形成负面典型，造成更坏的影响。

3. 人员绩效评价与激励

（1）绩效的内涵。绩效是指那些经过评价的工作行为、表现及其结果。对组织而言，绩效就是任务在数量、质量及效率等方面完成的情况；对员工个人而言，绩效就是上级、下级及同事等对其工作状况的评价。组织绩效实现应在个人绩效实现的基础上，但是个人绩效的实现并不一定保证组织是有绩效的。组织的绩效按一定的逻辑关系被层层分解到每一个工作岗位及每一个人的时候，只要每一个人达成了组织的要求，组织的绩效就实现了。影响绩效的主要因素有员工技能、外部环境、内部条件及激励效应。员工技能是指员工具备的核心能力，是内在的因素，经过培训和开发是可以提高的；外部环境是指组织和个人面临的不为组织所左右的因素，是客观因素，我们是完全不能控制的；内部条件是指组织和个人开展工作所需的各种资源，也是客观因素，在一定程度上我们能改变内部条件的制约；激励效应是指组织和个人为达成目标而工作的主动性、积极性，激励效应是主观因素。在影响绩效的四个因素中，只有激励效应是最具有主动性、能动性的因素，人的主动性、积极性提高了，组织和员工会尽力争取内部资源的支持，同时组织和员工技能水平将逐渐得到提高。因此绩效经管就是通过适当的激励机制激发人的主动性、积极性，激发组织和员工争取内部条件的改善，提升技能水平进而提升个人和组织绩效。

（2）员工激励的意义。员工激励就是企业通过设计适当的外部奖酬形式和工作环境，以一定的行为规范和惩罚性措施，借助信息沟通，来激发、引导、保持和规范企业成员的行为，以有效地实现企业及其成员个人目标的系统活动。这一定义包含以下几方面的内容：

1）激励的出发点是满足企业成员的各种需要，即通过系统地设计适当的外部奖酬形式和工作环境，来满足企业员工的外在性需要和内在性需要。

2）科学的激励工作需要奖励和惩罚并举，既要对员工表现出来的符合企业期望的行为进行奖励，又要对不符合企业期望的行为进行惩罚。

3）激励贯穿于企业员工工作的全过程，包括对员工个人需要的了解、个性的把握、行为过程的控制和行为结果的评价等。因此，激励工作需要耐心。

4）信息沟通贯穿于激励工作的始末，从对激励制度的宣传、企业员工个人的了解，到对员工行为过程的控制和对员工行为结果的评价等，都依赖于一定的信息沟通。

5）激励的最终目的是在实现企业预期目标的同时，也能让企业成员实现其个人目标，即达到企业目标和员工个人目标在客观上的统一。

（3）激励方式。

1）奖励措施的应用。用一定的物质或者奖金、荣誉的形式奖励高绩效员工。

2）用于员工晋升。以绩效为一定的依据来设立晋升的规范可以起到很大作用。

3）用于薪酬。以评估的绩效分数设立绩效工资或者作为加薪的依据，也可以达到激励的作用。

4）评估结果应用于培训教育。通过绩效评估，将员工的一些不足找了出来，那么通过教育再培训来实现员工职业技能上的提高，可以使企业的总体绩效达到最大化。

7.3.3　基础设施改造类项目劳动力管理

除常规劳务工人以外，根据项目管理需求对应成立应急抢工对接小组，以区域负责人为组长，对施工对接中需应急抢工保证其他单位施工或通行的区域，或者影响到关键节点需抢工的区域，经管委会和业主协调后，第一时间组织人员进行抢工，保证项目对接管理工作落实。

7.3.4　老旧小区片区改造类项目劳动力管理

根据施工内容和总体施工进度编制劳动力需求计划，并根据现场实际进度情况调整现场劳动力需求计划。进场劳动力做到实名制管理，进场需经三级安全教育并考核合格后进场施工，做好对作业人员的安全教育工作。做好如下劳动力保证措施：

1. 制定劳动力计划

对施工作业层实行专业化组织，动态管理，根据实际需要严格控制人力资源的投入量、投入时间及完成时间，以保证整体施工进度。

2. 劳动力调配

做好劳动力动态调配工作，抓关键工序，在关键工序延期时，抽调精干人力，突击施工，确保关键线路按期完成。

3. 节假日施工

做好节假日及双休日期间的正常施工，严格按照国家有关法律规定及劳动部门的有关要求发放工资和补助。

4. 工人工资保障

严格执行预储账户制度，做到工资支付"月结月清"，坚持在考勤周核对月公示基础上，要求每月对工人工资发放记录工人签字并留档记录，同时严格、准确地掌握现场工人动态。

7.4　城市更新项目机械设备管理

7.4.1　公建场馆改造类项目机械设备管理

1. 机械设备特点

工程现场使用的机械设备除了常规项目的以外，主要为登高车、氧气-乙炔设备。

2. 机械设备管理

机械设备供应计划是机械管理的重要环节，合理的供应计划是施工生产顺利进行的保障。其相应的设备、规格、数量便显得非常关键，为确保工程按施工工期优质顺利完成，调配计划应注意以下几点：

（1）各种施工用仪器和机具要功能齐备，新旧程度必须满足施工的需求。

（2）在数量上要充足，不同种类的仪器和机具要配置合理。

（3）在施工高峰期，一方面要考虑满足数量的因素，另一方面要考虑有效的周转使用。

7.4.2 环境整治提升类项目机械设备管理

1. 各子项机械设备的选择

（1）各子项设备需求特点。

1）种类繁、数量多。泵闸站工程施工机械有七大类，近数万种，主要有土石方机械、起重机械、混凝土机械、运输机械、风水电动力设备、金属（木）加工机械、试验设备。

2）设备使用占线长、流动性大。

3）施工条件恶劣，季节性强。机械损坏、磨损严重。

4）机械设备综合化，机械设备的发展趋势是综合、配套。为满足工程需要，机械设备购置时在机种、型号和规格、数量等方面应有合理对比，以适应本单位工程施工的需要。如土方工程中，不仅有挖土、运输机械，还有平整、压实机械，自卸汽车应和挖掘机、装载机的容量配套，组合机械中应以关键及重型机械为基准，其他配套机械都应以确保关键及重型机械充分发挥效率为选配前提。

管道修复工程的特点是工作面广，工作段之间相互不干扰，在资源充足的情况下可以同时多点进行施工。故在考虑管理成本及工期约束的条件下，可以适当增加机械设备投入。施工过程中，设备流动性较强，通常一个位置需要使用同一种类的设备时间不会太长，可以通过合理安排工期进行设备流水施工，减少机械设备的空置率。另外，由于管道修复工程多在城市街道内，甚至有一些是在小巷子内，故设备在选型的时候尚应该考虑机械的通过性能，比如考虑是否限宽、限高，是否使用的设备质量过大会导致现有道路破损。

（2）机械设备。

1）环境整治提升类项目截污设备见表7.5。

表7.5 环境整治提升类项目截污设备

序号	机械名称	序号	机械名称
1	汽车起重机	5	发电机
2	渣土运输车	6	破碎锤
3	挖掘机	7	钢筋弯曲机
4	顶管机	8	钢筋切断机

续表

序号	机械名称	序号	机械名称
9	交流电焊机	16	钢筋调直机
10	潜水泵	17	台式电锯
11	发电机	18	旋喷桩机
12	破碎锤	19	热熔焊机
13	搅拌桩机	20	船只
14	地质钻机	21	压路机
15	拖拉管机		

2）以单个泵闸站为例，泵闸站主要机械设备见表7.6。

表7.6　泵闸站主要机械设备（以单个泵闸站为例）

序号	机械设备名称	型号、规格	数量
1	汽车起重机	Q25	1
2	自卸汽车	东风 10t	4
3	挖掘机	PC200	2
4	交流电焊机	BX6-250-F	2
5	潜水泵	3kW，扬程 20m	2
6	发电机	35kW	1
7	旋挖钻机	XX-5	1
8	钢板桩打桩机	DX600PD-9C	1
9	混凝土泵车	37m	1
10	混凝土运输车	$4/9/12m^3$	3
11	压路机	12t	1
12	钢筋调直机	GT6-12	1
13	钢筋弯曲机	GW-40	1
14	钢筋切断机	$\phi500$	1
15	电焊机	BX3-500	1
16	木工锯床	MJ106	1

3）管道修复工程通用机械设备见表7.7。

表7.7　管道修复工程通用机械设备

编号	名称	规格	产地	备注
1	点位修补器		德国	适用不同管径
2	UV 固化设备车		德国	一体式设备整车
3	高压清洗车		武汉	
4	水泥磨平工具			

143

编号	名称	规格	产地	备注
5	气囊	DN1000		
6	泥浆泵	DN100		
7	供电设备	30kW		
8	CCTV检测系统		武汉	
9	潜望镜检测系统		武汉	
10	真空吸污车		武汉	
11	机器人铣刀系统		德国	
12	铲泥工具		自制	
13	挖掘机			
14	起重机			
15	测毒仪			
16	鼓风机			
17	手动切割工具			
18	工作服			包含安全帽
19	警示带			
20	警示桩			
21	防毒面罩			
22	安全绳索	20m		井下人员安全绳
23	吊带	10m		用于材料的下井

2. 机械设备的使用管理

（1）整体使用原则。

1）结合工程施工技术特点。

① 根据工程施工技术要求和施工作业条件配置机械与设备。

② 以施工工艺中的主要机械与设备为基准，其他配套机械与设备都应以确保主导机械与设备充分发挥效率为配置标准，在理想情况下，所有环节生产能力都相等，但一般情况下应使后续机械与设备的生产能力略大于先头主导机械与设备的生产能力。

2）一次性配置足够机械与设备。按照施工进度计划指标和机械与设备生产能力一次性配置足够的机械与设备台数，生产能力留有余地，分批进场，节约机械与设备的占用费；同时考虑突发事件所需的工程抢险应急机械与设备。

3）遵循"兼顾"和"多功能性"的原则。遵循"通用性兼顾专业性"和"机械与设备多功能性"的原则，增加施工机械与设备的使用范围，减少施工机械与设备的数量。

4）选择技术成熟、环保节能施工机械。

① 配套完备、技术成熟、环保节能的施工机械与设备优先配置。

② 应重视先进性、适用性和经济性的相对统一，不能片面追求不切实际的先进机

械与设备。

5）配置备品备件。

① 在满足使用前提下，尽量减少规格、种类，以便于备品备件的共同使用和必要时同类工程间的协调、抽调。

② 配足日常修补、养护施工设备及易损、易坏件备品备件，避免设备长时间停工、待修、待养或停机、待件。

6）提高机械化的程度。在能减小施工人员投入或减小其劳动强度的前提下，应尽量采用施工机械与设备，增加施工机械与设备化程度。

7）就近选择机械。

① 在国内机械与设备能满足工作要求的前提下，慎重选用进口机械与设备，一方面其价格昂贵，另一方面维修不便。

② 如合同要求某项工作必须由某种指示的施工机械与设备完成，则必须使用该种施工机械与设备，除非监理工程师同意使用其他相应的机械与设备。

8）提高机械配置的最优化。根据工程进展情况，适时增加、减少或更换施工机械与设备，避免存在长时间机械与设备闲置、作业面缺机械与设备或施工效率低等现象。

（2）各子项设备的使用管理。为了正确合理使用机械设备，防止设备事故的发生，更好地完成企业施工任务，应注意以下几点：

1）必须严格按照厂家说明书规定的要求和操作规程使用机械。

2）配备熟练的操作人员。操作人员必须身体健康，经过专门训练后方可上岗操作。

3）特种作业人员（起重机械、起吊指挥、挂钩作业人员等）必须按国家和省、区、市安全生产监察局的要求参加培训和考试，取得省、区、市安全生产监察局颁发的"特种作业人员安全操作证"后，方可上岗操作，并按国家规定的要求和期限进行审证。

4）实习操作人员必须有实习证，在师傅的指挥下，才能操作机械设备。

5）在非生产时间内，未经主管部门批准，任何人不得私自动用设备。

6）新购或改装的大型施工设备应由企业设备科验收合格后方可投入运作，现场使用的机械设备都必须做标识、挂牌。

7）经过大修理的设备，应该由有关部门验收发给使用证后方可使用。

8）机械使用必须贯彻"管用结合""人机固定"的原则，实行定人、定机、定岗位的岗位责任制。

9）有单独机械操作者，该人员为机械使用负责人。

10）多班作业或多人操作的机械，应任命一人为机长，其余为组员。

11）班组共同使用的机械及一些不宜固定操作人员的机械设备，应编为一组，任命一人为机组长，对机组内所有设备负责。

12）机长及机组长是机组的领导者和组织者，负责本机组设备的所有活动。

13）在交班时，机组负责人应及时、认真地填写机械设备运行记录。

14）所有施工现场的机管员、机修员和操作人员必须严格执行机械设备的保养规程，应按机械设备的技术性能进行操作，必须严格执行定期保养制度，做好操作前、操作中、操作后的清洁、润滑、紧固、调整和防腐工作。

15）机械设备转运过程中，一定要进行中修、保养，更换已坏损的部件，紧固螺钉，加润滑油，脱漆严重的要重新油漆。

7.4.3　基础设施改造类项目机械设备管理

机械设备在市政工程建设中的作用至关重要，加大施工机械设备的管理力度，合理有效地分配、使用施工机械设备，提升市政工程项目施工机械设备的管理水平，既能保障施工人员的人身安全和国家财产安全，又能确保施工进度和工程质量。

7.4.4　老旧小区片区改造类项目机械设备管理

进场后需根据现场实际情况，选择需要投入使用的机械设备，并根据总进度计划编制机械设备需求计划，明确机械设备的进场时间及数量，在设备招标的时候与供应单位在合同中做出明确。

机械设备进场后要进行验收，检查设备的功能是否齐全，对设备零配件是否受损、限位器等能否正常使用等进行验收。

机械设备要做好定期检查及保养工作，保证机械设备的安全使用。

8 城市更新项目成本管理

成本是企业经营永恒不变的话题和核心，在城市更新这一新市场中如何站稳市场的同时实现企业盈利是关乎企业健康发展和城市更新持续扩大的关键。本章以公建场馆类项目、环境整治提升类项目、基础设施改造类项目、老旧小区片区改造类项目成本为依据，分析城市更新项目成本特点，总结在项目成本发生过程中的风险因素，并就施工企业项目成本控制提供思路及建议。

8.1 城市更新项目成本特点

8.1.1 公建场馆改造类项目成本特点

相对于新建项目，公建场馆改造类项目主要成本构成为专业分包居多，比如幕墙工程、结构加固工程、拆除工程、景观绿化工程等，相较于新建项目无较大钢筋混凝土工程，比如一结构、二结构等，专业性较强，对分供商选择也颇为重要。

公建场馆改造类项目，措施费中脚手架安装、拆除占据大头，而传统的安全文明施工费与新建项目无太大差别。因项目结构复杂，设计要求高，过程变更多，导致施工过程中脚手架搭设较投标时或许有大变化。同时，因城市更新项目脚手架非常规搭设，脚手架工期不确定性因素较多，导致脚手架成本有所增加。

拆除工程是新建项目中少有的分项，且与地下清障等常规拆除有较大区别。在施工前，应详细摸排现场工况后制定拆除方案，对拆除后残值回收应予充分考虑，这对成本至关重要。同时，考虑城市更新项目原有结构不一定能满足现有验收等情况，施工现场可能会导致更多原有结构或装饰面层拆除，成本增加。

8.1.2 环境整治提升类项目成本特点

1. 项目成本的构成

项目成本由分包产值、材料采购、三大经费、保险费用、人员工资、房屋赔偿费用、水电费、零星供应商、税金等组成。其中，分包产值又由各子项工程组成，包含临时设施及主体工程。

相比一般房建项目，项目成本多出房屋赔偿费用。同时材料采购也与一般房建项目所需材料存在差异，在管理与实际单价上会有小幅提升（点多面广，非集中供应会提高成本），而且水电费可能存在生态修复等从建设到交付期间水电费由施工企业承担的费用。

2. 项目成本的分析

分包产值：由各子项工程组成，包含临时设施及主体工程。临时设施包括临时设施土建、临时设施水电、板房等。主体工程根据各项目业态不同划分不同分项工程，主要是分为劳务分包与专业分包。

材料采购：由甲供材、安全防护用品、零星材料供应组成。甲供材包含施工过程中所有由施工企业供应的主材，一般有钢筋、混凝土、管材等；安全防护用品包含安全帽、反光衣、标准化栏杆等；零星材料供应包含雨衣、电动车、五金材料等。

三大经费：包含办公费、差旅费、招待费。

保险费用：包含工伤保险及意外险保险。

人员工资：包含管理人员工资。

房屋赔偿费用：包含施工前后房屋鉴定费用、发生房屋损坏后的检测报价费用及可能由施工企业支付的赔偿费用（赔偿费用可能由保险支付、由业主直接支付或由业主支付给施工企业后再支付给屋主）。

水电费：包含生活区水电费、施工现场水电费。

零星供应商：包含 LED（发光二极管）屏、电动伸缩门等。

税金：金额等于进项税减去销项税。

8.1.3 基础设施改造类项目成本特点

在基础设施改造类项目中，成本构成因素是对其施工项目成本管理造成影响的一个首要的因素。具体来说，市政工程项目的成本管理会受施工过程中所用到的各种人力资源、建筑原材料及施工机械等价格的影响。此外，在施工过程中，间接产生的施工费用也会因其价格的变动对成本管理造成影响。

8.1.4 老旧小区片区改造类项目成本特点

1. 成本构成

对拆改项目，项目施工中的主要成本构成分为 6 个方面：原有结构拆除费用、垃圾运输费用、结构加固施工、机电安装、装饰装修、室外景观。由于现阶段对较大型的拆改项目，功能往往要求比原有建筑更为复杂和多样。这也意味着，原有建筑内除了主体结构外，其他的所有内容都要进行重新改造，因此涵盖的内容也较多、较复杂。如以某老旧小区改造项目为例，成本构成饼状图见图 8.1。

2. 增量成本

相对于新建项目，改造项目的成本构成多出了很大比例的拆除及垃圾运输、原有结构加固等方面的内容，其他专业的施工成本内容构成基本相同，只是所占比例有所调整。

（1）拆除及垃圾外运。不论建筑的原有功能如何，改造项目的前期都会对原有二次结构进行一定量的拆除，由此会产生大量的建筑垃圾如砖、混凝土、石膏板、龙骨等，生活垃圾如各种家具、门、窗等，有害垃圾如煤气罐等。对项目施工来说，建筑

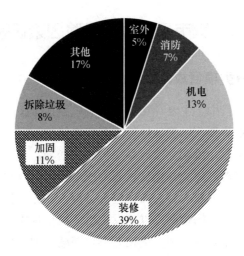

图 8.1　某老旧小区改造项目成本构成饼状图

垃圾、生活垃圾与有害垃圾难以在拆除中完全分离开。这就导致各种垃圾经常混杂在一起，对垃圾外运的要求及价格产生一定的影响。生活垃圾的处理费用比普通的建筑垃圾处理费用高 20％左右，相应的分包单位也会提高运输价格，从而影响原有成本。

垃圾外运时，大多以运输车次来计算价格，而垃圾装车时，由于较大型垃圾混杂会使垃圾的实际体积远超理论计算体积。以华和路项目为例，某区域建筑垃圾理论量为 $3459m^3$，按照 $14m^3$ 为一车的装车量计算，一共计划使用 247 车次，但实际操作过程中，使用了 456 车次才勉强运输完成。假如每车建筑垃圾装车量恒定，实际垃圾运输费用超支了 85％，接近一倍的计算误差。

（2）结构加固。结构加固的实际施工过程中，也经常会产生超额的施工费用。因为现有老建筑大多在施工时没有相对规范及严格的监管条件，导致部分老建筑结构达不到理论值或者不同区域的质量相差较大。虽然在施工图纸设计阶段，已经通过相应单位的图纸审核过程，相对来说较为合理，但依旧会在实际施工时产生非常多的施工问题。常见的问题有：原有建筑结构变形严重，不满足按图施工条件；某块区域结构老化严重，加固成本增加；某块结构因拆除及加固过程影响，不满足加固条件等。

3. 减量成本

拆改项目中，大部分原有结构都需要拆除后重新施工，但也有部分现场原有条件可以直接利用或者不拆除原有结构直接进行施工的情况。例如，墙面无空鼓现象的抹灰层、平整度高的部分地面等。为了实现经济效益的最大化与控制施工工期，对现状良好且不与图纸设计冲突的原有结构，可以进行一定程度上的保留，这不仅可以减少拆除费用也能减少后续相应的施工费用。但是对是否保留原有结构，一定要进行慎重的考核论证，并进行严密的施工方案编制与全过程施工质量把控，不然会影响施工质量甚至造成质量事故，得不偿失。

8.2 城市更新项目风险因素识别

8.2.1 公建场馆改造类项目成本风险因素识别

在公建场馆改造类项目中，主要存在以下影响项目成本控制的风险因素：

（1）项目施工界面不清晰，可能导致返工等成本增加。

（2）项目施工交叉作业，可能导致成品保护成本增加。

（3）项目拆除作业较多，垃圾外运显然成为成本控制的风险。

（4）项目需标明新建、拆除内容，做到应拆必拆，在分包招标文件中列明需拆除到位，在分包投标时带领分包现场踏勘，以免发生后续扯皮现象。

（5）项目脚手架方案需着重编制，优化方案，缩减工期，控制成本。

（6）项目变更多，工期可能会延长，相应管理成本增加，或者发生材料价格变动风险。

8.2.2 环境整治提升类项目成本风险因素识别

1. 项目整体成本风险因素分析

（1）工程受各方面因素影响较大，而合同工期一般较短，往往难以按合同工期完工，工期延误将导致现场经费增加，大大提高项目成本。

（2）工程多为 EPC 项目，设计变更较多，施工现场与多次更新的图纸会形成偏差，不利于成本控制。

（3）专业子项类别繁多，各子项清单不同，利润差别巨大，不利于整体把控。

2. 各子项成本风险因素分析

（1）河道清淤工程：此类工程有后续工作处理（淤泥的处理填埋等），对淤泥的处理填埋凭证资料要特别重视。目前我国对环保方面有严格要求，淤泥处理不当可能造成后续款项的扣除。在合同中注明需提供的淤泥处理凭证资料，实时收集资料，形成台账，既是对分包施工进度的实时监控，也是对项目部的一种保护。

（2）管道修复工程：在修复前后需要进行 CCTV 检测，此类有检测要求的工程可能出现支付工程款后因检测不合格需要返工，导致影响项目部从业主处收款的风险，项目部应在报告出具后才进行分包报量计量，并以出具的报告进行报量把控。

（3）截污管线工程：由于截污管线铺设多在民房或河涌边上，容易对周边房屋及地下管线造成损坏，可能出现阻工、征地影响及安全风险，对项目工期成本及相应的赔偿成本管控造成不良影响。

（4）生态修复工程：生态修复后续维护费用及运营费用视现场水质而定，成本管控难度大，且此为新生业态子项工程，招标时利润控制有难度。

（5）泵闸站工程：泵闸站工程多在河涌边建设，地质条件难测，存在措施费用超标风险。

8.2.3　基础设施改造类项目成本风险因素识别

1. 施工方案选择

市政工程具有施工规模大、施工复杂的特点，这里所指的复杂是说周围施工环境的复杂，以及工程内部不同部门、不同单位和不同工种之间的配合与协调具有一定的复杂性。因此，科学、合理的施工方案能对各生产要素的组合起到一定的优化作用，同时，能使所有的资源得到最大化的利用，在保证工程质量的前提下缩短工期等，进而使工程施工成本得到大幅度的降低。

2. 设计变更

变更因素主要是指目前所签订的各种合同受某些因素的影响而发生的各种变更问题。这种变更是没有出现在工程计划中的，是随机出现的，从而对工程项目的成本管理造成了很大的困扰，对市政工程项目的成本管理造成十分不利的影响。

3. 政策性因素

市政工程是公共性的工程，是由政府投资建设的，因此，市政工程项目的审批与其施工建设必然涉及众多的法律和政府文件。一般来说，作为一项公益性的施工项目，市政工程的整体利润较低，因此需要政府政策的倾斜与扶持。但是，有些情况下，因政府领导层或者不同政府部门间的变动可能会使政策出现倒退和取消。

4. 项目管理

企业及项目都在追求成熟与科学有效的管理，因为管理在工程项目中有着重要的作用。市政工程项目具有公益性，这就决定了市政工程项目不可能有暴利，而且政府可能对工程的利润空间有意地进行压缩，因此其降低成本时要采用高效的管理进行，从而使施工单位追求的目标就是获得更高的利润。

8.2.4　老旧小区片区改造类项目成本风险因素识别

1. 建筑垃圾超量

拆改项目中会产生大量的建筑垃圾与生活垃圾，在签订合同时，应尽量避免总价合同。对建筑垃圾，拆除阶段产生的建筑垃圾体积不规整，并伴随着一定量的门窗等较为大型的建筑垃圾，在后续的建筑垃圾运输过程中，会产生远超理论计算值的垃圾运输费用。

2. 原有建筑老化

城市更新项目中，部分小型的建筑多为砖混结构，施工前要全面评估结构的稳定性及其是否满足后续施工要求。常见的问题有：地基不均匀沉降与砖块老化，导致结构开裂；原有结构墙体因建筑物沉降而扭曲变形；室内楼板弯曲变形，平整度不足；老墙体承载力不足，导致后期施工完成后墙面出现大量裂纹。

3. 施工场地限制

对大部分城市更新项目，都难以拥有足够宽阔的施工场地进行施工。现场的空间不足，会引起一系列的问题，如没有地方堆放材料、缺少工人宿舍、无法进入大型机械器具、安全生产隐患等。

材料：材料无法一次性入场，会增加相关的材料运输及管理成本，场地小也代表着现场人员混杂，材料会有意外损坏的情况。

工人宿舍：由于大多施工项目的工期都较为紧张，为了满足工期需要，项目正式施工阶段会同时存在大量的施工工人，现场没有工人宿舍时，会额外增加一笔安置工人的成本。无论是增加工人的安置成本，还是减少工人数量，导致施工进度滞后都会对项目进度及成本控制产生影响。

机械器具：部分施工需要有大型的施工器械辅助，全部使用小型机械施工，会降低施工效率，增加施工成本。

安全生产隐患：由于场地小，同时施工的人数多，现场的管理想要达到规范化标准，要额外投入更多的精力与成本。

4. 图纸与现场情况冲突

老旧建筑的施工蓝图大多不齐全或者与实际情况不符，且测绘过程中，由于有二次结构的遮挡与限制，建筑结构的测绘常常会有所遗漏，反馈到设计阶段，新设计可能会与现有的建筑结构存在冲突。例如，某项目有砖混结构的一个小楼，在前期的测绘阶段，测绘成果图上因二次结构遮挡的结构梁，在实际原有二次结构拆除施工中被拆除了一部分。虽然现场管理人员及时发现问题，并进行了暂停施工，没有造成重大影响，但也造成了一定的窝工现象与施工进度滞后。同时由于楼板梁的存在，在后续的装修施工中，室内吊顶的高度也不能满足原有设计的高度，从 2600mm 降成了 2300mm。由于高度的降低，吊顶上的装饰挂板也不能正常施工。

因图纸与施工现场情况冲突，对项目的工期、施工质量都造成了一定的影响。虽然可以通过施工管理人员的及时发现与沟通进行解决，但也会影响项目的正常施工进度，从而增加施工的各项成本。

5. 其他风险因素

（1）改造过程要保证居民的安全出行及正常的日常生活，因此需要大量的安全措施费用。因居民在施工区域不会按照封闭的项目管理佩戴安全帽等防护用品，若居民发生安全事故，将承担善后的费用。

（2）因老旧小区片区建造年代久远，结构安全状况不是很清楚，若改造过程对结构安全造成影响，结构加固、解决居民住宿及家里恢复等将产生较多费用。

（3）应居民的需求增加的改造内容，不在政府的改造清单内，后期结算不知道能否确认。

（4）改造过程对居民的原有设施造成损坏承担的赔偿费用。如屋面改造对居民太阳能造成损坏、外墙改造对居民空调造成损坏等，由此产生的费用只能由项目自行承担。

（5）工期罚款。因老旧小区改造进场的不确定因素较多，许多小区需要物业、产权单位、小区业主等同意后方可进场，施工过程中存在居民故意阻挠施工的情况，影响施工进度。

（6）老旧小区位于市中心，材料堆放场地有限，在每个小区选择一块场地进行堆放材料，因小区较分散，存在失窃的可能性较大。

（7）一些小区的建筑面积较小，但是改造内容较多，工程造价很容易超出政府控制的每 $1m^2$ 500 元造价（西安地区）。

（8）相同材料的不同厂家价格相差很多，政府对材料品牌没有控制，企业为保证施工质量，要求采购材料在企业品牌库内，后期与业主的结算价格暂不确定。

（9）施工质量问题不能满足验收条件或影响居民生活，返工会产生费用。如屋面防水及保护层施工完成后存在漏水现象，室外雨污水管网施工完成后存在堵塞现象等产生返工的现象。

8.3　城市更新项目成本控制

8.3.1　公建场馆改造类项目成本控制

1. 标价分离表的制定建议

在编制标价分离表时，对专业分包成本需着重把控，多询价，或者选择分供商实地踏勘后的报价作为成本依据。如不熟悉的异型幕墙、结构加固等专业工程，应充分考虑材料涨价所带来的风险。

对劳务分包成本，应充分考虑现场实际工况，或者现场测算施工成本，比如二结构砌墙在无施工电梯、在墙体不规则等情况下导致的人工降效所带来的成本增加。

对措施费成本，应充分考虑后期变更带来的一系列成本增减，当然对脚手架成本，施工前务必优化搭设方案；对拆除工程现场务必认真踏勘，充分考虑回收收入及垃圾外运成本；因城市更新项目载体为原有结构，对原有结构各项检测成本也应充分考虑。

2. "双优化"措施及方向

对专业分包工程，"双优化"尤为重要，如幕墙工程中 GRC 修复工序优化、透光及非透光混凝土板连接方式优化等，充分考虑现场工况，以最优方案达到施工效果。

对脚手架工程，"双优化"方向为优化方案减工期，以达到总包措施费包干的情况下缩减成本，如利用格构柱替代满堂钢管脚手架，既满足施工要求又缩减工期。

对拆除工程，务必认真踏勘拆除工程现场，通过公司、分公司资源整合拆除分包进行现场踏勘后报价，多家比价，最终在总包措施费包干的情况下减小成本。

3. 项目实施过程中总结的较为有力的措施和方向

（1）因投标时未必熟悉现场工况等原因，脚手架投标时不一定能满足现场施工，或者说不是最优方案，务必在施工过程中重新优化方案。

（2）因投标时未必了解现场工况等原因，拆除工程投标时若业主要求总价包干，务必在中标后第一时间踏勘现场，了解实际拆除体量，从而优化拆除方案，减小成本。

（3）因城市更新项目一般所处位置为市中心，临时设施租地便成为一大难题，特别是上海这类一线城市。所以在中标后充分利用局、公司及分公司等各方资源，在成本最低情况下满足临时设施搭设，比如与业主沟通利用某块暂未开发场地等。

8.3.2 环境整治提升类项目成本控制

1. 标价分离表的制定建议

（1）按项目成本构成进行分解测算，可集思广益考虑从项目初期成立到项目结算完成的全过程成本，包括初期运营成本及后期结算成本等。

（2）结合项目实际，充分考虑实际工期延误的情况可能导致增加的成本。

（3）如有现金流不足需要企业垫资的，应考虑借款利息计入成本。

（4）标价分离时首先应价税分离，而后单独计算税金。

2. "双优化"措施及方向

（1）应从施工工艺上做优化设计，增加利润空间大的项目，减少利润空间少的项目，如管道修复工程、搅拌桩改旋喷桩、减少水利泵闸站工程等，利用设计变更提高利润空间。

（2）可从利润前置方向进行优化，如提高付款比例、前置材料调差时间点、前置运营期费用、由整体竣工结算改为子项竣工结算等。

8.3.3 基础设施改造类项目成本控制

以某一基础设施改造"双优化"（设计优化、方案优化）为例，分享施工企业在基础设施改造类项目中可采取的优化内容及方向。基础设施改造类项目"双优化"实例见表8.1。

表 8.1 基础设施改造类项目"双优化"实例

序号	优化项目名称	"双优化"项目简述		优化类别/方案/设计	效益/万元
		原方案或设计内容	优化后内容及其优势		
1	管廊基坑支护形式设计优化	综合管廊基坑支护原设计为钢板桩＋钢支撑支护形式	由于市场行情的变化，钢板桩施工为本项目的亏损点。根据现场水文地质情况，经与业主、设计沟通，将钢板桩支护改为SMW工法桩支护，提高了基坑支护的稳定性和安全性，增加了效益	设计	
2	综合管廊支护结构与侧墙之间间隙处理设计优化	合同中约定综合管廊支护结构与侧墙之间的间隙处理费用采用总价包干，原设计间隙1m	经分析1m处理成本费用远超过总包合同包干费用，经与业主、设计协商，将1m间隙调整为小于20cm，节约了成本投入，扭亏为盈	方案	
3	土方减亏	管廊支护结构与侧墙之间的间隙为1m	通过支护桩与侧墙之间衬砌结构尺寸优化，缩小外放距离，减少土方开挖量及外运量	设计	
4	管廊支护形式优化	共建段原支护形式为SMW工法桩	经过与设计单位的沟通，已将共建段支护形式由SMW工法桩变更为双排三轴＋钻孔灌注桩	设计	

续表

序号	优化项目名称	"双优化"项目简述		优化类别:方案/设计	效益/万元
		原方案或设计内容	优化后内容及其优势		
5	抗裂剂优化	原设计中主体结构混凝土中无抗裂剂	通过与设计、业主沟通,混凝土配合比试配等工作,明确管廊主体结构 C35 P8 混凝土添加镁质抗裂剂(含量23kg/m³)	设计	
6	钻孔方式优化	原方案钻孔灌注桩采用正循环成孔	桩基采用旋挖钻成孔,由于作业环境是老路上,旋挖钻有利于护筒埋设,成孔速度快,效率高,泥浆可以循环使用,减少造浆量,可以降低成本,环境污染小,便于文明施工管理	设计	
7	减小钻孔灌注桩孔钻长度优化	原方案钻孔灌注桩开钻地面标高为原有路面标高	经项目部分析,钻孔灌注桩可以在开挖基坑至第一道支撑处开钻,减小空钻长度	施工方案	
8	管廊基坑降水优化	原设计图纸中,降水管井为16m布置一处,原有地质情况下,地下水丰富	1)通过与业主、设计的沟通,加大地基双轴搅拌桩加固的范围及深度,使地基具备"自防水",减少降水井的数量及运营时间,降低基坑降水的费用 2)通过招标约定结算方式:基坑降水上限为总包投标价,现场实际降水费用小于投标价按现场实际计,超过投标价,按投标价包干计	设计	
9	管廊钢筋连接优化	原设计图纸中规定:受力钢筋直径≥25mm 时,可采用机械连接接头	考虑现场钢筋连接的质量,与设计单位沟通,≥18mm 的钢筋全部采用机械连接,过程计量及结算按图纸设计计算数量及工程量	设计	
10	管廊基坑地基加固优化	综合管廊基坑坑底以下搅拌桩加固深度为3m	由于地质条件复杂,为确保基坑安全稳定及减小土方开挖对基地的扰动,经与业主、设计沟通、计算,将坑底以下搅拌桩加固深度调整至6m,提高了基坑支护的稳定性和安全性,增加了效益	设计	
11	隧道地基加固形式优化	原设计中,隧道基坑地基加固为裙边加固	由于地质条件复杂,为确保基坑安全稳定及减小土方开挖对基地的扰动,经与业主、设计沟通、计算,将基坑地基加固形式优化为裙边加固＋抽条加固形式	设计	
12	隧道钢筋连接方式优化	原设计图纸中规定:受力钢筋直径≥25mm 时,可采用机械连接接头	考虑现场钢筋连接的质量,与设计单位沟通,受力钢筋直径≥22mm 钢筋全部采用机械连接,过程计量及结算按图纸设计计算数量及工程量	设计	
合计(万元)					

8.3.4 老旧小区片区改造类项目成本控制

1. 标价分离表制定

（1）投标时，尽量选择具有较为完整图纸的项目。城市更新由于是在原有建筑的基础上进行施工，没有一套较为完善的图纸指导施工，在后续的施工过程中会增加非常多的施工内容，后续增加的施工内容无法按照标准的控制价进行约算，因此会使标价分离后的成本亏损较大。

（2）制定标价分离表时，每一项工作内容的单价要更加倾向于当时的市场控制价，而不是企业的控制价。由于城市更新类项目的工作内容相比较大型土建项目来说更加琐碎，部分分项工程的施工很难通过大面积的施工来压缩施工时的成本。

2. 施工过程成本控制

（1）设计时根据改造内容及每个小区的建筑面积，针对每个小区在设计图完成后，完成施工图纸预算，针对政府控制价调整设计图纸。对居民要求改造但不在改造清单内的，及时与监理单位进行确认，为后期结算提供依据。

（2）施工前，对建筑物的建造年代、结构安全进行了解，存在安全隐患无法施工的，及时上报业主，请业主下发指令，对结构进行加固处理。

（3）减少因居民的安全事故产生的费用，加强现场的安全防护工作，做好居民出行的安全管理，保证居民的安全生活。施工过程中对居民的原有生活设施做好保护措施，屋面施工做好对太阳能的保护，外墙施工做好对空调外机的保护等。

（4）针对面积较小的小区，设计完成后，及时进行测算，看施工图预算是否超标，及时进行调整。

（5）进场材料选择一块场地，搭设围挡，保证材料封闭管理，减少材料丢失的可能。

（6）相同材料的不同品牌，价格相差很多，进场后及时同监理进行验收，并留好材料的质量保证资料。

（7）针对小区进场困难，及时与业主发文，进场后及时与业主确定进场时间。过程中遇到一些不可抗力因素，也及时与业主进行确认。

3. "双优化"（设计优化方案优化）

（1）现场"双优化"的方向可以着重于寻找现场现有条件的利用，对部分情况良好的原始结构，可以考虑进行充分的利用，以此减小过程中的施工成本。例如对地面施工，对施工成品质量无特殊要求的项目，如果原有建筑地面的平整度足够，可以减少现场地砖的凿除重修量，直接对原有的地面进行一定的表面处理之后，再进行自流平找平，这样既可以减小施工的成本，也可以缩短施工工期。

（2）对改造内容不多的项目，也可以使用现场原本的水管或电箱进行临水、临电的铺设，可以减小一定的临建成本。对原有的污水管道也可以在施工期间多加以利用，临时卫生间和污水排放点建立在原有的污水管道之上，可以减少一笔搭建化粪池和处理污水的费用。

（3）对项目内原始存在的，有较高保存价值的树木，可以进行一定的利用。老旧建筑周围往往存在一些树龄较高、具有观赏或实用价值的植物，并且有些特殊的属于古树名木的树种按规定是不能随意砍伐的，对这些树木的合理运用，能为项目增加一部分效益。

9 城市更新项目安全与环境管理

由于城市更新项目特殊的地理位置和影响力，安全与环境管理是城市更新项目的重点内容。本章阐述了不同项目类型的安全与环境风险因素的识别方法，并就具体的安全与环境风险因素，基于项目实际提出了详细可行的安全管理和环境保护措施。

9.1 城市更新项目安全与环境风险

9.1.1 公建场馆改造类项目安全与环境风险识别

公建场馆改造类项目一般为保留建筑改造工程，根据施工内容全面识别风险源尤为重要。公建场馆改造类项目一般具有拆除作业、结构加固作业、外立面施工作业、机电安装作业、装饰装修作业等施工内容。这些施工内容一般涉及大量的高空作业、动火作业。其中，高空作业分为临边、洞口、攀登、悬空、交叉作业。公建场馆改造类项目现场大量的高空作业通常涉及的作业方式主要为各类操作平台作业、各类高空作业车的作业。

操作平台作业在公建场馆改造类项目中极其常见，而在项目安全管控过程中可能出现由于作业面太散、太广，部分操作平台存在未按方案要求搭设，且搭设完成未进行验收即使用等风险因素。高空作业车的使用主要由于操作简便，导致部分作业人员未持有培训证书，而且城市更新项目的作业环境复杂，导致高空作业车所处的环境易存在问题，如出现地基不稳固、承载力不足等情况。

公建场馆改造类项目根据其施工内容的特点有大量的动火作业，因为动火作业的点太过于分散且量极大，导致现场管理过程中难度较大，易出现部分动火点监管不到位的现象。

公建场馆改造类项目一般拆除改造工作量大、专业交叉配合多；钢结构吊装工程量大、难度高，需分析施工现场潜在的各种安全隐患，确定工程安全施工管理的重点、难点（表9.1）。

表 9.1 安全施工管理重点、难点分析

序号	重点、难点	分析
1	安全教育工作	参建队伍、人员多，专业复杂，如何提高施工作业人员的安全意识与安全保护能力是安全管理的重点
2	支撑、防护架体的安全性	外立面普遍呈不规则斜面，搭设难度大，支撑、防护架体的安全性是难点
3	拆除破碎、静力切割	拆除量大，需要采用破碎和切割等方式进行拆除，施工过程中可能产生钻头伤害、触电、机械伤害等，拆除后清理运输工作多，施工过程中的安全性是重点

序号	重点、难点	分析
4	钢结构施工防护	竖向存在各专业施工交叉，这种立体交叉作业对施工安全防护（如防高空坠物、焊接防火等）提出了更高的要求，因此立体交叉作业安全防护是整个项目施工安全管理的重点、难点 构件单件质量大，需要分段吊装，现场需要通过支撑体系和搭设安全操作平台来完成高空拼装，因此如何保证支撑体系和平台的安全很关键 小空间钢结构施工构件的安装定位困难
5	高空作业防护	有钢结构、屋面拆改、顶板拆除、幕墙等施工，高空作业工作多，吊装量大，高空作业防护的安全性是重点
6	消防安全	钢结构、幕墙、机电工程量大，动火作业多，场地面积大，防火管理难度大，现场防火工作是重点

9.1.2　环境整治提升类项目安全与环境风险识别

在施工过程中，存在的共有的危害因素有高空坠落、物体打击、机械伤害、车辆伤害、起重伤害、触电、中毒窒息、淹溺事故、地下管线损坏等。

1. 项目整体风险

环境整治提升类项目整体风险见表9.2。

表9.2　环境整治提升类项目整体风险

序号	类型	重大风险描述	施工部位	控制要点
1	土方开挖	机械、车辆伤害，土方坍塌，支撑或围檩掉落伤人	截污管道、顶管工作井及接收井、地面基层	制定专项方案；组织专家论证；执行管理规划和制度；制定应急预案；教育和培训；现场监督检查；许可证制度；信息化监测
2	基坑支护	支护稳定性	基坑侧壁	执行管理规划和制度；制定应急预案；教育和培训；现场监督检查；许可证制度；信息化监测
3	起重吊装（汽车式起重机）	高空落物、机械倾覆	所有部位	制定专项方案；执行管理规划和制度；制定应急预案；教育和培训；现场监督检查
4	水上作业	淹溺	河道清淤、水上运输及围堰施工	制定专项方案；执行管理规划和制度；制定应急预案；教育和培训；现场监督检查；配备特殊防护用品
5	暗渠清淤	淹溺、中毒	暗渠清淤	制定专项方案；执行管理规划和制度；制定应急预案；教育和培训；现场监督检查；配备特殊防护用品
6	受限空间作业	窒息、中毒	涵洞清淤、顶管施工及管道清淤	制定专项方案；执行管理规划和制度；制定应急预案；教育和培训；现场监督检查；组织验收；配备特殊防护用品；许可证制度

续表

序号	类型	重大风险描述	施工部位	控制要点
7	模板工程	排架倒塌、火灾	工作井、接收井及泵闸站施工	制定专项方案；执行管理规划和制度；制定应急预案；教育和培训；现场监督检查；组织验收；配备特殊防护用品
8	流动机械	机械伤害	所有区域	执行管理规划和制度；制定应急预案；教育和培训；现场监督检查；组织验收
9	场内（外）交通	车辆伤害	施工道路	执行管理规划和制度；制定应急预案；教育和培训；现场监督检查
10	交叉作业	机械、车辆伤害，物体打击	截污管道、顶管工作井及接收井施工	执行管理规划和制度；制定应急预案；教育和培训；现场监督检查；配备特殊防护用品
11	危化品管理	中毒、火灾、爆炸	仓库及现场	执行管理规划和制度；制定应急预案；教育和培训；现场监督检查；配备特殊防护用品
12	消防安全	火灾、爆炸	所有部位	执行管理规划和制度；制定应急预案；教育和培训；现场监督检查；配备特殊防护用品
13	防台风、防汛、防暑	物体打击、溺水、中暑	所有部位	执行管理规划和制度；制定应急预案；教育和培训；现场监督检查；配备特殊防护用品
14	临时用电	触电、火灾	所有部位	执行管理规划和制度；制定应急预案；教育和培训；现场监督检查；组织验收

2. 各子项工程风险

（1）截污工程安全管控风险。截污工程安全管控风险见表9.3。

表9.3　截污工程安全管控风险

风险	诱导因素	事故后果	防范措施
管线破损	1）管道防腐措施不到位，导致管道系统腐蚀损坏 2）外力破坏，如长时间重型车辆碾轧等，造成管道爆裂 3）直埋敷设的管道因未设置醒目的警示标识，相邻项目施工中挖断管道 4）温度改变引起的管道热应力开裂常发生在新管网投产时及在管网启停或管网受冲击时，发生的部位以管网的固定支架连接处为主	设备损坏、人员伤亡	1）管道敷设中应按有关标准规范的要求采取防腐措施 2）管道直埋敷设时应采取相应的防范措施，比如设置防沉降措施 3）运行过程中应严格按规程操作，避免管路瞬时冲击载荷过大或产生水击 4）直埋敷设的管道系统应设置醒目的"禁止开挖"警示标识
管线冻结	冬季温度过低使管线冻结	环境污染、设备损坏	提前预防，做好管线保温防护

风险	诱导因素	事故后果	防范措施
中毒窒息	1）有限空间内缺氧 2）指挥错误、操作错误（包括误操作、违章作业等）、监护失误等行为性危险、有害因素 3）缺少个体防护用品及应急救援器材 4）有限空间作业人员安全技能不足	人员伤害	1）有限空间作业前和作业中应采用自然通风，必要时采取强制通风措施，降低危险，但严禁使用纯氧进行通风，有限空间空气应符合现行《缺氧危险作业安全规程》（GB 8958）的要求 2）对参加生产的各类人员进行安全、卫生、知识培训和考核；不允许未掌握本专业及本岗位生产技能、个体防护用品的使用和维护、应急处理和紧急救护的方法的人员上岗 3）对工程各岗位生产过程中可能存在和产生的危险、有害因素，作业过程未采取的预防措施进行宣传和说明，确保上岗人员清楚本岗位可能存在的危险、有害因素，掌握作业过程应采取的防范措施 4）特种作业人员严格考核，按有关规定持证上岗
物体打击	1）坠落物：高空有未被固定的浮物因被碰撞或因风吹等坠落，工具、物体等上下抛掷、掉落，起重吊装时捆扎不牢或物体上有浮物或吊具强度不够或斜吊斜拉致使物体倾覆，起重用吊具、索具存在变形、裂纹、磨损等缺陷 2）行为性危险、有害因素：违反"十不吊"，在起重或高空作业区域行进或停留，在高空有浮物或设施不牢固将要倒塌的地方进行或停留，未戴安全帽 3）吊具有严重缺陷 4）违章作业、违章指挥、违反劳动纪律	人员伤害	1）起重设备按规定进行检查、检测，保持完好状态 2）起重作业人员要持证上岗，严格遵守"十不吊" 3）不在起重作业、高空作业、高空有浮物或设施不牢固处行进或停留 4）需要的物件应摆放固定好 5）将要倒塌的设施及时修复或拆除 6）起重作业应由一人负责指挥 7）作业人员要穿戴好劳动防护用品 8）进行防止物体打击的检查和安全管理工作
触电伤害	1）电工或非电工违章作业，防护用品、电动工具使用方法未掌握 2）带电部位裸露，如空气潮湿、安全距离不够造成电击穿，高压线路电缆断裂等 3）绝缘损坏、老化造成设备漏电 4）静电 5）设备选型和投运时防误装置不到位，不具"五防功能"，调试和投运后防误装置管理不到位 6）标识缺陷 7）恶劣气候与环境，如雷雨、大风、地震等 8）管理缺陷，如验收、检验、更新程序缺陷，维护、检修时安全措施不周或不到位	人员伤害	1）在人员经常通行、工作或易于接触电气设备的部位设置保护网，电气设备、集电线路等严格按规范设计，保证安全距离 2）制定完善的各类电气设备的使用、保管、维修、检验、更新等管理制度并严格执行 3）对特种电气设备采取培训上岗、专人使用制度 4）建立健全防护用品的采购、验收、保管、发放、使用、报废等管理制度 5）电气设备金属外壳接地（零） 6）根据工种配备必需的防护用品并正确使用，如绝缘鞋、绝缘手套、绝缘安全帽等 7）设计时考虑检修电源、保安器等 8）作业人员必经上岗培训，掌握安全作业知识 9）插座供电回路中设置漏电保护装置 10）所有生产人员应熟练掌握触电现场急救方法

续表

风险	诱导因素	事故后果	防范措施
机械伤害	1) 操作错误：人体靠机械太近，检修时没有停车，带险作业，检修时监护失误，运动状态时清理环境、擦拭设备等 2) 作业人员及机械设备无防护 3) 机械运动部位防护不当 4) 设备突然启动 5) 运动部件飞出导致飞溅物伤害	人员伤害	1) 制定完善的设备运行和维修安全操作规程，并严格执行 2) 检查设备及紧急停车开关时必须停车，切断电源，必须有人监护等 3) 正确穿戴劳动防护用品 4) 确保设备的正常运转 5) 机械旋转部分应采取防护罩等防护措施 6) 进行安全技能、安全知识的培训，提高工人的安全意识和总体素质 7) 应急预案的设计和培训
车辆伤害	1) 负荷超限，如疲劳驾驶等 2) 违章作业，如驾驶员违章行驶，驾驶员精力不集中（如抽烟、谈话等），酒后驾车，车速太快或超载驾驶等 3) 设备、设施缺陷，如车辆有故障刹车无效等 4) 室外环境不良，如路面有缺陷、障碍物、冰雪，恶劣气候与环境（大雾、冰雪、暴雨、冰雹）等 5) 标识缺陷，如急转弯等危险部位未设置安全标识或缺少标识	人员伤害、设备损坏	1) 应设置标识清晰的道路标识、警示标识 2) 严格执行交通规则及厂区行车规定，保持车速，及时避让车辆、行人 3) 驾驶人员驾驶车辆时应保持注意力集中，持证驾驶，安全驾驶 4) 加强车辆维护，保证车况良好 5) 加强道路维护，保证路况良好 6) 加强外来车辆管理

（2）清淤工程安全管控风险。除表 9.3 中所罗列的风险因素外，清淤工程安全影响因素还涉及起重伤害、淹溺事故，见表 9.4。

表 9.4　清淤工程安全管控风险

风险	诱导因素	事故后果	防范措施
起重伤害	1) 水闸闸门、启闭机在使用过程发生吊物坠落等 2) 吊索、吊具、吊点选择不当 3) 起重大件吊装未捆扎牢固，或吊索强度不够，或斜吊斜拉致使物件倾覆等 4) 精力不集中，起重司机和挂吊工配合失误 5) 违章操作，指挥失误 6) 起重人员无特种作业证 7) 高空作业人员带病工作，酒后工作 8) 起重设备未经有资质的单位设计、制造、安装，起重设备设计不合理，制造不合格，出厂不具备"三证" 9) 未采用有合格证明、出厂证明的安全装置、过卷装置、行程开关、警铃、标识等设备 10) 起重机械未办理登记 11) 起重机械未检修。起重吊装使用的起重机未保养检查，性能不好	人员伤害	1) 加强安全管理，建立健全安全操作规程，对设备开动时有危险的区域，不准人员进入 2) 不得使用不合格吊索，起吊物锐处必须有衬垫；定期检查钢丝绳、吊钩等重要零部件，严禁使用有裂纹的吊钩和损坏的起吊绳 3) 起重作业要严格遵守超过额定负荷不吊、指挥信号不明或乱指挥不吊、工件紧固不牢不吊、吊物上面站人不吊、安全装置失灵不吊、光线阴暗看不清不吊、工件埋在地下不吊、斜扣工件不吊、棱刃物体没有衬垫不吊 4) 作业人员必须经过专门培训，考试合格，持证上岗 5) 不在起重作业、高空作业、高空有浮物或设施不牢固处行进或停留，加强对职工进行有关的安全教育，设备应按规定定期检测，保证设备的完好性，起重机应由一人指挥

风险	诱导因素	事故后果	防范措施
			6）作业人员必须经过专门培训，考试合格，持证上岗。起重人员按照《特种设备作业人员监督管理办法》（中华人民共和国国家质量监督检验检疫总局令第140号），经考试合格，取得质量技术监督部门颁发的"特种设备作业人员证"，持证上岗 7）严禁高空作业人员带病工作、酒后工作 8）起重设备必须经有相应资质的单位设计、制造，产品符合有关安全技术规范及相关标准的要求，随机的产品技术资料齐全，出厂时有"三证"，且有必要的产品鉴定证书，并经质检部门检验合格、登记备案后才能使用 9）采用有合格证明、出厂证明的安全装置、过卷拍装置、行程开关、警铃、标识等设备 10）使用单位按照有关规定向检验检测机构提出首次检验申请，经检验合格，办理使用登记，依法投入使用 11）起重吊装设备应定期交给有相关资质的单位进行检修、保养，保持性能完好
淹溺	1）渠道防护设施不健全，人员掉入水中 2）人员安全意识差	人员伤亡	1）渠道周围必须有防护设施 2）加强对作业人员的安全培训

9.1.3 基础设施改造类项目安全与环境风险识别

在项目正式开工前，编制了项目安全管理策划，建立项目安全管理体系，并对项目的重大危险源进行了排查，对日后的安全管控工作具有重要的指导意义。应将安全责任制具体到人，安全管控，人人有责。

项目严格按照企业要求执行安全巡查检查制度，所有管理人员兼管整个工地的安全文明施工，除每日对工地的安全巡查和重大危险源进行旁站外，还定期或不定期联合总包、监理，以及各分包施工队对施工现场进行安全大检查，发现隐患落实责任整改。

在现场显眼位置设置形象安全宣传标语，粘贴重大危险源公示牌，以及零容忍分解清单，对现场管理人员和劳务人员进行警示。

在基础设施改造类项目施工过程中，有可能出现的安全影响因素见表9.5。

表9.5　基础设施改造类项目安全影响因素

作业活动	存在危险源	可导致的事故类型	是否重大危险源	安全控制措施
安全管理	施工组织中安全措施的管理未结合施工实际情况要求	各类伤害	否	根据法律法规、相关标准及规定并结合本项目施工特点制定

续表

作业活动	存在危险源	可导致的事故类型	是否重大危险源	安全控制措施
安全管理	未制定施工方案或施工方案内容无针对性	各类伤害	否	施工方案要结合现场实际情况并根据施工组织制定
	未对危险性较大工程进行安全风险评估	各类伤害	否	根据文件和规范要求对危险较大工程进行安全风险评估
	未制定危险较大工程施工安全专项方案或方案内容无针对性	各类伤害	否	根据危险性较大安全风险评估并结合现场实际情况制定安全专项方案
	各工种未按照安全操作规程作业	各类伤害	否	加强现场安全检查
	未进行安全技术交底或安全技术交底无针对性	各类伤害	否	开展安全技术交底，内容要结合实际情况
	未对工人进行职业健康和危险有害因素告知	各类伤害	否	对新进场工人进行职业健康和危险有害因素告知
	施工队伍无安全生产许可证或企业无资质、违法分包或转包	各类伤害	否	不得违法分包或转包，不得让无资质的企业参与施工
	特种人员无证上岗	各类伤害	否	特种人员必须持证上岗
	安全标识的管理不符合要求	各类伤害	否	加强管理，设置专职安全员
	防护用品的管理不符合要求	各类伤害	否	加强管理，设置安全员
	各类违章作业	各类伤害	是	经常性教育检查，坚决杜绝各类违章作业
	无安全警示标识或标识不醒目	各类伤害	否	加强对安全标识的检查，及时更新安全标识
	消防设备不齐全或失效	各类伤害	否	定期对消防设备进行检查，及时更换失效的设施
路基工程	土方边坡未做截水沟就开始刷坡	坍塌	否	边坡开始刷坡前必须做好截水沟
	路堑边坡顶边缘堆放材料和杂物	物体打击	否	严禁路堑边坡顶边缘堆放材料和杂物，加强现场安全检查
	土方车运输水箱未装水给车轮降温	车辆伤害	否	一是定期检查运输车辆水箱，二是降低运输道路坡度和晒水
	高陡边坡作业未设置开挖缓冲沟等安全防护	物体打击	否	高边坡作业设置安全防护
	潜孔桩钻孔吹孔压力过大	物体打击	否	采用自控式空压机定期检查压力开关装置

作业活动		存在危险源	可导致的事故类型	是否重大危险源	安全控制措施
混凝土工程	起重机	吊运重物从人上方通过	起重伤害	否	严格按照操作规程作业
		物件吊起时人员在下面停留、行走	起重伤害	否	严格按照操作规程作业
	混凝土罐车	施工车辆带故障作业（转向装置、刹车装置失灵）	车辆伤害	否	加强对施工车辆的维修保养，保证车辆安全可靠
		交叉路口未避让车辆、减速行驶	车辆伤害	否	设置警示牌提醒车辆减速行驶
		车辆行驶速度快	车辆伤害	否	设置警示提醒标识
		未设置夜间反光标识	车辆伤害	否	设置反光标识
	切割机	电气设备的传动带、转轮、飞轮等外露部分没有按规定安装防护罩	机械伤害	否	经常性检查防护罩，保证牢固可靠
施工便道		车辆行驶速度快	车辆伤害	否	设置警示提醒标识
		未设置夜间反光标识	车辆伤害	否	设置反光标识
		边坡坡度陡，未对边坡采取防护措施	坍塌	否	对松散泥土或坡度较陡的边坡进行防护，设置警示标识
		路面湿滑，未清除路面的泥泞及排水沟堵塞	车辆伤害	否	清除路面泥土，并安排人员定时清理
（基坑）沟槽作业		雨期进行开挖	坍塌	否	严禁雨期开挖
		基坑（沟槽）未分级开挖	坍塌	否	基坑开挖层层分级开挖
		临路基坑（沟槽）无防护或防护不到位	坍塌	否	经常性检查基坑防护情况，无防护不得施工
		超5m及以上基坑（沟槽）开挖	坍塌	是	严格按照方案进行施工
电气焊作业		夜间施工照明不足	其他伤害	否	按照施工要求加设灯光照明
		特种作业人员无证上岗	各类伤害	否	特种作业人员必须持证上岗，遵章守纪
		火花飞溅	灼烫	否	设置防护挡板，拦截火花
		室内、密封容器内焊接作业无烟尘排放措施	中毒和窒息	否	室内、密封容器内施焊前设置通风措施，防止中毒
		操作场所附近有易燃物	火灾	否	远离易燃物进行施焊作业
		焊接时无防火措施，产生弧光、有毒气体	中毒和窒息	否	制定防火措施，杜绝弧光和有毒气体对人体的侵害
		施焊结束后没有对作业场所有无起火迹象进行检查	火灾	否	施焊结束后对作业场所进行彻底检查，看是否存在明火
		乙炔瓶无防回火装置	其他爆炸	否	乙炔瓶安装防回火装置

续表

作业活动		存在危险源	可导致的事故类型	是否重大危险源	安全控制措施
起重吊装作业		起重设备未经检测办理备案投入使用	各类伤害	否	起重设备必须经过检测合格办理备案方可投入使用
		未进行试吊就吊装作业	起重伤害	否	作业前进行试吊,否则不得进行吊装作业
		超负荷使用	起重伤害	否	严格按照操作规程作业,不得超负荷使用
		每次开车前未检查机械和电气设备情况,操作系统不灵活	起重伤害	否	经常检查机械和电气设备开关的灵活情况
		起重设备基础支撑不牢	起重伤害	否	起重设备基础应符合规范要求
		起重制动装置失灵	起重伤害	否	经常性检查设备制动装置,发现缺陷后及时更换
		工作完毕后,未开到指定地点,未将所有手柄均转到零位,切断电源	起重伤害	否	严格按照操作规程作业,完工后开到指定位置,所有手柄归零
		长时间吊装重物于空中停留,司机和地面指挥人员离开吊装区	起重伤害	否	经常性检查,必须进行完一个工作循环才可休息
		吊运物品时从人头顶通过,开车前未发出开车警告信号	起重伤害	否	指挥员严格监控地面人员,开车发出报警信号
		钢丝绳断股或变形严重仍继续使用	起重伤害	否	达到报废标准必须报废
		机械设备回转半径内有人	机械伤害	否	机械设备回转半径内不得站人
		两台或两台以上设备同时作业未保证作业安全距离	机械伤害	否	机械设备同时作业必须满足安全距离
		机械设备施工与基坑槽距离不满足安全要求	机械伤害	否	大型机械设备不得靠近基坑槽
		未配置司索工	起重伤害	否	起重作业必须按照规定配置司索工
施工机具	履带挖掘机	机具和安全防护装置安装不牢固、不稳定	机械伤害	否	经常性检查安全防护装置
		外露传动部位无防护装置、钢丝绳断丝超标继续使用	机械伤害	否	经常性检查传动部位的安全防护装置
		在运转中检修机械或机械设备带病运转	机械伤害	否	严格按照操作规程作业
		起重设备无安全检测合格证办理备案投入使用	起重伤害	否	起重设备必须办理安全检测合格证

作业活动		存在危险源	可导致的事故类型	是否重大危险源	安全控制措施
施工机具	起重机、铲车装载机	起重机、千斤顶、葫芦有缺陷	起重伤害	否	经常检查，发现缺陷部件及时更换
		铲车违章载人及作业范围内有人	机械伤害	否	严格按照操作规程进行作业并做好日常巡查
		拌和站机械作业指挥失误、违章操作	机械伤害	否	严格按照操作规程进行作业
		驾驶员疲劳、酒驾等	机械伤害	否	严格按照操作规程进行作业并做好日常巡查
	电气设备	焊钳绝缘不好	触电	否	购买绝缘良好的焊钳
		电焊机接线端无防护罩，导线裸露	触电	否	安装防护罩
		电焊机未安装二次降压器	触电	否	安装二次降压器
施工用电		施工车辆带故障作业（转向装置、刹车装置失灵、灯光不亮）	车辆伤害	否	加强对施工车辆的维修保养，保证车辆安全可靠
		非专职电工操作	触电	否	安排专职电工进行现场管理
		潮湿环境下线路检查维修，未穿戴防触电保护安全防护用品	触电	否	配备好安全防护用品
		现场违规带电作业	触电	否	严禁违规带电作业
		临时用电未采用三相五线系统	触电	否	严格按照设计规范和方案采用三相五线系统
		配电箱损坏	触电	否	安排人员更换合格的配电箱
		下班后未断电，用电设备仍运转	触电	否	加强对人员的教育管理，人走后断电
		用电设施（线路）老化、接头不规范、配电箱不标准、未安装接地（接零）、无漏电保护设施装置、外壳带电	触电、其他伤害	否	严格按照用电标准配置各项设施，保证用电安全可靠。严格执行"一机一闸一漏一箱一保护"
		输电线路架设不规范、支撑物不绝缘	触电、其他伤害	否	按照施工方案架设输电线路
		用电设备回路无漏电保护	触电	否	按照规范，设置漏电保护设施
		闸具熔断丝参数与设备容量不匹配或采用其他金属代替	火灾、其他爆炸	否	闸具熔断丝不得使用其他金属代替
		电工带电作业无监护人	触电	否	电工带电作业安排专人监控
		潮湿环境作业，漏电保护器选型不对	触电	否	严格按照施工现场临时用电安全技术规范要求配备有效的漏电保护器

续表

作业活动	存在危险源	可导致的事故类型	是否重大危险源	安全控制措施
三宝四口	鞋、手套、老虎钳、电笔等绝缘不符合要求	触电	否	购买符合国家标准的鞋、手套、老虎钳、电线等用品
	不按规定佩戴安全帽、安全带，挂安全网	物体打击、其他伤害	否	经常检查个体防护用品使用情况，进行安全教育
	安全帽、安全网、安全带材质不符合要求	物体打击、其他伤害	否	购买符合国家标准的"三宝"产品
	孔口无防护、防护不严、栏杆强度不够	高空坠落、其他伤害	否	经常检查，加强对"四口"的临边防护
其他	夜间施工照明不足	其他伤害	否	按照施工要求加设灯光照明
	电力线附近加工钢筋时防护措施不全	触电	否	钢筋加工作业远离电力线
	特种作业人员无证上岗	各类伤害	否	特种作业人员必须持证上岗，遵章守纪
	移动或拆除临边围护后，没有及时恢复	高空坠落、其他伤害	否	经常检查临边围护
	赌博、盗窃、酗酒、闹事和民工劳资纠纷	其他伤害	否	对工人进行安全教育和保障农民工工资发放
	带儿童进入施工作业区域	其他伤害	否	设置标识牌，禁止带儿童进入施工作业区域
	交叉路口未避让车辆、减速行驶	车辆伤害	否	设置警示牌提醒车辆减速行驶
	高温作业	其他伤害	否	合理安排作业时间，避开高温时段
	台风、暴雨等恶劣天气户外作业	其他伤害	是	加强和当地气象部门的联系，禁止恶劣天气户外作业
	煤气泄漏、中毒	中毒和窒息	否	经常对煤气罐和管道进行检查
	突发传染病	中毒和窒息	否	进行安全教育、卫生检查，杜绝传染病
	厨房内外不卫生，炊具不干净，有腐烂变质食物	中毒和窒息	否	经常检查厨房用品及食物
	炊事人员没有健康证	中毒和窒息	否	定期对炊事人员进行健康检查
	林区烤火取暖	火灾	否	进行安全教育，禁止在工地烤火取暖，尤其是林区
	工地及生活区"四害"	其他伤害	否	及时做好治"四害"工作

9.1.4 老旧小区片区改造类项目安全与环境风险识别

1. 临边洞口

老旧小区片区改造类项目如果不含有外墙改造的内容，往往不会进行建筑外整体脚手架搭设，因为缺少足够的施工内容，并且会增加相应的施工成本。此时在进行建筑窗边作业时，会存在一定的安全隐患。

2. 老旧电线

由于部分老建筑难以找到完整的施工蓝图，因此在进行施工作业时，原有的地下管道或者楼内的隐藏式电线可能被不经意间损坏，导致存在触电等安全隐患。

3. 结构老化

部分二次结构墙体经过长时间的老化，稳定性会大大减弱，有时会在意想不到的情况下突然损坏或者倒塌，对附近的人员造成机械伤害。

4. 空间狭小

在城市更新项目施工时，现场内的场地往往比较紧张，人员与各种施工机械相对密集，存在一定的安全隐患。

9.2 城市更新项目安全管理

9.2.1 公建场馆改造类项目安全管理

1. 拆除工程安全保证措施

现场保证有充足的人员、设备。参与施工的人员应具备相应专业的素质，有类似施工的经验，对工程拆除工艺、特点心中有底；各道工序设有责任人，负责本工序的施工，实行奖优罚劣措施，提高职工积极性，提高工作效益；投入的施工设备状况良好，使用前进行检修处理，不得带病作业；对容易损坏的设备，现场应按 100% 的比例备用，一旦出现损坏，立即调用；对承重构件（如葫芦、钢丝绳等）应进行用前检查，若有损坏，立即调换，现场应充分备用易损坏机具，使施工能顺利不间断进行。

拆除开工前，应根据工程特点、构造情况、工程量编制专项施工方案。

拆除工程的安全施工组织设计或方案，应由总工程师审核，经上级主管部门批准后实施。施工过程中，如需变更施工组织设计或方案，应经原审批人批准，方可实施。

进入施工现场的人员，必须配戴安全帽。凡在 2m 及以上高空作业无可靠防护设施时，必须使用安全带。在恶劣的气候条件下，严禁进行拆除作业。

拆除施工现场的安全管理，由施工单位负责对从业人员进行安全培训。从业人员考试合格后方可上岗作业，并办理相关手续，签订劳动合同。特种作业人员必须持有效证件上岗作业。

拆除工程施工前，必须对施工作业人员进行书面安全技术交底。

（1）人工拆除。当采用手动工具进行人工拆除时，施工程序从上至下，作业人员应在脚手架稳固的结构上操作，被拆除的构件应有安全的放置场所。拆除施工应分段进行，不得垂直交叉作业。

拆除管道及容器时，必须查清其残留物的种类、化学性质，采取相应措施后，方可进行拆除施工。

（2）机械拆除。当采用机械拆除建筑物时，应从上至下、还原、逐段进行；应先拆除非承重结构，再拆除承重结构。

施工中必须由专人负责监测被拆除建筑的结构状态，并做好记录。当发现有失稳状态的趋势时，必须停止作业，采取有效措施，消除隐患。

机械拆除时，严禁超载作业或任意扩大使用范围，供机械设备施工的场地必须保证机械的承载力。作业中不得同时回转、行走，机械不得带故障运转。

当进行高空拆除作业时，较大尺寸的构件或沉重的材料，必须采用起重机及时吊下。拆除下来的各种材料应及时整理，分类堆放在指定场所，严禁向下抛掷。

构件拆除时必须采用绳索将其拴牢，待起重机吊稳后，方可进行切割作业。吊运过程中应采用辅助绳索控制被吊物处于平稳状态。

2. 装饰装修工程安全保证措施

装饰装修施工安全保证措施见表 9.6。

表 9.6　装饰装修施工安全保证措施

序号	项目	措施内容
1	操作平台搭设	1）搭拆脚手架必须由专业架子工进行，并经项目部考核合格后持证上岗。上岗人员应定期进行体检，凡不适于高空作业者，不得上脚手架操作 2）搭拆脚手架时工人必须戴安全帽、系安全带，穿防滑鞋 3）对脚手架的搭设场地应进行清理、平整 4）脚手架搭设所用材质、标准、方法均应符合国家标准 5）脚手架铺满脚手板，脚手板不应有残缺 6）对操作面脚手板的铺设情况进行检查，应达到满铺的要求，并设置防护栏杆、踢脚板 7）使用过程中应定期对脚手架进行检查、观测，若有异常及时进行矫正或加固 8）在脚手架上不得堆放零星杂物，作业人员不得向下乱扔杂物，每天收工前应将脚手架上无用的东西清扫干净 9）脚手架应经相关单位验收合格后方可投入使用。拆除脚手架前，应清除脚手架上的材料、工具和杂物。拆除脚手架时，应设置警戒区和警戒标识，并由专职人员负责警戒
2	易燃易爆物存放	1）易燃易爆物品的存放、保管，应符合消防安全要求，危险品库房应用非燃材料搭设 2）易燃易爆物品专库储存，在危险品库房的入口处必须粘贴醒目的告示牌并配备足够数量、种类的灭火器。易燃易爆物品在库房内应分类单独存放，保持通风，危险品库房用电符合消防规定 3）易燃易爆物品在搬运及使用过程中，必须严格执行消防预控措施，指定消防责任人，配备灭火器材
3	消防器材配备	按照国家有关建设工程施工现场消防安全管理规定的要求，足量配置现场消防器材、消防设施，并安排专人负责管理、维护、保养 1）消防用水与施工用水分开，施工时用水不得使用消防用水 2）材料堆场、加工车间等每 25m² 配置一组（每组 2 只）种类合适的灭火器，危险品仓库根据实际情况配备足够数量、种类合适的灭火器 3）场馆内在电梯间、楼梯间等便于取用的地点各配置一组灭火器（每组 2 只），铭牌朝外，并粘贴指示标识 4）消防器材按"四四制"配置，即每套消防器材除包括消防砂桶外，还包括消防锹、消防斧各 4 把，消防桶、灭火器各 4 只，砂桶内始终保持填满砂

序号	项目	措施内容
4	高空作业、立体交叉作业	1）参加高空作业人员必须经体检合格后方可进行高空作业。患有精神病、癫痫病、高血压、视力和听力严重障碍的人员，一律不准从事高空作业 2）登高架设作业人员必须进行专门培训，经考试合格后，持劳动安全监察部门核发的"特种作业安全操作证"，方可上岗作业 3）参加高空作业人员，应在作业前接受安全教育 4）参加高空作业人员应按规定要求戴好安全帽；在高空（距地高度2m以上）作业时，必须佩戴安全带，安全带必须高挂低用；衣着符合高空作业要求，穿软底防滑鞋，并要认真做到"十不准" 5）高空作业人员应带工具袋，手持工具使用时必须有绳子系于操作平台上，传递物件禁止抛掷 6）高空作业时要精力集中，禁止打闹和嬉戏，严禁酒后作业 7）在进行架子搭设拆除、电焊、气割等作业时，其下方不得有人通过或逗留。架子拆除必须遵守安全操作规程，并应设立警戒标识，专人监护 8）凡在同一立面上同时进行上下作业时，属于立体交叉作业。施工时应尽量避免立体交叉作业，如因工期需要必须进行立体交叉作业，则中间应有隔离防护措施，无可靠隔离防护措施时严禁同时进行施工 9）高空作业前应进行安全技术交底，作业中发现安全设施有缺陷和隐患必须及时整改，危及人身安全时必须停止作业 10）高空作业中所用的物料必须堆放平稳，不可置放在临边或洞口附近。施工时的物料、施工后的剩余材料和废料等都要加以清理并及时运走，不得随意乱置或向下丢弃。各高空施工作业区域内凡有可能坠落的任何物料，都要一律先行撤除或者加以固定，以防坠落伤人 11）实行交接班制度，前班工作人员要向后班工作人员交代清楚有关事项，防止盲目作业发生事故
5	动火作业控制	1）加强现场动火管理，严格执行施工现场动火规定。动火前必须申请动火证，按规定程序审批后，方能动火。动火证当日有效，动火地点变换，需重新办理动火证。动火人员必须有操作证，要严格按照标准操作，并配备看护人员和灭火用具 2）氧气瓶与乙炔瓶所放的位置，不得距火源10m以内。乙炔瓶要立放固定使用，严禁卧放使用。明火作业附近不得有易燃易爆物品。瓶阀开启要缓慢平稳，以防止气体损坏减压器

3. 机电安装工程安全保证措施

机电安装工程安全保证措施见表9.7。

表9.7　机电安装工程安全保证措施

序号	安全管理重点、难点分析	对策
1	露天作业、室外高空作业、金属构件附体作业易受雷暴天气影响，发生雷击事故	1）安全环境管理部负责关注每天天气情况，并将天气情况通知相关负责人 2）开展有针对性的防雷教育和预防培训 3）在施工中要采取有效的防雷技术措施 ①及时进行防雷接地点连接，均压环连接，竖井接地连接、金属支架、套管接地连接 ②屋面钢构施工完成后，首先安排屋面金属板跨接、防雷引下线焊接等安装施工 ③定期进行防雷接地点检测，确保每个接地点接地电阻≤1Ω
2	工程确保材料、设备吊运安全是工程安全管理的重点	1）编制高空设备吊装专题方案，吊装方案必须经监理单位、总承包等单位审核批准后实施 2）吊装平台周围安全防护设施须牢固，安全网采用不燃密闭式安全网 3）严格遵守吊装作业"十不准"原则 4）被吊设备的吊点选择需符合设备厂家吊装要求或经过计算，每台设备吊装前必须进行试吊，试吊合格后方可正式吊装

序号	安全管理重点、难点分析	对策
2	工程确保材料、设备吊运安全是工程安全管理的重点	5）吊装作业人员必须是经过培训并取得特种作业证和安全操作证的人员 6）设备吊装前，对吊装施工人员进行安全技术交底 7）设备吊装前，在吊装作业下方一定半径范围内设置安全警戒线，并设专人看护，防止其他人员进入吊装区域 8）吊装指挥、起重机司机要保证通信信号畅通，在设备和首层都必须有指挥员 9）场馆内、室外平台设备倒运人员必须做好安全防护措施，在设备倒运过程中防止发生人身伤害和坠落等安全事故
3	工程体量大，施工过程中多专业需要同时进行，立体交叉作业多。因此交叉作业安全管理是工程的重难点	1）交叉施工管理设专人负责，对各区域内施工单位进行统一的、全方位的对口管理、协调、配合与服务 2）在施工总承包统一协调下，与施工总承包及各分包单位签订交叉配合施工协议，明确交叉施工中各单位进场时间、工序插入时间、各自安全管理职责，制定相应的处罚措施 3）加强工人安全教育，进行详细的安全技术交底，提高安全防护意识和责任意识 4）合理安排施工工序及作业面，避免垂直交叉作业，做好防止物体打击的安全隔离防护措施 5）施工中严禁抛掷施工工具、施工材料等物体，对违反规定者严厉处罚 6）每位作业人员要佩戴合格的安全帽、安全带，穿防滑鞋，佩带工具袋
4	工程场馆较为分散，安全监管难度大	1）建立安全巡检制度，安全监管人员每日对所有单体进行监督检查 2）项目增加安全监管人员，以满足现场安全监管需要 3）将分包安全监管人员纳入项目安环部统一管理，有效解决安全监管人员紧张问题 4）加强对安全监管人员的管理，提高安全监管人员监督检查、隐患整改的效率，杜绝出工不出力情况的发生

4. 应急预案

公建场馆改造类项目必须根据现场施工内容识别危险源，并编制针对性专项应急预案，且高度重视并开展相关应急演练。

9.2.2　环境整治提升类项目安全管理

1. 安全管理单元安全对策措施

安全对策措施包含对内职工、工人、工程实体，对外政府、民众、周围居民的管理措施。

安全生产管理必须全面执行《中华人民共和国安全生产法》的规企，坚持"安全第一、预防为主、综合治理"的方针，落实生产经营单位主要负责人对本单位的安全生产工作全面负责的精神。

健全各级安全责任制，并监督落实各级人民的安全职责，做到各司其职，各负其责，密切配合，共同搞好安全生产。

加强日常安全检查，通过日常安全检查，及时发现和消除生产过程中的事故隐患，确保生产安全。

认真做好"三级安全教育"工作，保证从业人员具备必要的安全生产知识，熟悉有关的安全生产规章制度和安全操作规程，掌握本岗位的安全操作技能。未经安全教育和培训合格的从业人员，不得上岗作业。特种作业人员必须按照国家有关规定经专门的安全作业培训，取得特种作业操作资格证书，方可上岗作业。

建立安全生产投入长效保障机制，从资金和设施装备等物质方面保障安全生产工作正常进行。

对分包队伍采取安全教育及考核，购买人身伤害保险，及时发放防护用品等措施。

2. 施工过程单元安全对策措施

针对城市建设项目施工特点，根据以上安全风险分析，需重点防范机械、沟槽塌方等事故，在加强全员教育、提高安全风险意识和防范意识的同时，须做好以下安全措施：

管道卸车、管道敷设时要对吊重设备进行认真检查，尤其是钢丝绳，必须满足要求。配合吊装人员要佩戴好安全帽及手套，必须由专人指挥。当管节离开地面时，配合吊装人员必须避开被吊物，移动过程中要注意不要被障碍物绊倒。

沟槽开挖时，如遇到异常地质或异常物体等情况，及时向有关单位部门汇报并做好记录，处理结束后再进行施工；沟槽开挖时要随时注意槽壁的稳定情况，由专人负责查看，并采取有效的支护措施，防止塌方伤人，所有人员不得在沟槽内坐卧、休息。

管道铺设范围内，事先要通过有关部门摸清有无管线。如有，必须采取措施，进行搬迁或加固，否则不得施工。

在沟槽两侧须采取一定的防护措施，尤其是在村庄道路附近施工时，须设置路障、警示牌等，夜间须增设红灯示警。

沟槽所用的支撑、挡土板等必须可靠、牢固，随着沟槽挖深，及时加以顶撑支护，开挖出的土方必须按照要求堆放，不得随意堆放。

夜间欠安全的情况下不得安排施工作业，若要施工，要求配足照明设备，特别在边坡、转弯处要加大照明亮度。

认真执行安全操作规程、严格贯彻施工规范，严禁违章作业。

严格按照施工平面布置图的规定堆放管材及其他机械设备。

施工中进场的材料堆码整齐，不影响施工，并有适当的保管防护措施，不丢失损坏。

城市地下管线复杂，包括电力管线、通信管线、热力管线、燃气管线、给水管线、雨水管线等。管道施工期间应查清地下管线，施工过程中避免损坏其他地下管线。

3. 应急管理

（1）应急组织机构。各项目成立项目应急小组，项目经理担任组长，各工程项目部根据工程实际人员编制情况成立组织机构，并在项目部的应急救援预案中予以明确。

（2）应急预案。项目应急预案管理流程见图9.1。

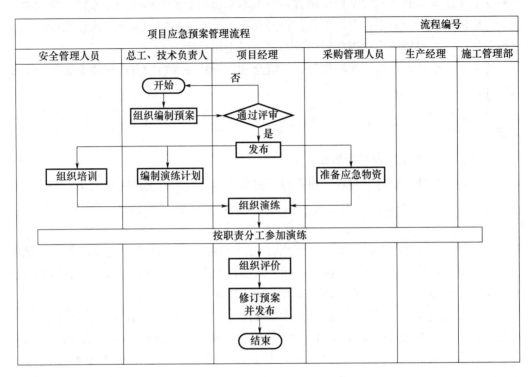

图9.1 项目应急预案管理流程

4. 安全管理措施

针对识别出的安全管控风险，按照风险分级管控及隐患排查治理双重预防机制，结合环境整治提升类项目的特点，制定以下具体措施：

（1）车辆安全管理措施。编制车辆安全管理制度并报审，车辆进场前严格按照管理制度要求进行资料报验（人员证件、车辆相关资料），合格后组织相关人员进行验收并备案，车辆作业过程中进行严格管控，退场时办理退场手续。

（2）受限空间安全管理措施。

1）受限空间制度管理。

① 严格作业审批。进行有限空间作业前必须严格实行作业审批制度，严禁擅自进入有限空间作业。

② 建立作业台账。企业要对有限空间进行识别，确定有限空间的数量、位置及危险有害因素等基本情况，建立有限空间管理台账并及时更新。长期存在风险的有限空间，需设置醒目的标识。

③ 建立管理制度。有限空间作业的工贸企业应建立六项安全生产制度和规程：安全责任制度；应急管理制度；审批制度；安全操作规程；作业现场安全管理制度；相关人员安全培训教育制度。环境整治提升类项目安全制度主要内容见表9.8。

表9.8 环境整治提升类项目安全制度

序号	制度名称	序号	制度名称
1	有限空间作业安全责任制度	7	有限空间辨识清单
2	有限空间作业审批制度	8	有限空间管理台账
3	有限空间作业现场安全管理制度	9	有限空间作业票
4	人员安全培训教育制度	10	安全培训记录
5	有限空间作业应急管理制度	11	有限空间专项应急预案
6	有限空间作业安全操作规程	12	有限空间应急装备、物资

2）受限空间作业管理。

作业前：

① 评估作业环境，分析存在的危险有害因素，提出消除、控制危害的措施，制定作业方案，并经相关负责人批准。

② 按照作业方案，明确作业现场负责人、监护人员、作业人员及其安全职责。

③ 将作业方案、可能存在的危险有害因素、防控措施告知作业人员，监督作业人员按照方案进行作业准备。

④ 采取可靠的隔离措施，将可能危及作业安全的设施设备、存在有毒有害物质的空间与作业地点隔开。

⑤ 先对有限空间进行通风，再检测氧气、易燃易爆物质（可燃性气体、爆炸性粉尘）、有毒有害气体等浓度，确保符合相关国家标准或者行业标准的规定后，再开始作业。受限空间作业安全措施见表9.9。

表9.9 受限空间作业安全措施

序号	作业内容	具体措施
1	封闭场地	清空作业空间，利用盲板挡好进、出料孔，阻隔有毒气源及其他介质，属地安监人员对盲板上锁
2	危害评估	施工方、组织方、属地方、安全监督方签署作业许可，并共同完成"作业分析表"及"受限空间作业许可证"，根据结果对作业环境危害状况进行评估
3	通风换气	打开人孔进行自然通风，一段时间后进行空气检测，确认作业空间内有毒气体已排除干净；随后，在人孔口粘贴警示标识并上锁，禁止外人进入该空间
4	配备防护设备	一是属地方为防护人员配备符合国家标准要求的通风、检测、照明、通信、应急救援设备和个人防护用品。二是防护装备及应急救援设备设施应妥善保管，并按规定定期进行检验、维护，以保证设施的正常运行
5	解除封闭	安监人员打开人孔锁，解除人孔警戒隔离，施工人员进入施工
6	沟通复测	施工过程中，外部监护人须每隔15min与施工人员进行沟通，每隔2h对施工空间内的空气进行复测，每次复测结果均做详细记录
7	结束工作	作业结束后，须施工方和监护人把票交给属地安监人员，安监人员对人孔进行警戒隔离，再次上锁，将现场所有器具带走

（3）起重机械安全管理措施。编制起重机械安全管理制度并报审，机械进场前严格按照管理制度要求进行资料报验（人员证件、机械相关资料），合格后组织相关人员进行验收并备案，作业过程中进行严格管控，退场时办理退场手续。

（4）高风险作业管理措施。

1）高风险作业许可管理措施。高风险作业许可管理措施见表9.10。

表 9.10　高风险作业许可管理措施

序号	危险作业种类	管理要求	审批人	工作文件
1	受限空间内作业	配置劳防用品，设置警戒区域、监护人	项目责任工程师/助理责任工程师	受限空间危险作业审批表、作业环境确认书
2	防护设施拆除作业	采取临时防护或加固补救措施，配置劳防用品、设置警戒区域、监护人	项目责任工程师/助理责任工程师	防护设施拆除作业审批表、作业环境确认书
3	动火作业	配置劳防用品、灭火器、监护人、接火斗或采取防火隔离措施	项目责任工程师/助理责任工程师	动火作业审批表、作业环境确认书
4	爆破	设置警戒区域	项目经理审批并报公安部门审批	公安部门相关规定执行、作业环境确认书
5	起重吊装作业	设备、吊具安全性，方案编制，人员持证，配置劳防用品，设置警戒区域、监护人、旁站	项目责任工程师/助理责任工程师	起重吊装作业审批表、作业环境确认书
6	大型设备安装、拆除作业	方案编制，人员持证，专项教育交底，吊具、辅助机械安全性、配置劳防用品指挥信号，设置警戒区域、监护人、旁站、告知制度	项目责任工程师/助理责任工程师	大型设备安装、拆除作业告知书、作业环境确认书
7	脚手架搭设、拆除作业	方案编制，人员持证，专项教育交底，配置劳防用品，架体材质，设置警戒区域、监护人、旁站	项目责任工程师/助理责任工程师	脚手架搭设/拆除作业审批表、作业环境确认书
8	高大模板搭设、使用、拆除作业	方案编制（专家论证），人员持证，专项教育交底，架体材质，配置劳防用品，设置警戒区域、监护人、使用（混凝土浇筑）过程中监控、旁站	项目责任工程师/助理责任工程师	脚手架搭设/拆除作业审批表、作业环境确认书
9	其他	四新技术、特殊工艺、梁板铺设	项目责任工程师/助理责任工程师	

注：1. 项目部设分部或工区的，危险作业许可，可由分部（工区）经理审批；
　　2. 审批责任人应对危险作业的安全作业条件进行复核，严禁只签字不复核，违规的将追究相关责任人责任。

2）高风险作业旁站监督措施。高风险作业旁站监督措施见表9.11。

表 9.11 高风险作业旁站监督措施

序号	危险作业种类	旁站管理内容	旁站人员
1	受限空间内作业	配置劳防用品,设置警戒区域、监护人	责任工程师/助理责任工程师
2	大型设备安装、拆除作业	方案、交底执行情况,人员持证情况,吊具、辅助机械安全性,高空作业安全,配置劳防用品及使用情况,指挥信号,设置警戒区域	项目经理、机械工程师、安全总监/工程师
3	大型设备顶升、锚固	方案、交底执行情况,人员持证情况,吊具、辅助机械安全性,高空作业安全,配置劳防用品及使用情况,指挥信号,警戒区域,锚固杆件制作情况	机械工程师、安全工程师
4	高大模板搭设、拆除作业	方案、交底执行情况,人员持证,配置劳防用品及使用情况,设置警戒区域	责任工程师/助理责任工程师、安全工程师
5	脚手架搭设、拆除作业	方案、交底执行情况,人员持证,配置劳防用品及使用情况,高空作业安全,设置警戒区域	责任工程师/助理责任工程师、安全工程师
6	起重吊装作业	设备、吊具安全性,方案、交底执行情况,人员持证,配置劳防用品及使用情况,高空作业安全,设置警戒区域	责任工程师/助理责任工程师、安全工程师
7	危险性较大及因施工工艺制约无法防护到位的作业	方案、交底执行情况,人员持证、配置劳防用品及使用情况,高空作业安全,设置警戒区域,具体防护措施	责任工程师/助理责任工程师、安全工程师
8	梁板铺设作业	设备安全性,方案、交底执行情况,人员持证、配置劳防用品及使用情况,高空作业安全,设置警戒区域	责任工程师、安全工程师

9.2.3 基础设施改造类项目安全管理

各项管理措施主要有:基坑、边坡监测和基坑监测措施;临边防护措施;场区平面文明管理措施;周边扰民控制措施;现场社会治安安全保证措施;与相邻地块工作单位的协调措施等。

1. 基坑、边坡监测和基坑监测措施

主要地下工作内容如边坡锚杆施工、防水施工、结构施工等均在基槽内完成,基槽的暴露时间比较长,同时有些地区雨水较大,容易造成基坑被冲刷,易引起基槽变形及坍塌。

主要解决措施:

(1)选择监测单位。基坑工程施工前,委托具备相应资质的第三方对基坑工程实施现场监测。监测单位编制监测方案,监测方案需经建设方、设计方、监理方等认可,必要时与基坑周边环境涉及的有关单位协商一致后方能实施。

(2)监测内容。基坑监测项目包括围护结构顶部的水平和竖向位移,围护结构水平位移（常称为测斜变形），锚杆或支撑内力，围护结构内力，地下水位，土压力及孔隙水压力，土体分层竖向位移及水平位移，周边建（构）筑物、地下管线及道路沉降，坑边地表沉降，立柱竖向位移，坑底隆起（回弹）等。

（3）监测预警。

1）出现以下情况应及时停工或汇报：当监测数据达到监测报警值的累计值；基坑支护结构或周边土体的位移值突然明显增大或基坑出现流砂、管涌、隆起、陷落或较严重的渗漏；基坑支护结构的支撑或锚杆体系出现过大变形、压屈、断裂、松弛或拔出；周边建筑的结构部分、周边地面出现较严重的突发裂缝或危害结构的变形裂缝；周边管线变形突然明显增长或出现裂缝、泄漏等；根据当地工程经验判断，出现其他必须进行危险报警的情况。

2）土钉墙水平位移预警值为基坑深度的 0.4%，竖向位移预警值为基坑深度的 0.35%，以上水平和竖向位移变化速率为 5mm/d 时预警。

基坑周边邻近建筑：水平位移预警值为 8mm，每天变化速率大于 0.8mm 时预警；沉降预警值为 8mm，当局部倾斜达 0.15% 时预警。

（4）监测注意事项。

1）监测结果应及时反馈，实行信息化施工和动态设计，同时应加强雨天或雨后监测。

2）施工前对原场地进行全面调查，查清有无原始裂缝和异常并做记录，照相存档。

3）每次观测结果详细记入汇总表并绘制沉降与位移曲线；一般情况下，下一次观测时应提供上一次的观测成果。

4）遇特殊情况必须随时向项目部书面报告，提供技术资料，加快观测频率，必要时提供阶段性报告。

（5）观测要点。

1）观测点按测量方案要求设置。

2）每次观测前复核基本工作点的稳定性。

3）所用仪器必须经法定检测机构检定合格。观测期间要做到"五固定"，即观测人员、测量器具、观测方法、观测路线和测站固定。

4）观测点埋设稳定后进行首次观测，并在同期观测两次无异常时取其平均值作为变形观测的起始数据。之后随开挖进度和变形速率确定观测时间。

（6）变形资料的收集和处理。每次变形观测结束后，应及时检查外业观测记录，符合规定要求后进行平差处理。计算各观测点的本期变形量和累计变形量，将其变形结果及时报至项目经理和技术负责人，以便判断和预测基坑的稳定性和发展趋势，为及早采取防治措施提供监控信息。

（7）成果检查和处理。每次观测结束后，必须及时进行野外观测成果检查，经严密平差法进行平差计算和处理后，计算各沉降观测点的高程，计算各点一个观测周期内的沉降量，计算各点的累计沉降量，填写沉降观测成果表。

2. 临边防护措施

该类工程多为线形工程，现场面积大，工期紧、临边作业多，临边防护措施必须到位，不留死角，同时加强临边防护管理和监督。

主要解决措施：

（1）基坑、沟槽临边。基坑周边设置定型化防护栏杆。定型化防护栏杆高 1.2m，每块护栏长 1.7m。护栏采用固定于槽边硬化挡水坎上方的立柱连接，外观统一为红白相间警戒色，并悬挂警示牌、责任牌、安全警戒标语，夜间设红灯示警。安排专人对基坑防护栏杆进行巡视管理，对破损的栏杆及时修复。

（2）安全通道及材料出入道口。项目根据现场实际情况设置施工安全通道，主要通道口采用定型化安全通道。安全通道防护棚采用钢管扣件搭设或用方钢焊接。安全通道防护棚高度与宽度根据现场实际情况进行设置，防护棚顶部采用 50mm 的木板或相当于 50mm 厚木板强度的其他材料，采用双层防护棚，层间距不小于 600mm，安全通道及上部分采用木板或彩钢板封闭。根据防护棚尺寸，安装钢架喷绘布组合安全标语，标语标识按照 CI 要求不得遗漏。对材料进口等部位必须严格管理，禁止任何单位和个人私自拆卸防护栏杆。

（3）预留洞口防护。

1）边长小于 500mm 洞口：楼板、平台等面上短边尺寸小于 500mm 的预留洞口，必须用坚实的盖板盖住洞口，盖板须保持四周搁置均衡，并用钉在盖板上的木枋顶紧洞口边框，防止盖板移位。盖板上表面刷黄黑相间警戒色红色"禁止挪移"字样。

2）洞口边长在 1.5m 以内及以上：洞口四周采用定型立柱和钢管搭设防护栏杆，钢管上下各两道，外钉踢脚板，洞口采用硬封闭或挂安全网，并且在上面放置"当心坠落"安全标识。

3. 场区平面文明管理措施

工程占地广，出入口多，平面管理难度大，文明施工管理难度大，需要经过合理、严格的现场平面管理来达到文明施工的目标。

（1）工程编制详细的平面布置方案，分阶段分区对现场进行总体策划和部署。

（2）制定详细的大型机具使用及进退场计划，主材及周转材料生产、加工、堆放、运输计划，同时制定以上计划的具体实施方案，严格执行、奖惩分明，实施科学文明管理。

（3）由项目经理负责施工现场总平面的使用管理，由项目副经理统一协调指挥。建立健全调度制度，根据工程进度及施工需要对总平面的使用进行协调和管理，工程部对总平面的使用管理负责。

（4）施工平面科学管理的关键是科学的规划和周密详细的具体计划，在工程进度网络计划的基础上形成主材、机械、劳动力的进退场及材料运输等计划，以确保工程进度、充分均衡利用平面空间为目标，制定出切合实际的平面管理实施计划，并将计划输入微机，进行有效的动态管理。

（5）根据工程进度计划的实施调整情况，工程部负责组织阶段性的定期检查监督，确保平面管理计划的实施。其重点保证项目是：安全用电、场区内外环卫场区道路，给排水系统，材料运输、料具堆放场地管理调整，机具、机械进退场情况，以及施工作业区域管理等。

（6）施工作业区文明施工管理措施。为确保工程安全施工须设立足够的安全标识、环境保护标识、宣传画、标语、指示牌、警告牌、火警、匪警和急救电话提示牌等。在现场入口显著位置设立现场施工总平面图，总平面管理、安全生产、文明施工、环境保护、质量控制、材料管理等规章制度和主要参建单位名称与工程概况等说明的图板及施工操作区文明施工管理具体措施按照企业标准设置齐全。

4. 周边扰民控制措施

工程施工期间，使用大量大型机械，如桩基机械、混凝土泵送设备、挖掘机，夜间将产生巨大噪声，对周边居民有一定的影响。

（1）严格遵守当地市政府夜间施工规定，报当地市政府有关部门批准，取得夜间施工许可证后方可进行施工。

（2）夜间施工时，尽量停止噪声超过 55dB 的施工，把施工带来的影响降到最低限度。

（3）严格控制作业时间（一般不超过 20：00），现场设置多个噪声检测点，由专人定期检测。当必须昼夜连续作业时，应尽量采取降噪措施，尽最大可能减少对周围环境的影响，做好周围群众工作，并报有关环保单位备案后方可施工。

（4）为了防止外来人员伤亡事故的发生，应根据工程特点全封闭施工，整个施工现场采用围挡封闭。

（5）围墙上根据单位企业形象规定的模式刷上油漆并在围墙上写字。定期对围墙及大门进行清理，大门处设置照明灯，满足现场安全保卫和美观的要求。

（6）所有进入施工现场的外来人员必须进行登记，登记内容包括姓名、性别、住址、到工地原因及所找的人是谁等，做到万一有问题有据可查。

（7）工人如无必要不得出施工现场，如要出去必须办好相应的手续，并在门卫室外登记。所有现场管理人员及工人必须配戴工作卡方能进出施工现场大门。

（8）大门入口处挂九牌二图，便于群众的监督。

（9）对受施工噪声、强光、灰尘影响的单位和居民采取必要的弥补措施。同时也积极采取预防措施减少这些危害，尽可能地保护周围单位和居民们的利益。

（10）认真执行"门前三包"制度，保持场内外道路清洁。

（11）减少扰民噪声。

1）施工现场必须搞好现场的噪声控制，以确保周围环境的宁静。

2）场内外运输机械如汽车、挖掘机、铲运车等安装消声器，最大限度地减少噪声。

3）在噪声较大的钢筋加工区、木工加工区建独立的加工棚，内挂隔声板吸声、隔声，对噪声较大的施工机具如电锯等，安排在室内作业。

4）配备专职机械维修人员，施工机械及时进行维修、保养，保持良好的工作状态，防止因机械故障引起的噪声污染。

5）加强对现场施工人员的管理，禁止大声喧哗，提倡文明施工。

6）为防止结构和装饰阶段噪声扰民，在现场特定位置设置防噪网。

（12）采取措施控制各种粉尘、废气、废水、固体废弃物及噪声、振动对周边环境的污染和危害，严禁扬尘，将污染降到最低限度。

（13）现场临时道路每天洒水清扫，防止扬尘。水泥和其他容易飞扬的细颗粒散体材料，要及时搬入库房，运输时要防止遗洒、飞扬，卸车时轻拿轻放，以减少扬尘对周边群众生活的影响。

（14）施工污水采取有组织排出，施工排出的污水泥浆不得溢流到临街路面，杜绝污水遍地流的不文明现象发生。不经沉淀的泥浆水严禁直接排入城市排水系统及河流。

（15）施工现场不得焚烧有毒有害物品及材料。未经有关部门批准，禁止使用噪声大的施工机械进行夜间施工。施工车辆（机具）驶出工地前必须进行清洗。

（16）土方施工时，专门配备一辆皮卡车跟踪运土路线打扫卫生。运输车辆必须是加装覆盖箱板的专用运输车，避免渣土及垃圾撒漏。设专人对所有出场车辆进行检查，有泥土污染的车轮必须清洗干净，方能出场。

5. 现场社会治安保证措施

针对项目成立保卫工作领导小组，聘用训练有素的专业保安人员，为施工场地（现场）提供 24h 的保安保卫服务，配备足够的保安人员和保安设备，防止未经批准的任何人进入现场，控制人员、材料和设备等的进出场，防止现场材料、设备或其他任何物品的失窃，禁止任何现场内的打架斗殴事件。

设置专项治安保卫人员及保安设备：①现场门口设置 2 人一岗，每天安排 2 班人员轮岗，门卫布置岗亭。保安保卫除规范现场、控制出入大门外，还应规定定时和不定时的施工场地（现场）周边和全现场的保安巡逻。②设置两组夜间巡逻小组，每组 4 人，巡逻时间为 20：00—7：00。③所有门卫值班、巡逻人员均配备对讲机，随时与项目部联系。

主要措施：

（1）在工地的入口、出口站岗，以确保阻止与工程无关的任何未经授权的人员、车辆进入现场，维持良好的秩序，防止发生阻塞。

（2）若未经授权人员进入工程现场后对任何财产造成损坏，则当班的保安员必须尽最大努力防止其对工程现场造成进一步的损坏，并联络项目部相关人员采取下一步行动。

（3）对工程升降机、临时供电站与供水站等重点照管。

（4）对建筑物轮廓灯、立面照明、倒计时牌及现场围挡的看管。

（5）控制并监督进出工地的车辆和人员，执行工地内控制措施。对所有进入工地的车辆进行记录，包括进入时间、离开时间及车牌号，登记资料必须予以保存，在需要时能随时提交以供检查。

（6）在工地内、周界（内部和外部）按照管理层指定的路线巡逻，特别须防止偷窃、蓄意破坏、闲散人员在工地内闲逛、纵火、任何其他非法活动或各类不轨行为。

（7）在常规巡逻过程中若发现任何异常现象及时向项目部报告，如电力故障、照明缺陷、火灾、障碍物或其他紧急情况，并在项目部的要求或指导下提供任何必要的协助。

（8）维持工地的安全和良好的工作环境，保管好各类通用钥匙和其他必要的设备及项目部在合约期间任何时候签发的供执行任务的其他必需的工具，并尽量保持上述物品完好无损。

6. 与相邻地块工作单位的协调措施

工程对接单位众多，除部分未开工或已封顶外，其余地块均处在建设阶段，基槽开挖放坡后直接进入地块用地红线，虽然建立完善的用电、用水管线，但可能需要临时借用（付费）相邻地块的水电接口，还需要借用各地块的临时厕所作为工人厕所。同时与政府职能部门关系协调复杂，协调单位较多。

（1）成立专门的协调部门，并任命管协调的副经理，办公室主任也负责配合副经理做好周边协调工作，同时负责市政管理部门、水电管理部门的外部关系协调。

（2）项目实行领导值周制，坚持实行每天1名项目班子成员值班，负责督促检查辖区的管理秩序、关系协调等。

9.2.4 老旧小区片区改造类项目安全管理

（1）职工：职工进入现场前，都会进行三级安全教育，并集中进行安全入场培训，确保管理人员入场前了解项目整体安全管理措施，并树立相应的安全理念。在管理人员现场施工管理作业中，要求其不论是何岗位职责都要监督现场的安全管理，并在发现问题时积极解决，要做到视线范围内无安全隐患。并且每周都会组织管理人员进行项目整体的安全大巡查，集中发现并整改现场可能存在的各种安全隐患。

（2）工人：工人入场前进行安全入场教育、三级安全教育交底、安全技术交底、安全教育考试，保证每1名工人在进入现场正式施工前都接受了完整的现场安全教育。同时，在每个月的月初进行安全技术交底，做到工人施工时有最大的安全保障，并随时向工人普及项目的安全紧急救援流程与预案，以备万一施工过程中出现问题及危险情况能进行正确的处理。

（3）工程实体：在每个阶段施工时，每个月定时对现场建筑的结构进行复测评估，预防发生建筑物沉降与结构强度下降带来的建筑安全隐患。在施工之前，应就整体的建筑结构邀请专业单位进行评估，确保建筑的原有结构满足设计要求。

（4）政府：及时向政府上传项目现场施工情况，确保现场施工处于各方相关单位的监管之下，达到文明施工、规范施工的要求，并且积极和各方单位定时进行联系，以免违反当地的特殊规定。

（5）民众：对附近的居民与单位进行定时慰问，争取联系到户，对因施工过程造成的噪声扰民进行全面的说明。约定合适的施工时间，早上与夜晚施工时不进行有噪声的施工内容，把噪声施工尽量控制在接近中午与下午的正常上班时间。

9.3 城市更新项目环境保护

根据城市更新项目的特点，制定环境保护措施。环境管理组织机构见图9.2。

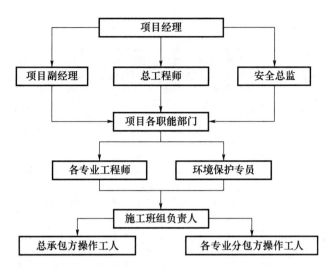

图 9.2　环境管理组织机构

环境保护管理流程见图 9.3。

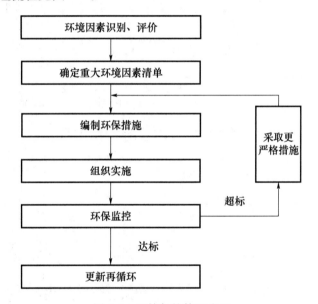

图 9.3　环境保护管理流程

1. 大气污染控制措施

大气污染控制重点是扬尘治理，其次还有机械与汽车尾气排放、涂料喷涂、生活废气排放等。现场拟采取的大气污染控制措施见表 9.12。

表 9.12　现场拟采取的大气污染控制措施

序号	控制措施	详细内容
1	工地周边 100%围挡	施工现场沿周边连续设置硬质围挡，不得有间断、敞开，底边封闭严密，不得有泥浆外漏。工程围挡高度不低于 2.5m

续表

序号	控制措施	详细内容
1	工地周边 100%围挡	在现场道路、场馆、封闭垃圾站等位置设置自动喷雾系统，在绿化区内设置自动喷淋系统，利用电磁阀加时间控制器，实现全自动控制；道路喷雾系统随临时道路施工同步设置，主体施工阶段沿防护设置。围挡立面保持干净、整洁，定时清理。围挡保证施工作业人员和周边行人的安全，且牢固、美观、环保、无破损 工程结束前，不得拆除施工现场围挡。当妨碍施工必须拆除时，设置临时围挡并符合相关要求
2	物料堆放 100%覆盖	水泥、灰土、砂石等易产生扬尘的细颗粒建筑材料密闭存放或进行覆盖，使用过程中采取有效措施防止扬尘。场内装卸、搬运易扬尘材料需遮盖、封闭或洒水，不得凌空抛掷或抛洒；其他细颗粒建筑材料封闭存放
3	出入车辆 100%冲洗	现场主要运输大门区设置下卧式自动洗车池，场地受限时可采用符合要求的成品洗车台，同时做好水循环再利用；冲洗水系统应设计成循环再利用系统，冲洗水应通过三级沉淀后再提升循环使用
4	施工现场地面 100%硬化	生活区采用透水砖，提高绿化率，防止扬尘；生活区、办公区由保洁员每天进行日常清扫工作。施工现场进出口、主要道路按照相关工地标准硬化；幕墙、水电各种加工场地和材料、半成品、成品堆放进行硬化处理；现场排水通畅，保证施工现场无积水。施工区内派清扫班每日进行定时清扫，及时洒水，确保路面清洁，清扫的灰尘和垃圾必须及时处理至垃圾存放点，不得滞留；日常车辆进料，必须对车辆进行冲洗，保证灰土不带出工地
5	湿法作业 100%	对新产生的建筑垃圾、材料，及时用密目网覆盖；采用成品洒水车，既可现场洒水保护环境，也可兼做临时消防使用。洒水车优先使用雨水、三级沉淀池收集水等水源 采用多功能雾炮车等措施控制现场扬尘
6	渣土车辆 100%密闭运输	运送土方、垃圾、设备及建筑材料等容易散落、飞扬、流漏的物料的车辆，采取遮盖封闭措施，且装载控制不超过两侧挡板，严禁装载过满而撒出，保证车辆清洁
7	远程监控安装 100%	施工现场安装远程扬尘监控系统，对现场扬尘进行全面监控，监控设备宜安装在工地主出入口和扬尘重点监控区域，专职大气污染治理督察员负责监控工作，发现存在扬尘治理不符合要求的，立即安排相关单位进行扬尘控制。远程监控设备覆盖项目 90%以上区域，个别位置采取云台技术360°监控 工程项目安排人员定期检修监控设备，确保监控正常运行
8	选择环保型施工车辆、机械	大气污染除了扬尘造成的污染，还有机械与汽车尾气排放、涂料喷涂、生活废气排放等
9	室内喷涂封闭施工	室内喷涂施工作业时，作业人员佩戴防护措施，尽量关闭门窗作业，减少污染物扩散
10	生活废气控制	生活垃圾必须统一收集，当地环保部门进行处理，严禁焚烧 厨房、热水房等生活设施采用环保、洁净能源进行作业，减少生活废气排放

2. 噪声污染控制措施

（1）钢结构吊装施工时，严格规定施工时间，严禁夜间吊装。

（2）修理脚手架钢管时，禁止用大锤敲打，在封闭的工棚内进行修理工作。

（3）模板、脚手架支拆时，做到轻拿轻放，严禁抛掷。

（4）增加消声减噪的装置，如在某些施工机械（空压机、柴油发电机等）上安装消声罩，对振捣棒等强噪声源周围进行适当封闭。

（5）加强对施工人员的监督、管理和培训，促进其环保意识的增强，减少不必要的人为噪声。

（6）运输材料的车辆进入施工现场时严禁鸣笛；装卸材料和物件做到轻装、轻卸。

（7）机电安装工程所采用的机械设备噪声较小，机械数量也相对较少。装修阶段的噪声污染源主要包括砂轮锯、电钻、起重机、材料切割机及运送材料、清运垃圾的车辆等，这些机具及设备的声源声功率级一般都较低，而且部分工程在房间内进行，减少了噪声的影响。

该过程主要措施如下：

1）产生强噪声的成品、半成品加工，尽量放在工厂完成，并设降噪封闭措施。

2）装饰室内作业时，尽量关闭外门窗。

3）使用合格的电锤，并及时在各部位加注机油，增强润滑。

4）使用电锤开洞、凿眼时，及时在钻头处注油或水。

5）严禁用铁锤敲打管道及金属工件。

3. 光污染控制措施

（1）项目选择既能满足照明要求又不刺眼的节能型灯具，使夜间照明只照射施工区而不影响周围建筑和航空飞行。

1）施工现场地面夜间照明，其灯光照射的水平面应下斜，下斜角度应≥20°；

2）各场馆施工作业面照明，其灯光照射的水平面应下斜，下斜角度应≥30°。

（2）夜间焊接作业设挡板遮挡弧光。在工作面设置密目网遮挡强光。

4. 水处理及循环控制措施

办公、生活、生产区将全面应用污雨水回收综合利用技术。

污雨水回收综合利用系统是应用"分系统收集，分污染级别处理、提升周转利用"的原理，通过雨水收集系统、洗漱用水收集系统和污水收集系统与处理系统组合形成中水回用系统，形成一个最大限度重复利用水资源的整体系统。在减少污水排放的同时，实现了水资源的回收利用，整体节水80％。污雨水回收综合利用系统流程见图9.4。

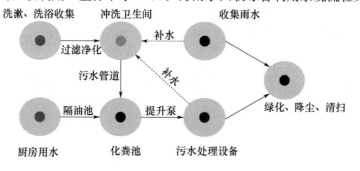

图9.4 污雨水回收综合利用系统流程

（1）在办公、生活区，临时板房屋面布设雨水收集管，通过管线将雨水收集后用于绿化降尘。

（2）生活区洗漱间、淋浴间通过排水系统将洗漱、洗浴用水收集至污水处理器集中处理使用。

（3）经污水处理设备处理后的水分类使用，部分雨水净化后用于绿化、降尘；部分污水净化后用于卫生间冲洗。

5. 土壤保护

（1）施工现场设置危险品、化学品存放仓库，施工现场污物全部采取隔离措施。

（2）项目经理部环境管理人员负责有毒有害废弃物的管理，对其收集、运输、排放等环节进行监督。

（3）对废弃物分类管理，有毒有害废弃物单独存放，设有防雨、防流失、防泄漏、防飞扬等设施，并进行"有毒有害"标识。

（4）联系有毒有害废弃物合法回收单位，定点排放。

6. 建筑垃圾控制

（1）从施工工艺方面减少建筑垃圾。例如，采用循环使用的钢模板代替木模板，以减少废木材。

（2）对建筑垃圾中的废弃物经分拣、剔除或粉碎，作为再生资源重新利用。比如，废钢筋、废铁丝、废电线和各种废钢配件等金属，经分拣、集中和重新回炉；砖、石、混凝土等废料经破碎后，替砂用于砌筑砂浆、抹灰砂浆和混凝土垫层等。

（3）选用建筑垃圾破碎机。该设备对各种大型大块物料进行多级破碎。

（4）从施工人员角度减少建筑垃圾的方法。技术人员要熟悉图纸，实施现场监管，做好各道工序的验收，做好建筑材料的预算，减小由于过剩的建筑材料转化为建筑垃圾的概率。

（5）施工中尽可能采用绿色建材及预制模块化建筑材料。

10 城市更新项目竣工验收

项目顺利竣工验收是企业良好履约形象的保证，城市更新项目在竣工验收前需充分了解当地的更新类项目竣工验收流程，提前准备验收材料，并做好成品保护和现场管理。本章根据更新改造项目实际情况，分别阐述竣工验收的注意事项及建议。

10.1 城市更新项目竣工材料准备

10.1.1 公建场馆改造类项目竣工材料准备

竣工材料需根据当地档案馆要求进行准备，具体可参考表 10.1。

表 10.1 公建场馆改造类项目竣工材料准备清单

序号	资料清单内容事项	序号	资料清单内容事项
1	施工许可证副本	20	管道隐蔽工程检查验收记录
2	单位工程交工验收证明	21	建筑电气（电梯）安装隐蔽工程记录
3	单位（子单位）工程质量竣工验收记录	22	管道系统、隐蔽压力（满水）试验记录
4	图纸会审记录	23	设备、卫生器具压力（满水）试验记录
5	设计交底记录	24	管道冲洗、吹扫、清洗记录
6	设计变更通知单汇总目录	25	给排水管道、卫生器具通水试验记录
7	设计变更通知单	26	地漏及地面清扫口排水试验记录
8	工程洽商记录（技术核定联系单）	27	排水管道通球试验记录
9	工程定位（竣工）测量记录	28	采暖系统试运行、调试记录
10	地基承载力复查记录	29	阀门检验试验记录
11	沉降观测报告	30	室内消火栓试射记录
12	桩基础竣工报告及检测报告	31	接地电阻测试记录
13	结构吊装工程检查验收记录	32	绝缘电阻测试记录
14	隐蔽工程检查验收记录汇总目录	33	电气照明系统通电试验记录
15	隐蔽工程检查验收记录	34	电力电缆试验记录
16	屋面、楼面蓄水、淋水检验记录	35	低压电器交接试验记录
17	地基与基础验收报告	36	交流电动机试验记录
18	主体验收报告	37	施工试验记录汇总表
19	主体结构抽样检测报告、室内环境检测报告、智能检验报告	38	砂浆、混凝土配比通知单，预拌混凝土供应首次报告

续表

序号	资料清单内容事项	序号	资料清单内容事项
39	分部（子分部）工程验收记录： （1）基础分部（子分部）工程质量验收记录 （2）主体分部（子分部）工程质量验收记录 （3）装饰、装修分部（子分部）工程质量验收记录 （4）屋面分部（子分部）工程质量验收记录 （5）水暖分部（子分部）工程质量验收记录 （6）电气分部（子分部）工程质量验收记录 （7）建筑节能分部工程质量验收记录	49	隔热、保温材料产品合格证和试验报告、建筑外墙节能构造检验报告
40	单位（子单位）工程质量控制资料核查记录： （1）地基与基础分部工程质量控制资料核查记录 （2）建筑地面子分部质量控制资料核查记录 （3）地下防水工程子分部质量控制资料核查记录 （4）砌体结构子分部质量控制资料核查记录 （5）混凝土结构实体检验资料核查记录 （6）混凝土子分部质量控制资料核查记录 （7）建筑屋面分部质量控制资料核查记录 （8）建筑装修工程质量控制资料核查记录 （9）给水、排水、采暖及燃气分部（子分部）质量控制资料核查记录 （10）建筑电气分部质量控制资料核查记录 （11）建筑节能分部工程质量控制资料核查记录	50	土壤（素土、灰土）击实试验报告
41	混凝土抗渗等级试验报告	51	土壤干土质量密度试验报告
42	混凝土抗压强度试验报告	52	塑料管材、管件、阀门检测试验报告
43	钢材、焊接材料进场复验报告和出厂合格证	53	开关、插座试验报告
44	水泥进场复验报告和出厂合格证	54	建筑用绝缘电线（电缆）导管试验报告
45	砂石进场复验报告及出厂证明文件	55	聚氯乙烯绝缘电线（缆）（450/750V）试验报告
46	建筑砖、砌块、瓦进场复验报告及出厂合格证	56	建筑用阻燃材料试验报告
47	外墙涂料（陶瓷面砖）试验报告	57	施工材料、预制构件出厂合格证及进场试验报告汇总表
48	防水材料产品合格证和进场抽样复验报告	58	混凝土构件出厂合格证

续表

序号	资料清单内容事项	序号	资料清单内容事项
59	钢构件出厂合格证	70	施工现场质量管理检查记录
60	预拌混凝土供应首次报告（放在砂浆混凝土配比单位）	71	工程质量事故报告表
61	预拌混凝土出厂（交货）合格证	72	工程质量事故处理记录
62	金属及塑料外门窗物理性能试验报告及出厂证明	73	消防初次检验报告
63	室内环境检测报告（放在主体抽样报告后面）	74	智能检验报告（放在主体抽样报告后面）
64	建筑外墙节能构造检验报告（放在保温材料后面）	75	砂浆抗压强度统计评定记录
65	建筑外窗气密性检验报告	76	砂浆抗压强度试验报告
66	建筑外窗传热系数检验报告	77	混凝土试件抗压强度统计评定记录
67	中空玻璃露点检验报告	78	竣工图
68	木构件出厂合格证	79	单位（子单位）工程观感质量检查记录： （1）建筑地面整体面层工程观感质量验收记录 （2）建筑地面板块面层工程观感质量验收记录 （3）地下防水子分部工程子分部观感质量验收记录 （4）砌体结构子分部工程观感质量验收记录 （5）混凝土结构子分部工程观感质量验收记录 （6）建筑屋面分部工程观感质量验收记录 （7）建筑装饰装修工程观感质量验收记录 （8）给水、排水、采暖及燃气分部（子分部）工程观感质量检查记录 （9）建筑电气分部工程观感质量检验记录
69	水电材料出厂检验报告及合格证	80	单位（子单位）工程安全和功能检验资料核查及主要功能抽查记录： （1）地基与基础分部工程安全和功能检测报告核查记录 （2）建筑地面（子分部）工程安全和功能检验（检测）报告核查记录 （3）地下防水子分部工程安全和功能检验（检测）报告核查记录 （4）砌体结构子分部工程安全和功能检验（检测）报告核查记录 （5）建筑屋面工程安全和功能检验（检测）报告核查记录 （6）建筑装饰装修工程安全和功能检验（检测）报告核查记录 （7）给水、排水、采暖及燃气分部（子分部）安全和功能检验（检测）报告核查记录 （8）电气分部工程安全及功能检验（检测）资料检查记录

10.1.2 环境整治提升类项目竣工材料准备

1. 资料清单

环境整治提升类项目（水系）竣工验收资料清单见表 10.2。

表 10.2 环境整治提升类项目（水系）竣工验收资料清单

序号	资料清单内容	序号	资料清单内容
1	质量评估报告	23	工程材料进场使用清单
2	勘察文件质量检查报告	24	沉降观测记录表
3	设计文件质量检查报告	25	水准测量（复核）记录
4	市政基础设施工程质量保修书	26	导线点测量（复核）记录
5	工程竣工验收申请表	27	施工放样测量（复核）记录
6	工程竣工验收报告	28	控制桩测量（复核）记录
7	单位工程安全评价书	29	水准加密点测量（复核）记录
8	工程质量验收计划书	30	隐蔽工程质量验收记录
9	建设工程竣工验收报告	31	分部工程检验汇总表
10	单位（子单位）工程质量控制资料核查记录	32	分部（子分部）工程质量验收记录
11	给水排水管道工程安全和功能检验资料核查及主要功能抽查记录	33	分项工程质量验收记录
12	给水排水构筑物工程安全和功能检验资料核查及主要功能抽查记录	34	检验批质量验收记录
13	单位（子单位）工程质量竣工验收记录	35	工程洽商记录汇总表
14	竣工验收备案表	36	工程洽商记录
15	施工组织设计（方案）审批表	37	设计变更通知单汇总表
16	施工组织设计（方案）	38	设计变更通知单
17	施工图会审记录	39	设计变更审查记录
18	施工图交底记录	40	单位工程开工报告
19	施工组织设计（方案）交底记录	41	施工总结
20	施工技术交底记录	42	施工日志
21	见证记录	43	竣工图
22	试验汇总表	44	组卷（写日期）

2. 竣工验收流程

环境整治提升类项目竣工流程示例见图 10.1。

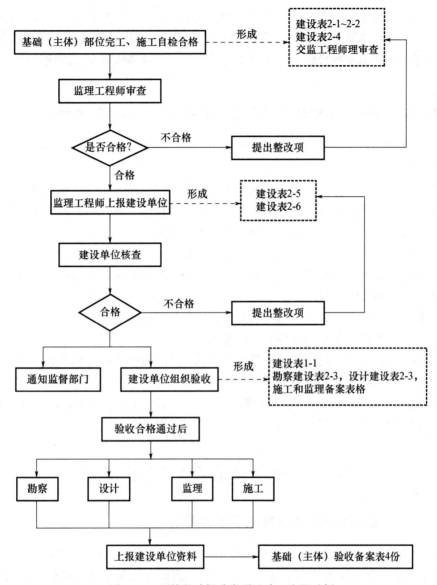

图 10.1 环境整治提升类项目竣工流程示例

10.1.3 基础设施改造类项目竣工材料准备

市政工程与房建工程竣工验收材料准备基本一致,但流程及对接部门有很大的不同,施工过程中除了做好材料、工程资料收集以外,还应提前对接好验收及接收移交单位,避免做重复验收及移交。以某工程为例,竣工验收时参加单位如下:

市政工程管理处、市林业和园林局、市交警支队、市××供电局、市××水务股份有限公司、市城市照明管理处、市城市管理局、市管委会规划建设局、市管委会生态环保局、市城建档案馆、市绿化管理中心、领导小组办公室(推进办)、区建设工程质量安全监督站等,除了常规参建五方(业主、设计、监理、施工和勘察)、质监站外,共

191

有 13 家单位参与验收。

由于验收及移交单位众多，从工程开始就应该成立专门的对接小组并——对接，施工过程中，积极对接移交单位，在关键工序施工前，邀请其对现场进行指导或者交底。同时，工序施工结束要积极督促业主或主管部门进行工序验收，避免影响后续工程竣工验收。

10.1.4　老旧小区片区改造类项目竣工材料准备（以西安为例）

老旧小区片区改造类项目的竣工资料与常规项目基本相同，因项目的特殊性，需准备一些其他资料：

（1）施工文件：招标文件、中标通知书、施工承包合同、五方责任主体资料。

（2）开工审批文件：开工报告、工程项目施工许可证、建设工程施工许可证。

（3）图纸、设计变更、图纸会审资料及竣工图资料。

（4）施工组织设计、施工方案及技术交底资料。

（5）施工记录及相应检测报告：灰土的压实度、保温取芯、保温拉拔，以及混凝土抗压检测、砂浆抗压检测等。

（6）隐蔽工程验收资料，防水、保温、管道敷设等隐蔽工程资料。

（7）施工材料的质量证明文件及复试检测报告。

（8）施工记录：施工过程的检验批质量验收资料、分项工程质量验收资料、分部工程质量验收资料及单位工程质量验收资料。

（9）更新项目竣工资料还需要单独准备的资料有改造内容清单、前期入户调查资料，以及后期满意度调查资料、改造前后的对比效果等资料。

10.2　城市更新项目竣工流程管理

10.2.1　公建场馆改造类类项目竣工流程管理

场馆改造项目，因后期有运营方进行二次装修，故各场馆的交付标准为功能房间（卫生间、厨房、办公室等）以毛坯交付，设备用房施工至装饰面层。故项目的最终做法需根据交付标准进行图纸变更以便于最终竣工验收。某项目竣工验收共涉及 9 个部门、10 个验收事项，具体竣工流程见图 10.2。

10.2.2　环境整治提升类项目竣工流程管理

1. 验收流程

（1）自检。在单位工程（子单位工程）按设计文件和合同要求施工完成后，自行组织有关人员进行检查验收（发现问题及时整改，尤其是边角要清理干净），并向建设单位提交工程竣工验收报告（竣工验收报告宜早不宜晚）。

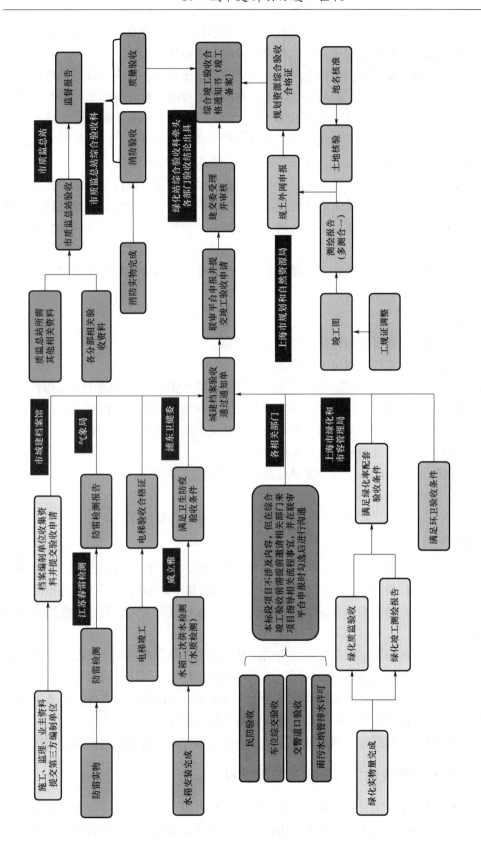

图10.2 公建场馆改造类项目竣工流程

（2）预检。监理单位及时组织专业监理工程师进行竣工预验收。工程达到设计和合同约定的质量标准，监理单位应及时向建设单位提交质量评估报告。

（3）竣工验收。建设单位收到监理单位提交的质量评估报告，应及时组织单位工程竣工验收，建设单位应当在工程验收 7 个工作日前将工程竣工验收通知单、验收方案和验收人员名单，以及完整的工程资料向质监站提交。质监站责任科室经核查符合要求后，在工程竣工验收通知书上签收。质监站收到竣工验收通知书后，应当及时对该工程是否达到竣工验收条件进行检查，并告知建设单位能否按期组织验收。

质量监督人员应当对建设单位组织验收的组织形式、程序、执行工程建设强制性标准的情况进行监督。质量监督人员在监督工程竣工验收过程中，发现有违反建设工程质量管理规定的行为或者工程质量不符合强制性标准的，应当责令建设单位进行整改或者整改后重新组织竣工验收。

建设单位竣工验收合格后，质监站应当在 5 个工作日内向委托的建设行政主管部门报送工程质量监督报告。

2. 验收条件

（1）完成建设工程设计和合同约定的各项内容。

（2）有完整的技术档案和施工管理资料。

（3）有工程使用的主要建筑材料、建筑构配件和设备合格证明文件及抽样试验报告。

（4）单位（子单位）工程所含分部工程有关安全和功能的检测资料应完整；主要功能项目抽查结果应符合相关专业质量验收规范的规定；观感质量应符合要求。

（5）质监站责令整改的问题已全部整改完成。

（6）勘察、设计、施工、监理等单位分别签署质量合格文件。

（7）有工程质量保修书。

（8）有公安、消防、环保等部门出具的认可文件或准许使用文件。

3. 现场验收事项

（1）截污工程。依据竣工图纸现场随机抽检管线路由、井位坐标、管道标高、管径的符合性，检查路面恢复的外观质量，检查检查井内渗漏情况和井盖与地面的高差及连接情况。

（2）清淤工程。清淤工程现场联测。查阅淤泥运输数量记录表、脱水场泥饼外运数量记录表等。

（3）泵闸站。根据施工图及现场变更情况现场检查工程完成情况、混凝土外观质量和平整度、回弹混凝土强度、闸门启闭调试、门槽止水情况、试运行记录等。

（4）生态修复。根据施工图纸检查工程的完成情况及与图纸的符合性，检查绿植成活情况，评判对周围环境的影响、检查曝气设备的运行情况等。

（5）管道修复。根据施工图纸和变更文件，随机抽查现场管道修复通水的情况。

10.2.3 基础设施改造类项目竣工流程管理

竣工资料的收集是项目收尾阶段一项主要的工作内容。以下几个方面原因造成项目收尾阶段竣工资料的收集工作难度大，时间较长：在项目实施过程中项目管理层重心在施工进度、安全、质量等方面，对资料的收集不重视；业主在实施过程中对资料无统一要求，而在竣工验收时提出这样那样的要求；在收尾阶段人员调整时没有进行工作交接，在收尾阶段个别资料容易丢失；在收尾阶段员工管理比较松散，职工工作主动性不强等。因此在项目收尾阶段一定要重视竣工资料的收集工作，缩短项目收尾时间，减少项目费用。在项目收尾阶段，要多跟业主、档案局等相关单位沟通，明确竣工资料的具体要求。根据竣工资料的要求，建立项目竣工文件资料清单，结合本项目的特点明确每个阶段所需要的资料由谁提供、什么时候提供，明确文档格式和具体要求，并告知相关人员。在进行人员调动时，要求项目相关人员根据资料清单要求进行资料的移交，并做好相关记录工作，明确责任人。对竣工文件的资料收集，要明确阶段性目标，制订相关的奖惩措施，强化员工责任心建设。

基础设施工程竣工验收流程及资料主要参照当地政府主管部门（建委、质监站）要求进行，与其他地区一致，但其中尤其要注意的是移交使用单位的接收。基础设施改造类项目竣工质量验收工作流程示例见图10.3。

移交使用单位注意事项：按照正规流程，移交政府主管部门或使用单位应由建设单位进行主导，但由于各种原因（维护移交、早日移交结算等），往往施工单位自己在积极推进该项工作。

1. 了解移交流程与资料收集

由于使用单位为独立单位，未参与工程实际建设，移交前都有自己的一套流程与需要提供的资料，需要提前对接和准备资料，一旦错过或未能及时提供，造成移交单位不接收。同时，提前对接还有一个好处，许多工程检测资料和验收过程与工程工序验收一致，将两者合一可提高效率。

以工程排水工程验收为例，排水工程完成后，需通知第三方检测单位对排水管道进行内窥检测，而南宁市××水务股份有限公司排水科接收前也要求对完成管道进行内窥。了解移交流程，工程在排水工程完成后进行内窥检测时，就积极对接××水务排水科，将两者合一，为日后排水工程移交提供了便利。

2. 明确移交单位

当地政府主管部门或使用单位拥有自己的体系和部门，提前对接和明确移交单位的部门和人员，避免移交错误，白费功夫。

以工程后排铺装工程和绿化工程验收为例，按照南宁市要求，市政园林及铺装工程将移交市政工程管理处接收后进行保养维护，可南宁市市政管理处下属有园林科、道路科及小品设施科，每个科室分别对接绿化园林、路面及人行道和小品设施（垃圾桶、座凳和栏杆等）。如果不提前对接，每个科室需要对工程分别进行各自的验收，将造成人员及材料准备的浪费和降效。

10.2.4 老旧小区片区改造类项目竣工流程管理

老旧小区片区改造类项目的竣工流程为在完成改造后进行自检，自检合格后报监理工程师组织预验收工作，对发现的问题进行整改。

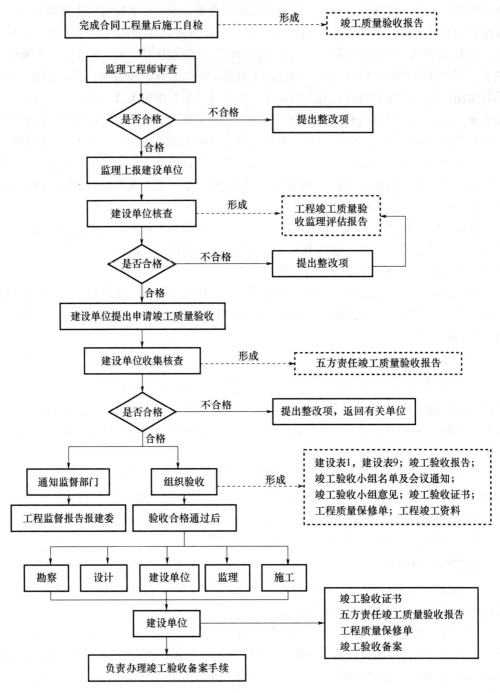

图 10.3 基础设施改造类项目竣工质量验收工作流程示例

注：虚线框为提交建设方施工资料。

　　组织社区、区住房城乡建设局、相关专家等进行评估验收，验收合格后，将专家意见、验收信息表等上报住房城乡建设局。然后对改造小区片区进行满意度调查，发现问题并进行整改，确保居民满意度达到要求。

在满意度调查完成后，形成自评报告，呈报区级领导签署质量保证承诺书，然后报市级住房城乡建设局申请评估验收。良好以上则为验收通过，验收合格后会在媒体上进行公示。在完成验收后，区级、市级各个部门将对小区片区进行专项验收，对发现的问题进行整改。

最后政府组织"回头看"工作，对老旧小区片区改造存在的质量问题、收尾问题进行检查。以西安市某老旧小区改造为例，分享老旧小区片区改造竣工验收及评估验收流程，竣工验收流程图见图10.4。

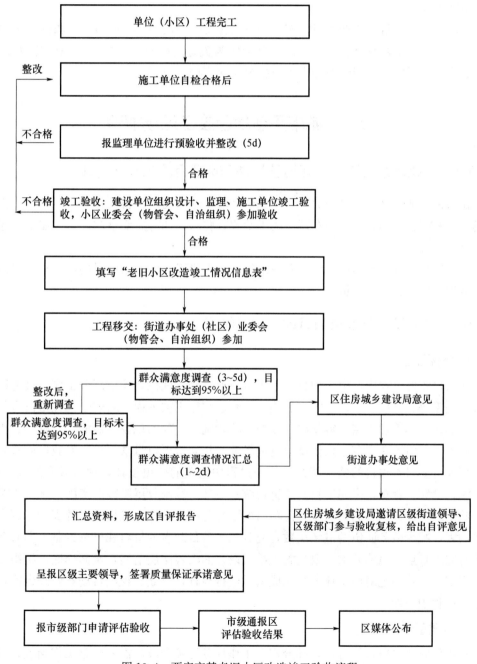

图 10.4 西安市某老旧小区改造竣工验收流程

针对老旧小区以特殊装饰类项目备案的工程，在最终的竣工阶段工作大致可以归结为以下内容：

（1）建筑消防工程竣工。准备竣工→第三方单位登记→第三方单位现场核查→问题清单→整改回复→复查合格→消防单位竣工登记→领取竣工资料目录→资料准备→窗口提交→现场验收→问题清单→问题整改回复→复查合格→消防合格备案证下发。

（2）建筑装修工程竣工。准备竣工→有关单位窗口登记→领取质量竣工验收资料目录→准备资料→组织预验收→现场验收→问题整改清单→问题整改回复→复查合格→竣工备案证下发。

相较于新建项目，改造项目大多不涉及结构安全的改造，因此竣工验收的要求也更低。部分项目竣工验收时只需要提供一部分较为关键的核心资料并通过消防验收即可，相应的施工过程质量管理资料并不需要提前移交到档案馆。

10.3 城市更新项目竣工现场管理

10.3.1 公建场馆改造类及环境整治提升类项目竣工现场管理

在项目各项实物工程量完成后，现场做好竣工验收前的准备工作，对人、材、机的离场，做好相关退场计划。但在现场竣工验收查验后，如有需要整改部位，需组织相应人、材、机进行整改。

若项目为分段流水作业，各个专业班组完成自身工作任务后即退场，验收时只留下一些清理、修补和运维人员。

10.3.2 基础设施改造类项目竣工现场管理

1. 资源管理

在项目收尾过程中，由于项目管理人员更换频繁，往往会遗留部分工作，且遗留工作大多是零碎、分散、工程量不多的施工内容，往往不被重视。对剩余工程量没有整体认识，缺乏总体管理思路，容易出现发现一项就施工一项的现象，造成人员窝工、机械设备闲置、材料浪费、劳务队伍反复进退场等，从而给项目带来损失。对收尾阶段，项目管理人员要对本项目的施工图纸，施工过程中出现的变更设计，项目既有的人、材、机资源，已完工程量，未完工程量等进行统一梳理，编制收尾阶段的实施性施工组织设计。施工组织设计的编制要充分考虑项目的既有劳动力资源、机械设备的配置、剩余材料等因素，减少劳务队伍的进场次数，充分利用项目既有的材料和机械设备，同时兼顾业主对完工日期的总体要求。要把施工组织设计的内容层层落实，全面交底，组织相关人员定期和不定期地对施工任务的完成情况进行检查，建立工程项目动态管理台账，防止施工过程中遗漏。

2. 人员管理

在项目收尾阶段，一方面，部分职工工作任务已经完成，需要调整工作岗位；另一方面，项目管理者认为工程已经接近尾声，对员工疏于管理，对员工的工作安排不明确，甚至部分员工无具体工作任务。这样容易造成职工责权不明确，人浮于事，对此时下发的工作任务，员工之间相互推诿，甚至无人执行，对项目的施工进度、竣工资料的收集等都有一定程度的影响。要加强项目收尾阶段的人员管理，合理安排现场管理人员，做到责、权、利明确，充分调动员工的积极性。对调出人员，特别是一些主要人员，要进行详细的工作交接。根据现场施工、经营工作及竣工验收需要，项目管理者要对收尾阶段的人员需求统一规划，提前布置，将需裁减人员及时移交企业人力资源部统一协调，防止人浮于事。

3. 材料管理

工程项目在收尾阶段，材料管理部门要对剩余材料进行详细盘点，根据工程部门提供的剩余工程量编制进料计划，做到工完料尽，减少材料的库存和浪费。施工收尾阶段施工方案的确定，要尽量考虑利用项目既有剩余材料，对剩余材料做到物尽其用。施工项目的特点是点多面广，材料分散，而后期项目管理人员偏少，材料容易丢失，因此对现场材料要及时收集，统一入库，并建立入库登记手续，防止丢失。对废旧物资的处理要上报企业，实行公开招标制度，防止暗箱操作，在数量和单价上予以严格控制。

10.3.3 老旧小区片区改造类项目竣工现场管理

在完成改造施工任务后，完善小区片区的生活环境，将原有施工材料、机械等进行退场处理，对小区做保洁清理，保证小区整体环境。针对每个环节验收存在的质量问题进行处理。对居民反映不满意的地方，及时按照居民意愿进行整改。

10.4 城市更新项目竣工风险识别与规避

10.4.1 公建场馆改造类项目竣工风险识别与规避

（1）公建场馆改造类项目在合同起草时需结合投标清单等明确工程承包范围，以免发生额外施工内容。

（2）公建场馆改造类项目一般施工现场条件不易和周围环境复杂，需在合同起草时明确业主进场前提供的内容，如三通一平等。

（3）公建场馆改造类项目工期不确定因素较多，在总工期不变的情况下，在合同起草时尽量不明确节点工期，且需约定工期违约金上限，保留工期索赔权利。

（4）公建场馆改造类项目因工期变数较大，人工材料涨价风险较大，在合同起草时需明确人工材料调差原则，可参考传统项目。

（5）公建场馆改造类项目措施费如若包干，在合同起草时需约定发包人无权再扣除承包人实际未予实施的措施费用；因现场作业人员社保凭证、网上实名认证信息、现场考勤等资料难以统一，在合同起草时可约定社会保险费全额计取。

（6）公建场馆改造类项目施工难度大、质量要求高，安全更是不容小觑，在合同起草时应尽量降低业主关于质量安全的违约金。

10.4.2 环境整治提升类项目竣工风险识别与规避

1. 分包商结算风险识别及规避措施

（1）变更计量风险。

风险识别：城市变更工程现场影响因素众多，导致过程图纸变更多，施工周期长，争议事项多，后期施工企业管理人员流动后，将导致对现场结算工程量无法精确计量，拖慢结算进度，且不利于控制施工成本。

规避措施：

1）施工过程中如存在与原始图纸不符的地方，应做现场工程量确认单进行确认，且及时反映到变更图纸中，保证竣工图或变更图纸与实际施工情况相对应，易于计量；

2）定期整理确认变更工程量，且人员流动时保障交接完全，避免人员流动后无人知悉现场情况。

（2）施工面交接风险。

风险识别：城市更新工程通常合同额巨大，导致分包商数量众多，易存在施工面重合、交接混乱等实际施工问题，结算时可能存在重复计量、重复结算等风险。

规避措施：可在分包合同清单中约定具体施工子项，当现场实际施工范围发生变化时，及时签订施工面交接单。

（3）单方面结算风险。

风险识别：城市更新工程通常合同额巨大，导致分包商数量众多，分包商素质参差不齐，可能存在提前退场或不配合结算的情况，导致结算进度缓慢或找不到人结算的风险。

规避措施：

1）合同中增加单方面结算约定，在发文催促或竣工2个月后未上报分包结算书或书面回复的，施工企业有权进行单方面结算，规避后期与分包商之间争议事项扯皮；

2）严格执行企业供应商准入制度，做好分包商考察工作，选择良好的供应商进行招标工作，且在项目实施过程中做好供应商评审工作，为企业考核供应商打好基础，以便筛选出合格供应商。

2. 业主违约险识别及规避措施

（1）授权风险。

风险识别：业主管理人员众多，各部门各有负责人且可能在过程中存在人员变动的情况，业主授权文件难以全面，文件来往及事项确认的法律效力未得到全面保障，后期存在过程签确事项无效的风险。

规避措施：要求业主提供文件签收、项目负责人等授权文件，明确组织内各人签字授权范围，且过程中时刻检验文件签字是否为授权人，避免无效签确。

（2）工期风险。

风险识别：可能存在合同外工期或工期延误事项业主确认不及时的风险，从而导致施工企业面临违约罚款。

规避措施：

1）项目部应合力推进项目履约，时刻调整施工进度计划以指导施工，避免超合同工期；

2）如实在无法在合同工期内完成，应提前收集工期延期资料，提交业主审批并加强沟通、及时确认。

（3）付款风险。

风险识别：城市更新工程付款条件较为苛刻，受当地财政计划影响较大，付款时间不确定，过程中难以按时收款，竣工验收后付款回收周期长。

规避措施：

1）及时申报进度款报表，为按时收款做好基础工作；

2）过程中与业主加强沟通，通过签订补充协议等方式，修补付款条款（如付款比例、付款时间约定、缩短竣工后回收周期等），提高收款效率。

（4）竣工验收风险。

风险识别：城市更新工程有点多面广的特点，在全力推进施工的前提下，难免会有人员变动，可能导致后期竣工验收资料的编制进度缓慢，业主签字难度大等问题，同时可能存在业主不积极推进竣工验收的风险；分包商众多，施工质量不一，后期竣工验收时存在返工风险。

规避措施：

1）过程中做好质量管控、施工资料编制收集工作，在过程中为竣工验收工作打好基础，减少后期返工及资料完善工作；

2）参照合同条款，严控竣工时限，督促业主推进竣工验收工作，并签确相关竣工文件，切实推进竣工验收工作开展。

10.4.3　基础设施改造类项目竣工风险识别与规避

1. 分包结算

要重视与劳务队的结算，厘清与劳务队往来票据，把握好资金的支付，绝不能超支，扣缴一定比例的质保金，使其保证工程项目的最终验收。稳定劳务队伍，按程序办事，避免起诉、上访事件的发生，以防给企业带来不利影响。

2. 业主结算

要重视工程结算，加强与业主的沟通，要有时效性。前期主要是"干"，关注施工质量、安全、工期、资金的回收、资料的收集及与业主的协作关系等；后期主要是"算"，要准备好竣工资料，检查资料是否齐全、是否有漏洞，完善变更索赔资料，签字手续要完备，根据整个项目的预算情况及实际验工计价、成本费用开支情况进行对比分析，找出增加收入的切入点和关键点，为最后工程结算做好充分准备，做好工程项目的二次经营，只有算好了才会取得较好的效益。

工程竣工后，要及时进行决算，以明确债权债务关系，项目部会同企业落实专人与业主加强联系，紧盯不放，力争尽快回笼资金。对一些不能在短期内清偿债务的甲方，通过协商签订还款计划，明确还款时间，制定违约责任，以增强对债务单位的约束力；对一些收回资金可能性较小的应收账款，则可采取让利清收等办法，以减轻成本损失。

10.4.4 老旧小区片区改造类项目竣工风险识别与规避

对老旧小区片区改造类项目竣工验收，需要参加验收的人员、部门较多，对验收工作带来比较大的困难。

关于现场质量问题，在竣工验收前进行自检，排查现场存在的质量问题，列出整改销项清单，整改完成后申报验收工作。

居民对老旧小区片区改造工作存在不满意的地方或者要求增加改造的内容，同居民进行沟通协调，在改造范围内，存在质量问题或影响居民生活的，要整改，满足居民的要求。对不在改造范围内的工作同居民进行沟通，让居民了解改造范围。

在与分包商进行结算款时，分包商的结款要根据现场实际生产情况，并参照与业主或者甲方之间的结算确认单进行。

10.5 城市更新项目竣工成品保护

10.5.1 公建场馆改造类项目竣工成品保护

城市更新项目竣工成品保护工作，应根据相应分部分项施工内容编制有针对性的分施工阶段的成品保护方案。应特别注意工序之间的顺序要求，以避免因工序颠倒而导致的成品破坏。对工作之间的顺序，应对各分包单位进行详细交底。

成品保护方案有保护、包裹、覆盖、封闭、巡逻看护、搬运、贮存等，具体见表 10.3。

表 10.3 成品保护方案分类

序号	方法	内容
1	保护	提前保护，以防止成品损伤和污染，如在玻璃幕墙铝框表面贴塑料薄膜，门口在推车易碰部位、在小推车车轴的高度钉防护条等
2	包裹	(1) 成品包裹：防止成品被损伤或污染。如大理石或高级抛光砖柱子贴好后，用立板包裹捆扎；楼梯扶手易污染变色，油漆前裹纸保护；门窗用塑料布包扎；电气开关、插座、灯具等设备也要包裹，防止施工过程中被污染 (2) 采购物资的包装：防止物资在搬运、贮存至交付过程中受影响而导致质量下降。采购单位在订货时向供应商明确物资包装要求。包装及标识材料不能影响物资质量。对装箱包装的物资，保持物资在箱内相对稳定，有装箱单和相应的技术文件，包装外部必须有明显的产品标识及防护（如防雨、易碎、倾倒、放置方向等）标识
3	覆盖	对楼地面成品主要采取覆盖措施，以防止成品损伤。如大理石楼梯用木板等覆盖，以防操作人员踩踏和物体磕碰；高级地面用苫布或棉毡覆盖。其他需要防晒、保温养护的项目，也要采取适当的覆盖措施

序号	方法	内容
4	封闭	（1）对楼梯地面工程，楼梯口暂时封闭，待达到上人强度并采取保护措施后再开放 （2）室内墙面、天棚、地面等房间内的装饰工程完成后，应立即锁门以进行保护
5	巡逻看护	对已完产品实行全天候巡逻看护，并实行标色管理，规定进入各个施工区域的人员必须佩戴由总包单位颁发的不同颜色标记的胸卡，防止无关人员进入重点、危险区域和不法分子偷盗、破坏行为，确保工程产品的安全
6	搬运	（1）物资的采购、使用单位应对其搬运的物资进行保护，保证在搬运过程中不被损坏，并保护产品的标识。搬运考虑道路情况、搬运工具、搬运能力与天气情况等 （2）对容易损坏、易燃、易爆、易变质和有毒的物资，以及业主有特殊要求的物资，物资采购/使用单位负责人指派人员制订专门的搬运措施，并明确搬运人员的职责
7	贮存	（1）贮存物资要有明显标识，做到账、卡、物相符。对有追溯要求的物资（如钢材、水泥）应做到批号、试验单号、使用部位等清晰可查。必要时（如安全、承压、搬运方便等）应规定堆放高度等 （2）对有环境（如温度、湿度、通风、清洁、采光、避光、防鼠、防虫等）要求的物资，仓库条件必须符合规定

交工前的成品和设备保护见表 10.4。

表 10.4　交工前的成品和设备保护

序号	内容
1	装修期间，在装修施工场馆，每层配备一个成品保护管理员，为装修成品（半成品）提供 24h 成品保护服务，防止破坏、污染
2	为确保工程质量美观，达到用户满意，项目施工管理班子根据工程大小及场馆高低，在装饰安装分区或分层完成后，组织专职人员负责成品保护
3	成品保护值班人员，按项目领导指定的保护区或场馆范围进行值班保护工作。成品保护专职人员，按施工组织设计或项目质量保证计划中规定的成品保护职责、制度、办法，做好保护范围内的所有成品检查保护工作
4	专职成品保护人员工作开始到竣工验收、办理移交手续后终止。在工程未办理竣工验收移交手续前，任何人不准在工程内使用房间、设备及其他一切设施
5	工程竣工验收后，在未正式交付业主前，将在现场留驻足够的保安人员，负责已完工程、设备及现场安全

10.5.2　环境整治提升类项目竣工成品保护

1. 保护原则

（1）如果成品损坏后，找不到责任者，那么成品保护就不可能真正做好。为了切实做好成品保护，应逐步制订相应的制度予以保证。为此，应根据施工实际，制订成品保护责任制，明确各类人员在成品保护方面的责任。

（2）分清上道工序与下道工序在成品保护方面的责任。在上下两道工序交接时，应同时检查成品情况，已经损坏的成品由上道工序的班组负责，检查后损坏的成品由下道工序的班组负责。交接检查由工长组织，上下工序的班组长参加。如不组织交接检查，出现的成品损坏由工长负责。如有一方班组长不参加交接检，出现成品损坏由该班组长负责。

（3）分清交叉作业中成品保护的责任。一般情况下，成品损坏应由损坏者负责，责任应尽量落实到人，如落实不到个人就落实到班组。在交叉作业中责任难以辨明时，则应由平时使用、保管的人或班组负责。

（4）如双方争执不下或情节严重，应由工长或施工队长负责仲裁。

2. 保护措施

成品保护一般是指在施工过程中，某些分项工程已经完成，而其他一些分项工程尚在施工；或者是在其分项工程施工过程中，某些部位已完成，而其他部位正在施工。在这种情况下，施工单位必须负责对已完成部分采取妥善措施予以保护，以免因成品缺乏保护或保护不善而造成损伤或污染，影响工程整体质量。

根据建筑产品的特点不同，可以分别对成品采取防护、包裹、覆盖、封闭等保护措施，以及合理安排施工顺序等来达到保护成品的目的。

（1）防护。就是针对保护对象的特点采取各种防护措施。例如对新浇筑的路面暂不开放交通，达到龄期后方可通行。

（2）包裹。就是将被保护对象包裹起来，以防损伤或污染。例如对需要和下一节管道连接处的管道首先进行包裹保护，以防损坏。

（3）覆盖。就是用表面覆盖的办法防止堵塞或损伤。

（4）封闭。就是采取局部封闭的办法进行保护。

（5）合理安排施工顺序。主要是合理安排不同工作间的施工顺序以防止后道工序损坏或污染前道工序。

10.5.3 基础设施改造类项目竣工成品保护

（1）加强现场执行力，确保按工期节点目标实施，减少成品损坏发生的可能性。

项目部内部做好施工组织交底，确保施工现场管理人员熟悉工程总体施工流程。做好各区段及区段内部的施工衔接，每周根据现场进度进行反馈，制订销项计划，确保工期节点的完成。

（2）做好成品保护措施，确保实施效果。

成品保护管理是确保成品、半成品保护得以顺利进行的关键。为确保成品、半成品保护工作的落实，项目部成立成品保护管理小组，专门监督管理各个工序交接时及完成后的保护，共同维护已完工程及成品、半成品的质量。

10.5.4 老旧小区片区改造类项目竣工成品保护

在竣工验收前，对已经完成的改造施工内容进行成品保护工作，特别是楼梯间行人经常出行的部位，对墙面污染的部位进行保护。以及一层墙面的保温，因车辆停放，对外墙保温造成破坏的部位要做好保护措施。小区内的绿化树木，要做好养护，避免因缺水或其他原因造成枯死。做好小区的环境保护工作，小区内放置垃圾分类亭，引导居民进行垃圾分类，不随意乱扔垃圾。

11 城市更新项目施工关键技术

由于城市更新项目是在已有的构筑物的基础上进行施工，有别于一般的新建项目，存在一定的施工难度，本章通过总结常规的施工技术，以期为项目管理人员提供部分思路和施工经验。

11.1 公建场馆改造类项目结构拆除施工关键技术

对公建场馆改造类项目，一般存在各项拆除工程。以某项目屋顶拆除为例分享相关技术。该馆原屋顶为封闭式螺栓球网架屋面，现需将该屋面结构全部拆除后施工，改造为铝合金结构结合中心透明玻璃采光顶，结构形式简洁优美，室内空间宽敞明亮。屋顶改造前后对比情况见图11.1。

 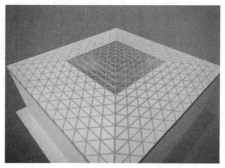

(a) 改造前既有螺栓球网架屋面　　　　(b) 改造为铝合金网架采光顶屋面

图 11.1　屋顶改造前后对比情况

工程网架为螺栓球网架，平面尺寸为 50m×50m，网架建筑高度约为 20.3m，本体高度约为 2m，上弦、下弦及腹杆规格为 $\phi 89×5 \sim \phi 180×12$，螺栓球直径为 100mm。螺栓球网架总质量为 71.8t，单位质量为 28.7kg/m²，单根杆件约 30kg。工程网架支座平面图见图 11.2。

围绕既有网架的支座，制订合理拆除顺序，并根据公司及专家的宝贵意见，优化拆除方案，对螺栓球网架采用火焰切割的方式进行单榀高空散拆。拆除时利用 50t 汽车式起重机和 100t 汽车式起重机进行配合吊装拆除。既有网架拆除顺序见图 11.3。

充分考虑现场实际施工效率及可操作性，选择单榀拆除既有网架，将拆除详细分解为 31 步，并在拆除前用红油漆做好每一步的拆除标记，便于让作业人员精准地进行各步的切割。既有网架拆除详细分解情况见图 11.4。

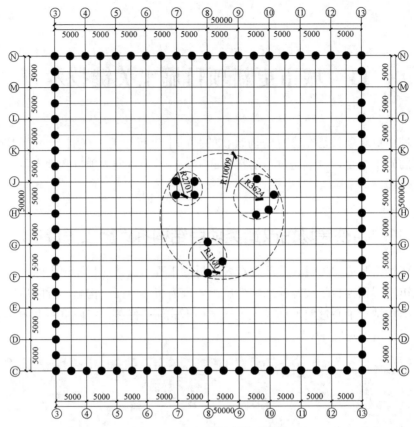

图 11.2 工程网架支座平面图

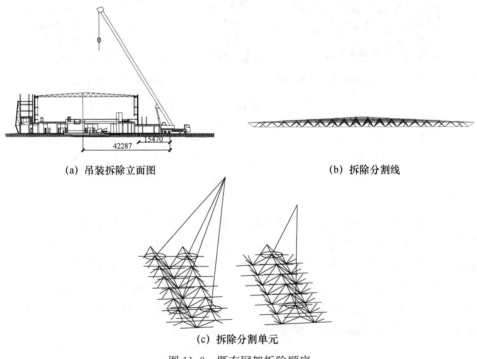

(a) 吊装拆除立面图   (b) 拆除分割线

(c) 拆除分割单元

图 11.3 既有网架拆除顺序

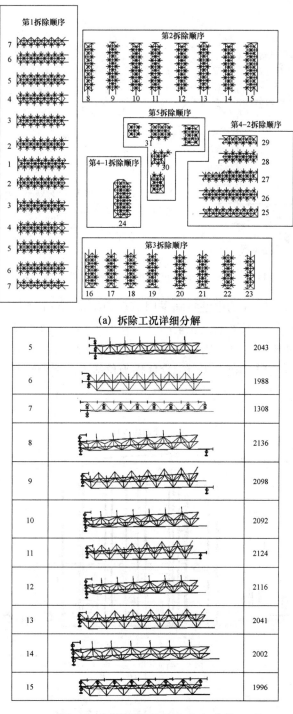

(a) 拆除工况详细分解

5		2043
6		1988
7		1308
8		2136
9		2098
10		2092
11		2124
12		2116
13		2041
14		2002
15		1996

(b) 每一步拆除形状及质量 (kg) 分析

图 11.4 既有网架拆除详细分解

　　根据拆除吊装工况分析，100t 汽车式起重机主要用于拆除中心区域的网架，主要站位于南北两侧，而 50t 汽车式起重机则在场馆四周进行吊装拆除，并对最不利吊装工况支腿反力及最大单榀等进行计算，施工过程安全。汽车式起重机站位点及立面吊装关系见图 11.5。

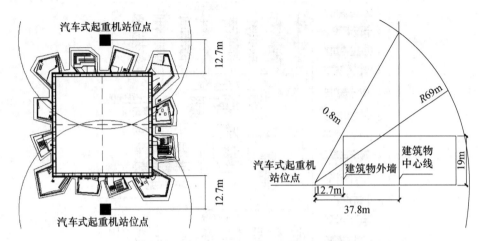

图 11.5　100t 汽车式起重机站位点及立面吊装关系图

拆除时下方 50m×50m 的中庭空间采用 100mm×100mm 网孔的安全网在网架下方满铺，两端固定在钢柱及钢梁上，安全网下方采用 ϕ8mm 钢丝绳进行兜网；钢丝绳沿网架上弦杆方向每隔两跨布设。采用 ϕ10mm 的钢丝绳在网架上方沿上弦杆方向每跨均进行拉设，生命线两端采用 L100×6 角钢立柱作为拉结点。生命线及安全网布置具体情况见图 11.6。

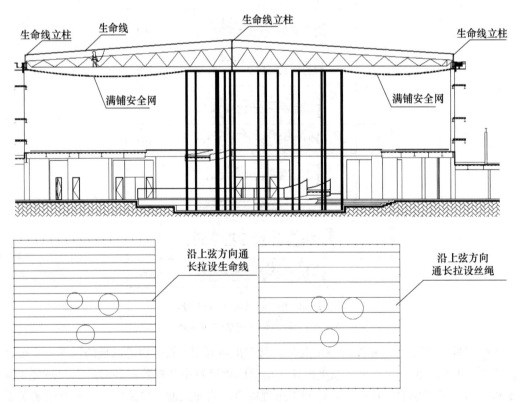

图 11.6　生命线及安全网布置

拆除技术要点分析：

（1）由于拆除施工时，结构受力体系和传力机制变化，故需考虑几何非线性；

（2）首次采用生死单元法计算拆除施工过程，考虑施工中结构变形对计算结果的影响；

（3）考虑施工中可能存在的动力影响，施工过程中各阶段动力影响分析见图11.7。

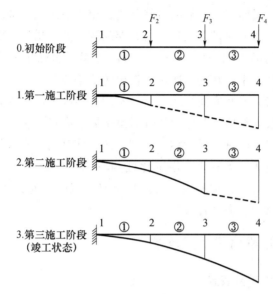

图11.7　施工过程中各阶段动力影响分析

注：1～4代表节点号；①～③代表单元编号。

施工过程共划分31个施工步，分步计算待拆除构件的应力比，应力比最大值为0.767，施工过程安全；计算拆除单槽的应力比，应力比最大值为0.252。施工过程计算结果见图11.8，施工过程安全。

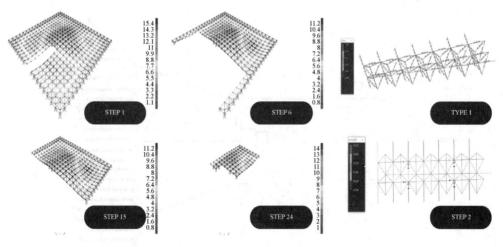

图11.8　施工过程计算结果

注：STEP为步骤，TYPE为类型。

11.2　清淤工程施工关键技术

攻克污染底泥规模化、低成本、高效资源化处理与处置技术难题，降低黑臭水体整治费用，确保黑臭水体整治工程质量，是增强企业在环保领域的核心竞争力的重要手段。

（1）根据不同的清淤厚度及河涌的自然环境、交通情况、场地利用情况，合理选择清淤工艺及清淤设备。研究对扩散及颗粒再悬浮问题的处理措施、配套的输送方式。总结一套适用于城市内河涌不同条件下的环保疏浚方案，明确相关清淤的参数、计量方式、监管方法，并对施工中存在的二次污染提出防治手段。

（2）结合河涌清淤方式及底泥性质，制订不同类型底泥的处理方案。选择经济高效的脱水减量化设备及设计相应工艺流程；针对重金属、有毒有害有机物、高氮磷等底泥做进一步无害化、稳定化处理，设计相应处理工艺，使其与脱水减量化相结合。

（3）结合底泥减量化、无害化、稳定化处理后的性质分析，参照相关标准规范要求，针对性地提出合理的资源化利用方案。与研究区域内产业分布、城市发展相结合，选择经济、安全、可靠的底泥处置方案。

11.2.1　河涌清淤过程污染防控技术

1. 河涌清淤防污染扩散装置

河涌清淤防污染扩散装置主要对城市中河涌清淤时清淤设备施工过程中扰动底泥引起的污染物扩散有很好的拦截作用，同时通过反控添加底泥净化剂能进一步降低污染扩散，并对未清除的污染底泥起到消减的作用；把清淤与底泥净化进一步结合起来做到同步施工，极大地提高了施工效率。

河涌清淤防污染扩散装置包括污染截留网、底泥净化剂添加装置、污染浓度监测装置，具体结构见图 11.9。

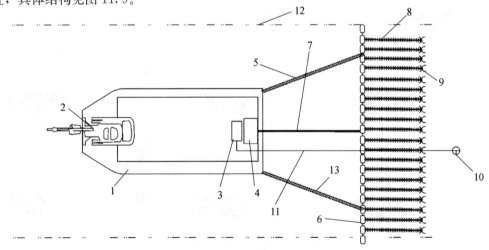

图 11.9　河涌清淤防污染扩散装置

1—清淤设备；2—挖掘机；3—反控系统；4—药剂箱；5—牵引绳；6—浮筒；7—软管；
8—吸附材料绳；9—沉底钩；10—污染浓度监测设备；11—信号绳；12—河涌边线；13—连接绳

污染截留网设置在清淤设备后方水体中，由牵引绳、浮筒、吸附材料绳、沉底钩等组成。其中，牵引绳一般设置2根，对河面较宽或清淤设备较大者，可增加1~2个固定点；牵引绳一端与清淤设备连接，两个固定点位于船尾左右两侧，一端与浮筒连接，固定点分别位于浮筒链两端；船尾至浮筒距离根据河涌大小取5~20m不等。

浮筒长度一般为清淤设备2倍或河涌宽度（取两者较小值）；浮筒下设置挂钩，用于固定吸附材料绳组成拦截网及喷嘴管。

吸附材料绳长度为1~1.5倍水深，可采用聚氯乙烯、聚丙烯和改性纤维等人工合成材料制成，以细绳为中心，其丝条是呈立体状态向四周辐射的绳状构造物，具有一定的刚性和柔性，绳之间通过绑接固定组成网状；吸附材料绳尾部有沉底钩以便沉入水体，沉底钩可用石块、金属块等固定。

喷嘴管用于向水体中均匀投加底泥净化剂。喷嘴管由挂在浮筒底下的主管及分布于水体中的支管组成，支管数量根据浮筒长度合理设置，间距0.1~0.3m不等；支管垂直于水体中，第一个喷嘴位于水体下0.1m，底部喷嘴距离河涌底部0.5m，对于河涌深度较浅的，可以调节，调节范围为不小于河涌深度的1/4。

主管通过软管与船体上的药剂箱连接，软管长度为浮筒至药剂箱距离的1.2~1.5倍，以免过短扯断、过长缠绕。所述药剂箱为底泥净化剂添加装置的一部分。

底泥净化剂添加装置由药剂自动配比设备、药剂箱、计量设备组成，其均可选用市场成熟产品。所述计量设备与污染浓度监测装置连接，具有自动调节流量的功能，用于合理控制药剂添加时间及添加数量。

污染浓度监测装置由前端污染浓度监测设备及反控软件系统组成。污染浓度监测设备设置于拦截网后端的水体中，固定于浮筒上，距离浮筒1~3m，用于测量水体中SS浓度的实时数值，并通过信号线上传数据到反控软件系统中。

反控软件根据系统设置的SS浓度限值，调控计量设备的启闭及流量，调控量根据设定的计算公式合理选取。

2. 防污染清淤泥驳船

防污染清淤泥驳船应用于水上挖掘机河涌清淤时底泥的水上运输。采用改良型清淤配属泥驳施工，可有效解决泥驳输送底泥至处理厂过程中的二次卸挖及减少该过程中二次污染的影响，同时可有效减小底泥体积，降低运输成本。与一般开底式泥驳不同，改良型清淤配属泥驳由两个底泥过滤斗组成，既可有效去除多余水分，也能保持泥浆不泄漏，通过此种设置可减少河涌清淤底泥10%以上的运输量。底泥过滤斗两端有起吊环，通过起重机可以直接从泥驳上面吊运至陆上运输车或卸泥池，无须卸运到河涌集中点再用挖掘机转挖。

防污染清淤泥驳船的构造包括泥斗、抽排系统、带有动力系统的泥驳船本体和泥仓。若干个泥仓设置在泥驳船本体内，抽排系统设置在泥仓的底部；泥斗匹配放置在泥仓内，泥斗上固定安装若干个吊环，泥斗通过起吊设备经吊环吊运至陆上的运输车或卸泥池；泥斗的底部间隔设若干滤水孔，泥斗内底泥中的水分通过若干个滤水孔进入泥仓内并通过抽排系统排出，见图11.10。

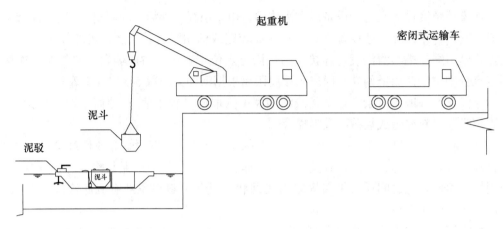

图 11.10   防污染清淤泥驳输送示意图

底泥过滤斗：根据泥驳尺寸，设置两个单独的泥斗，泥斗上端设有横槽，与船体固定，确保船体运行时的稳定；泥斗四周焊有吊环，便于后期通过起重机把泥斗吊装至岸边密闭式运输车中倾倒。其中底泥斗内部嵌有过滤布，泥斗底部及四周开有小孔，清淤过程中装运到泥斗中的底泥通过自重挤压，多余水分经过过滤布过滤后通过小孔流入船体收集抽排系统。

抽排系统：由一个离心泵及连接管道组成，当船体内底泥过滤余水较多时，启动离心泵予以抽排至河道中，确保船体安全。

起吊装置：由设置在底泥斗四周的吊环及设置在上泥点的起重机组成，起重机型号与底泥大小匹配，确保安全。吊运时，船员把吊钩与泥斗四周吊环固定，缓缓提升至密闭式运输车中倾倒，然后把空泥斗吊回泥驳固定。

船体：船体由动力装置、泥斗仓、泥驳本身结构组成。泥斗仓用于放置底泥过滤斗；动力装置用于提供动力及控制方向，设置有防护措施；泥驳上设置有救生圈等安全设施。

3. 河道清淤用的泥浆处理运输装置

河道清淤用的泥浆处理运输装置包括泥浆预处理装置。所述泥浆预处理装置由泥浆泵、细格栅、药剂桶、调节池组成。泥浆通过预处理装置调理后，通过泥浆输送管道进入运输罐车；输送管道安装有流量控制装置及浓度监测设备，以便控制输送速度及显示调理效果；泥浆输送罐车可由现有罐车改装而成，具备上排清液、下排泥浆功能；上清液排口可通过管道与清水池相连；智能控制系统通过对泥浆进口、上清液排口流量及泥浆浓度的控制，使进入罐车的泥浆进一步浓缩，提高泥浆的运输效率。对场地有限、长距离运输的人工清淤工程，可提升人工清淤产生的泥浆浓度，使罐车运输高效，有效降低运输成本。

泥浆泵放置于清淤河道内，通过管道泵送泥浆至接收池；接收池内设有细格栅，泥浆通过细格栅过滤去除杂物，杂物通过人工清除。

过滤后泥浆通过连接管道进入调理池，与药剂混合；调理池底部设有一定高度缓冲槽，避免流速过大冲击底部药剂布设管；药剂由均匀间隔平铺于调理池池底的布设管投加，药剂来自药剂桶。

药剂桶由两部分组成，前部设有搅拌装置用于将药剂搅拌均匀，后部用于存储调好的药剂；储存好的药剂通过管道与药剂布设管相连；通过设置于连接管上的阀门控制药剂投加量。

混合后的泥浆通过设置在调理池尾端的泥浆泵通过输送管道泵送至罐体；输送管道上设置有电池阀和泥浆浓度计，由智能控制系统控制电池阀开启程度以便控制泥浆进入罐体速度在最合适范围内。

罐车可由市面现有改造，其具有以下特征：罐体顶部有泥浆进口，位于罐车前端，罐体内设有垂直挡板；罐体顶部后端有排气口；罐体尾部上端有上清液排口，罐体内设有水平隔板；下端有泥浆排口。以上排口均设置有手动开启密闭装置。

上清液排口设置有法兰对接口，系统运行时与外排管道相接，外排管道上设置有电池阀和泥浆浓度计；外排管道的另一端可设置于河道中或现场清水池中，进入罐体内的泥浆上清液通过此排口排出。

智能控制系统由反控单元、数据采集与处理单元组成，通过对电池阀的启闭状态控制，可对泥浆进口、上清液排口流量予以控制。同时通过对泥浆浓度的阈值设置，合理调整电池阀启闭状态。

智能控制系统实现泥浆在罐体内浓缩的控制方案为：

空罐车到达现场停稳后，进口输送管道与罐车泥浆进口连接固定，外排管道与上清液排口连接固定。开启河道内泥浆泵往收集池输送泥浆，同时开启加药管道，往调理池中均匀投加药剂。待泥浆达到调理池 3/4 时同步开启调理池内泥浆泵；设置电池阀开启状态以便控制流量，使泥浆均匀进入罐体，充满罐体时间控制在 10min 内（具体数据可由现场试验获得，根据泥浆混合均匀后沉淀效果来定）；充满后关闭两台泥浆泵及投药阀。打开上清液排口电池阀，静置 5min。开启预处理装置，控制电池阀以前述一半的流量往罐体输送泥浆，直到上清液排口泥浆浓度与进口浓度一致，关闭预处理装置，停止进泥。静置 5min 后，重复上一步操作。拆除进口及上清液排口连接管道，罐车驶离。

4. 与现有技术相比，上述三项污染防控技术的有益效果

（1）河涌清淤防污染扩散装置具有以下有益效果：

1）对城市中小型内河涌清淤时清淤设备施工过程中扰动底泥引起的污染物扩散有很好的拦截作用。

2）通过反控添加底泥净化剂能进一步降低污染扩散速度，并对未清除的污染底泥起到消减的作用。

3）把清淤与底泥净化进一步结合起来做到同步施工，极大地提高了施工效率。

（2）防污染清淤泥驳具有以下有益效果：

1）能有效解决泥驳输送底泥至处理厂过程中的二次卸挖及减少该过程中的二次污染的影响。同时可有效减小底泥体积，降低运输成本，提高运输效率。

2）由于采用了可泥水过滤分离的泥斗结构，可有效去除多余水分，且保持泥浆不泄漏，可减少河涌清淤底泥 10% 以上的运输量。

3）由于采用了可吊装的泥斗结构，通过起重机可以直接从泥驳船将泥斗吊运至陆上运输车或卸泥池，无须卸运到河涌集中点再用挖掘机转挖。

4）能通过泥斗实现泥水分离，减小运输的底泥体积且泥浆不泄漏。同时通过吊运的方式运输泥浆，避免卸泥到河涌内，减小二次污染的影响，降低施工风险，适合水上挖掘机河涌清淤时底泥的水上运输。

（3）河道清淤用的泥浆处理运输装置具有以下有益效果：

1）按静置5min泥浆体积缩减一半效果来计算，罐车实际运输泥浆体积可提升75%。

2）利用罐体作为浓缩容器，进一步减少投资，且能解决场地空间不足的问题。

3）通过智能控制系统控制，减少人为操作的烦琐程度，并能提高准确度。

11.2.2　河涌清淤泥饼干化与稳定化技术

通过改进清淤工艺，对疏浚后底泥，实现挖掘—运输—预处理—集中处理—资源化利用一整套工艺处置方式。在处置过程中做了如下技术改进：

1. 预处理方式改良

河涌底泥的处理一直是河道治理中的难题。由于各地水文条件不一，对小型河涌难以就近设置处理厂，而是运输至专门的处理场地进行异位处置。对此类底泥，因各河道周边环境不一，含有的杂质种类、大小、底泥浓度也不一致，故需要进行预处理，依据处理要求，分离出不同大小的杂质，并且进行浓度调节，控制进入沉淀池的泥水浓度。本项目采用的是带式压滤机处置，对待处理底泥有一定要求，对杂质较多、含水量不达标、质量不达标的底泥处理效果差，而且这类底泥容易损坏机器，造成不必要的开销，降低工作效率。

对此，通过增设一项改良后的预处理措施——清淤底泥智能筛分装置，可以有效改善输送底泥质量，保证后续工序的正常开展，提高整体施工效率。其包括：输送底泥分流混合层，泥水调节池，第一格栅层，第二格栅层，输泥平台，输水管，浓度感应器，控制器。通过输泥平台或者挖掘机，将待处理淤泥运输至与泥水调节池成一定角度的格栅网结构的分流混合层中。顶部通过输水管输水混合，通过重力作用进行分离沉降。初步混合后的泥水进入泥水调节池中混合均匀，通过浓度感应器，调节分流混合层中水流大小。混合后的泥水通过一侧开口依次流入第一格栅层和第二格栅层，之后进入沉淀池。其用于清淤底泥的异位处置，可以自动控制进入沉淀池的泥水浓度。

清淤底泥智能筛分装置，分流混合层、第一格栅层和第二格栅层格栅条间隙依次减小，依次筛分出不同大小垃圾，分别处理。浓度感应器设置于泥水调节池两侧靠近底部处，对池体内泥水浓度进行实时监测。控制器电性连接于感应器，通过反馈的浓度大小，调节输水管水流流速：当池体泥水浓度高于目标浓度时，减小水体流速；当池体泥水浓度低于目标浓度时，增加水体流速。泥水调节池、第一格栅层和第二格栅层均为顶部开口，一侧为格栅网的箱式结构。根据实际情况和要求，输泥平台可由挖掘机替代，格栅网层可以灵活选择一层或更多层，见图11.11。

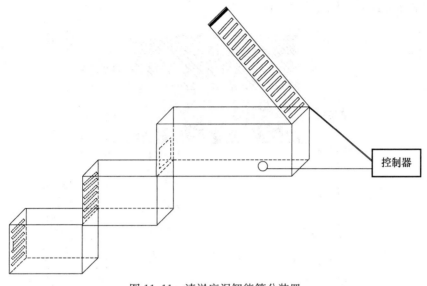

图 11.11　清淤底泥智能筛分装置

2. 泥饼进一步干化及稳定化改良

清淤泥饼干化与稳定化系统，加快降低泥饼或淤泥含水量，同时通过好氧发酵使其进一步稳定。渗流子系统由储泥池、渗流沟、渗流滤料组成。所述储泥池设置于污泥处理工艺场地尾端，通过皮带运输机或其他运输方式把预处理后泥饼或淤泥运送至储泥池中。储泥池不宜过高，根据现场实际地质条件及施工条件，可以采用砖混结构或钢筋混凝土结构。泥饼高度需比储泥池低 0.2m 以上，储泥池设有一定坡度，采用中间高两端低的方式，坡度比不大于 2%；池底铺设有渗流滤料；池体墙壁底部设置有渗流口，与外部的渗流沟相连。

渗流滤料从上到下依次由粗碎石、土工布、碎石、中粗砂组成。渗流滤料厚度根据处理的泥饼或淤泥含水量予以设定，含水量越高渗流滤料设置厚度越大，一般在 0.3～0.5m；渗流口处采用钢丝网笼包裹土工布固定，以免渗流滤料随水流进入渗流沟；泥饼进入储泥池后在重力作用下，泥饼中水分通过渗流滤料依次过滤通过渗流口排入渗流沟；渗流沟与尾水处理池相通，渗流的污水进入尾水处理系统处理。

储泥池底部还设有一套通风子系统，由设置在储泥池附近的鼓风机及池底通风管组成。通风管的主管及支管均匀分布在粗碎石之间，主管沿池体长边布置，支管沿短边布置；根据池体宽度可设置成 1～2 组。根据泥饼含水量变化合理控制鼓风机工作效率，通过鼓风增加泥饼表面挥发，去除多余水分；同时对有机质含量较多的泥饼，也可以使泥饼处于好氧状态，使其有机质进一步好氧发酵，增加其稳定性。

根据池体宽度在两端各设置一台翻晒机。翻晒机可通过预埋池底的轨道滑行至另一端。工作时两台翻晒机相对运行，使泥饼定期翻动，不仅可以定期使泥饼上下层交换增加干化效率，也可使好氧发酵更加均匀，便于散热。运行间隔时间根据现场实际情况合理设置，翻晒深度一般不超过 0.5m。

泥饼干化及稳定化后，由铲运机运出做进一步资源化利用。

清淤脱水系统示意图见图 11.12。

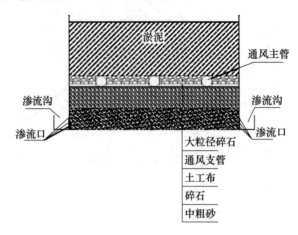

图 11.12　清淤脱水系统示意图

3. 与现有技术相比，上述两项技术的有益效果

（1）清淤底泥智能筛分装置具有以下有益效果：

1）适用于清淤底泥的异位处置，装置组建灵活，可以根据实际需求灵活调整。

2）应用于预处理，通过多次的格栅网层，分离出不同尺寸的杂质。

3）通过感应器和控制器作用，自动控制泥水浓度，使进入沉淀池内的浓度符合预期。

（2）清淤泥饼干化与稳定化系统具有以下有益效果：

1）在自然晾晒的基础上增加了底层渗流子系统，加快了水分的去除，并有效收集渗流的污水集中处理，降低了环境污染。

2）增加了通风子系统，在场地有限的情况下，进一步降低了含水量，提升了场地利用率。同时对有机质含量较高的泥饼有一定的好氧发酵作用，增强其稳定性。

3）增加了翻晒子系统，使泥饼干化及稳定化更均匀，同时通过翻晒提高了干化的效率。

11.2.3　原位污泥生态筑堤技术

随着居民环保意识的提高和国家相关政策的导向，过去直接填埋或焚烧的底泥处理措施，对环境危害过大，不适合本项目中大规模底泥处置。国内对底泥资源化利用的方式，还局限于农业堆肥、烧制砖、烧结制陶粒等方式，不满足本项目对经济性、无害性、高效性的处置诉求。

对此，提出一种生态河堤结构，包括疏浚底泥稳定固化单元和筑堤稳定生态单元。通过由初筛设备、脱水设备、药剂添加搅拌设备、固化堆放场地等组成的疏浚底泥稳定固化单元，疏浚底泥经过脱水后，添加稳定固化剂，在固化堆放场地上形成有一定强度的泥饼。将处理后的泥饼置入筑堤稳定生态单元的回填层中。筑堤稳定生态单元由下到上依次为防渗稳定层（土工布＋碎石＋土工布＋附铁基生物炭＋土工布＋蒙脱石黏土矿物）、回填层（回填土＋土工布）、覆盖层（蒙脱石黏土矿物＋土工布＋

种植土)、绿化层(植物),生态单元剖面图见图11.13。

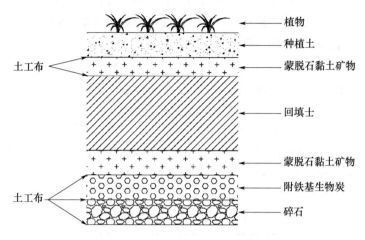

图 11.13　筑堤稳定生态单元剖面图

疏浚底泥稳定固化单元中,初筛设备用于去除污染底泥中的杂物及大型沙石等垃圾,可采用振动筛、细格栅等设备实现。脱水设备可采用带式压滤机或离心脱水机等设备。药剂添加搅拌设备可采用搅拌机,按照相应比例添加脱水后底泥与稳定化剂。底泥与稳定化剂(附铁基生物炭、蒙脱石黏土矿物)材料的进样量比例为99∶1。加入稳定化剂后,每批次脱水后的底泥与稳定化剂充分搅拌均匀,确保稳定化剂与污染物充分接触和反应。搅拌均匀后的混合料,再掺入固化剂(水泥)继续进行搅拌,固化剂的掺入量为15%(质量比),待搅拌均匀后,形成泥饼再转移出来运送至固化堆放场地待用。

泥饼在固化堆放场地上达到一定强度且含水量低于40%时,即可进入筑堤稳定生态单元,作为河堤加固加高回填土使用。筑堤稳定生态单元中,防渗稳定层包含最上层的蒙脱石黏土矿物、中间层的附铁基生物炭、底层的碎石,每层底铺土工布分隔。每层厚度设置为20cm以上,整体厚度大于60cm,防止泥饼污染物浸出下渗。回填层由泥饼分层均匀铺填而成,每层最外侧铺填一圈500mm宽蒙脱石黏土矿物。回填层整体高度由现场实际情况确定,需要保证其压实度及稳定性。覆盖层包含最上层的蒙脱石黏土矿物,底铺土工布与回填层分隔,阻止风与水的侵蚀,减少地表水渗透到废物层,起到保持处置单元顶部的美观及生态系统持续的作用。绿化层由种植土(底铺土工布)及植物组成,应用多功能柔性生态防护垫层和植被修复技术,主要选用对重金属有富集作用的植物。

与现有技术相比,生态河堤结构具有以下有益效果:

(1)河堤为堆场,采用多重防护屏障技术进行填埋筑堤,实现污染底泥安全填埋和河堤加固双重效果。多层防护屏障依次设置为:

第一层,首先将污染底泥经过脱水干化,降低底泥含水量,从而减少污染物溢出程度,再通过附铁基生物炭、黏土矿物材料将底泥中的污染物进行固化/稳定化,经处理后底泥中污染物的危害性大为降低。

第二层,底泥中污染物通过试剂稳定化处置后,再进行水泥固封,通过物理固定的

217

方式降低污染物的渗出风险。

第三层，在填埋处置单元底部设置防渗系统，顶部设置覆盖系统，此类处置系统具有稳定性好、低渗透性、高防护性等特点。同时采用以附铁基生物炭等为反应介质的渗透性反应材料作为阻隔吸附剂，阻止污染物的扩散。

（2）以附铁基生物炭为主的吸附材料，配合水泥等固化材料，同时对重金属和有机污染物进行稳定化、无害化处理，使其达到堤岸工程强度要求。

（3）借助多功能柔性生态防护垫层和植被修复技术，重构堤体上部的道路和生态，达到功能性和生态环境的有效平衡。

通过原位污泥生态筑堤技术，将云路黄鱼洲清淤底泥处置后，用于生态筑堤，减少了处置后底泥运输费、填埋处置费、回填土费。具体经济效益见表 11.1，共减少580342.8 元。

表 11.1　措施项费用变更

序号	措施名称	初设数量	实施数量	单价/元	合计/元
1	底泥运输费	$3364m^3$	$2355m^3$	29.8	−30068.2
2	填埋处置费	$3364m^3$	0	70.1	−235816.4
3	回填土费	$4267m^3$	$1729m^3$	123.9	−314458.2
合计		—	—	—	−580342.8

原位污泥生态筑堤技术具有的社会效益见表 11.2。

表 11.2　社会效益

序号	社会效益	具体内容
1	防止二次污染，保护环境	通过采用原位污泥生态筑堤技术，实现规模化、减量化、无害化、资源化处理污染底泥，实现底泥再利用，避免二次污染
2	提供治理新思路，促进相关技术发展	与目前常用的填埋、制砖、制陶粒等方式相比，将处置后的底泥用于建设用土，为处理水环境底泥副产物提供了新的治理思路，随着后续的深入研究，有利于促进相关技术的发展和进一步完善

（4）可推广性。工程施工底泥处理规模大，污染物成分复杂，平均清淤厚度为50cm。经过本项目云路黄鱼洲涌工程施工情况检验，该技术显著降低施工成本，同时避免底泥造成二次污染，有利于环境保护，而且对底泥的合理资源化利用，有效提高项目施工效率，减少填埋处置、回填土等费用，有利于在其他项目中推广使用。

城市内河涌的清淤与底泥处理处置是一个系统性的问题，需要统筹考虑。清淤方式及运输方式的确定在充分的调查及评价分析的基础上进行，既能有效控制环保投资也能确保环保清淤的效果。对不同条件的河涌底泥，需要有效减小清淤后的体积及控制其污染物，防止二次污染。同时引入信息化的监管手段，有助于提升底泥处理运行环节的质量保障及管理效率。资源化利用处理后的泥饼是避免污染转移、变废为宝的重要手段。污泥处理技术综合对比见表 11.3。

表 11.3 污泥处理技术综合对比

序号	技术名称	技术综合对比
1	原位污泥生态筑堤技术	将处置后的底泥直接用于生态筑堤,实现资源循环利用,减小了底泥运输、填埋处置及回填土成本。该技术防止了底泥的二次污染,实现了底泥的资源化利用新模式,符合工程实际运用情况
2	污泥填埋技术	底泥填埋需要运输费和填埋费。不同地方填埋场,对收纳土壤要求不同,部分需要对底泥进行深入处置后才能达标,而且污泥填埋措施不到位的情况下,极易发生二次污染
3	污泥烧结技术	底泥烧结,需要运输至专门机构,或者修建专门的烧结场所。烧结过程耗费能源高,处理处置成本高,而且底泥烧结对底泥的含水量、重金属含量等要求更为严格,烧结后成品若作为建筑材料,需要进一步检测污染物成分

11.3 生态修复工程施工关键技术

建立一个系统性、长效性的解决方案,首先,控制外源污染进入河流;其次,通过一些工程技术措施,大幅度削减河道底泥中已有的污染物,快速改善河道底质环境,以帮助河道逐步恢复自净能力;再次,需要采取强化措施大幅度削减现有的污染负荷,为河道生态系统恢复正常创造有利条件,尤其是对水质较差的河道;最后,采用生态措施重新建立起河道稳定的生态系统,提高其纳污能力和自净功能,结合科学的管理和维护手段,实现河道返清,构造和谐、生态的自然环境。

(1)设计一套由曝气设备、浮筒、填料箱、碳素纤维草组合的立体式的河涌污染拦截治理设施,在不影响河涌防洪排涝的前提下集解决水面垃圾、污染物及悬浮油污去除于一体,针对性强化治理河涌交汇口处污染物。

(2)针对前期通过部分截污、清淤、补水等措施后仍未能消除黑臭的河涌,通过采取水质快速净化、交汇口强化处理、底泥净化、排污口治理、生态系统重建、河道景观提升等措施予以修复,快速稳定地实现消除黑臭的目的,并且部分指标能达到地表水Ⅴ类标准。

(3)设计一种阶梯式生态护岸及其施工方法,用于岸坡重构,打造生态护岸,确保岸坡稳固前提下减少进入水体的污染物。同时前端设置集水槽,防止冲刷,以免失稳,并可均匀布水,水量较大时从溢流孔中流出,避免压力过大损坏整体结构的稳定性。

11.3.1 污染河涌交汇口强化处理污染物技术

石洛涌交叉口处施工主要的特点与难点见表 11.4。

表 11.4 石洛涌交叉口处施工主要的特点与难点

序号	工程特点与难点	具体内容
1	水面垃圾多且杂	河涌位于生活区,且沿河多临河房建,水面垃圾除枯枝败叶、水生生物残骸外,还包括多种生活垃圾或餐厨垃圾
2	水体中存在大量悬浮污染物	交汇口处水体,受多条河涌交汇冲刷,导致底泥受到干扰,上浮形成悬浮污染物,造成二次污染
3	工作面狭窄,不易施工	该河涌交汇口处水面狭窄,且位于居民区内,不利于施工

河涌交汇口在实际工程施工中，需要考虑冲刷问题、淤积问题、航行安全问题等，加上水位变化幅度大、水流流向多变等使这些问题变得更为复杂。一般工程施工中，采用的方式为单一水上浮筒或者截污筑坝方式。对水面一般漂浮物，如枯枝败叶、生物残骸、生活垃圾等有一定的治理效果。但是石洛涌、红岗涌、仙洞涌为居民区内河涌，沿河多居民房建，居民日常生活中产生的大量生活垃圾、厨余垃圾等直接排入河涌内，对水体造成严重破坏。随着水体流动，最终在石洛涌交汇口处发生进一步反应，严重时甚至堵塞河涌。随着大量污染物的排入和水体流动影响，底部淤泥发生再悬浮现象，造成水体二次污染。对此类问题，传统方式难以有效解决，于是研发出适合于工程实际的河涌交汇口强化技术。

1. 新型河道生态型拦污装置

通过浮筒与填料箱、碳素纤维草的组合，形成立体式污染拦截治理设施（图11.14），有效增大了与水体污染物的接触面积，且能顾及传统方式难以治理的水体内污染物。碳素纤维草是由日本群马工业学校小岛昭教授发明的产品，目前广泛应用于全球各类水处理治理市场。它由直径 $7\mu m$ 的 12000 根长丝集合而成，一旦放入水中便迅速散开，增加与水体的接触面积。其表面独特的凹凸结构，进一步增加与水体的比表面积，一般高达 $1000m^2/g$。这种高生物亲和性材料，可以为水体中微生物提供繁殖空间，形成活性生物膜，有效吸附、吸收、降解各类水体污染物。比起一般的拦截方式，浮筒、填料箱与碳素纤维草等材料和设备的组合工艺，可以显著降低水体中污染物的浓度，且不对水体自身生态系统造成破坏。

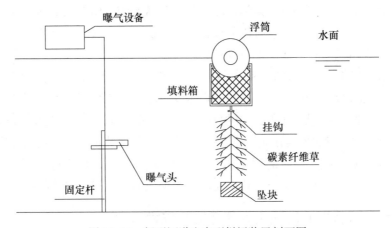

图 11.14　新型河道生态型拦污装置剖面图

单一的碳素纤维草布设需要综合考虑水域面积、深度、流速、水质等情况。本技术创新性地将多种设备进行组合，极大地降低了布设条件。浮筒、填料箱、坠块等材料或设备，提高了整体的抗冲刷、抗干扰、抗腐蚀能力。可依据治理目的不同，选用不同的碳素纤维草量，见表11.5。工程使用量为 $200g/m^3$，间隔25cm布设。一般悬挂长度为60cm，对水深不足70cm的河涌，采用 U 形安装方式，防止触底；水深70cm以上河涌，直接垂直 I 形悬挂即可。通过底部的坠块，可以灵活调整新型浮筒的水体内长度，适应不同的河涌水位，并减少水位潮汐变化的干扰。前端辅佐的曝气设备，依据工程实际情况进行安装和型号选择，用于为水体增氧，提供微生物活性，同时促进底泥气浮，达到进一步降解的目的。

表 11.5　碳素纤维草使用量

序号	设置场所	治理目的	使用量/（g/m³）
1	湖泊、海域	水质净化	10～100
2	河流	水质净化	100～200
3	工业污水	水质净化	200～600
4	池、湖泊、海域	藻场形成	100～200

2. 河流截污装置

河流截污装置包括：①可弯曲变形且不透水的软围隔。软围隔立设于河流内且与河岸相对设置。软围隔的底部固定于河流基底，顶部设有浮力结构，通过浮力结构漂浮于河流表面实现随河流水位的变化而呈弯曲状或伸直状，从而调节软围隔的支护高度。②设于软围隔的相对两端且可透水的一对过滤围挡。过滤围挡的一端和软围隔滑设连接，过滤围挡的另一端和河岸固接，从而一对过滤围挡、软围隔和河岸围设形成沿河污水排放区，见图 11.15。③挡墙。将挡墙沿着软围隔和过滤围挡的外周设置，并将挡墙固接于河岸以围合形成隔离区，挡墙的顶部和河流的最低水位齐平。④抽排水泵。将抽排水泵连通于沿河污水排放区及提供碳素纤维生态草和生态浮岛。将碳素纤维生态草和生态浮岛设于沿河污水排放区内。

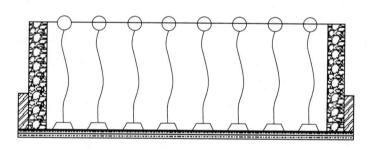

图 11.15　河流截污装置示意图

3. 与现有技术相比，上述两项技术的有益效果

（1）新型河道生态型拦污装置具有以下有益效果：

1）设置浮筒漂浮于水面具有一定柔性，适应水流冲击的同时能更好地拦截水面上的漂浮物。通过浮筒下的过滤结构过滤水面之下的污染物。

2）曝气设备不仅可以提升水体中溶解氧的含量，也可也起到气浮作用，使水体中的油类物质更好地漂浮于水面以便去除。

3）碳素纤维生态草的设置可以截留水体中下部通过的污染物且具有一定的降解作用，从而可解决现有技术中细小的漂浮物及部分处于悬浊态污染物容易通过浮筒下端的水体过流，浮筒不能起到很好的拦污效果的问题。

（2）河流截污装置及其施工方法具有以下有益效果：

1）通过软围隔可弯曲变形实现对水冲击力的缓冲作用。软围隔的端部连接可透水的过滤围挡，保证内外河水连通，解决现有技术中设置高挡墙时存在内外压差和水侵蚀的问题。

2）通过浮力结构始终漂浮于水面上，软围隔可弯曲变形。河流水位变化时，软围隔可随水位上下的变化而呈弯曲状或伸直状，从而实现了调节软围隔的支护高度，使围设形成的沿河污水排放区可确保将污染水控制在一定范围内。

3）通过过滤围挡起到内外水位平衡的作用和过滤作用，不完全与外界水体隔绝，从而能利用部分河流的自净能力。

以石洛涌交汇口处治理为例，通过采用该技术，摒弃了原有截污筑坝拦截措施，通过改良浮筒+碳素纤维草的污染河涌交汇口强化处理污染物技术，提高了治理效果，并降低了施工成本，共减少15897.9元，措施费变更情况见表11.6。

表 11.6　措施费变更情况

序号	措施名称	初设数量	实施数量	单价/元	合计/元
1	水上浮筒	0	5套	677.00	3385.00
2	碳素纤维草	0	80m²	228.30	18264.00
3	挖沟槽土	30m³	0	6.30	−189.00
4	抛石挤淤	87m³	0	96.50	−8395.50
5	水泥混凝土	328m³	0	88.30	−28962.40
6	合计	—	—	—	−15897.90

采用该技术，可以有效弥补现有工艺技术的不足，达到交汇口处水体水上水下全方位清理，尤其是施工难度较大的居民区内。基于本项目石洛涌交汇口施工情况，该技术运行稳定可靠，节省工期，利于项目施工，技术对比情况见表11.7。

表 11.7　技术对比情况

序号	技术名称	技术综合对比
1	污染河涌交汇口强化处理污染物技术	主要结构为水上浮筒及碳素纤维草，成本适中。有效拦截水体漂浮物、悬浮物等污染物，提高微生物附着率，降解水体内染物
2	截污溢流坝技术	主要结构为混凝土，成本高。仅对大型漂浮垃圾有较高拦截效果，无法去除水中氨氮等污染物
3	单一浮筒拦污技术	主要结构仅为水上浮筒，成本低。仅能拦截水面大型漂浮垃圾，无法吸附去除水体中污染物

11.3.2　河流原位生态修复集成技术

用自有专利技术"河流原位生态修复系统及河流原位修复方法"建立一个系统性、长效性的解决方案。主要施工工艺见表11.8。治理技术路线见图11.16。

表 11.8　治理主要施工工艺

序号	主要施工工艺	具体内容
1	新型微纳米曝气技术强化处理输入性污染源	通过新型微纳米曝气技术、生态型拦污装置及生态截留坝的快速强化处理能力、截留过滤作用及较为广泛的服务面积，快速有效减污染物水平，确保进入试验段水体的整体水质
2	高效底质改良技术控制内源污染	通过投加生态底质改良剂，使得河道底泥矿化，从而抑制 N、P 等污染物的释放，有效控制内源污染
3	新型曝气复氧技术搭配微生物菌剂，快速有效提升水质	通过新型 MABR 强化耦合生物膜反应器及底部微孔曝气系统搭配底质改良剂，提升河道溶解氧水平，为微生物的生存提供良好的环境，从而发挥微生物对于水体的快速有效净化作用
4	复合型生态浮岛技术搭配原位生态基技术，构建良好生态系统	采用复合型生态浮岛，以及原位生态基作为微生物生长的有效载体，通过植物与微生物的协同作用，恢复原有水生生态系统
5	多样式曝气设备搭配景观型浮岛提升整体景观效果	针对河道景观效果匮乏的现状，通过多样式曝气设备组合，从而大幅度提升景观效果
6	光触酶装置实现整体污染治理	设置在水体中的涂有光催化酶的光催化网笼，利用光触酶技术高效处理污染水体

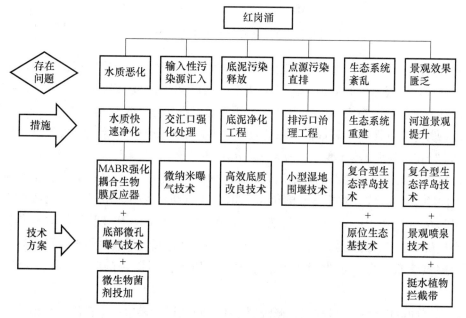

图 11.16　治理技术路线

通过模块化理念，可以提出一整套的生态修复集成技术，针对性处理各种河涌污染情况。该系统包括：点源治理模块，包括连接于排污口的净化池，设置于河岸上，净化池中填充有净化介质，排污口的污水经净化介质净化后流入河道内；内源治理模块，包括安装于河道内的曝气设备和浮岛，浮岛围绕净化池设置，浮岛上种植第一挺水植物，浮岛的下部安装生态基；面源治理模块，包括坡面植被和第二挺水植物，坡面植被种植于河道两侧的河岸上，第二挺水植物种植于河道的两侧；监测模块，包括安装于曝气设备上的监测装置。

1. 工程具体实施方案

（1）新型微纳米曝气技术强化处理输入性污染源。在红岗涌试验段交界处布设 1 套 3kW 的微纳米曝气设备，并在其后端设置 1 套生态型拦污装置及 1 个生态截留坝。通过新型微纳米曝气技术、生态型拦污装置及生态截留坝的快速强化处理能力、截留过滤作用及较为广泛的服务面积，快速有效削减污染物水平，确保进入试验段水体的整体水质。用于河道箱涵口的生态截留坝构造见图 11.17。

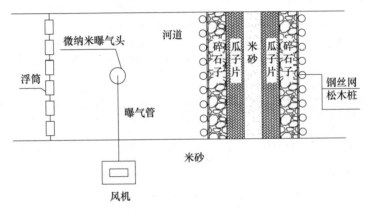

图 11.17　用于河道箱涵口的生态截留坝构造

根据气泡运动特性的数值分析报告，初设气泡直径越小，上升的速度越慢，水里停留时间越长，曝气充氧效果越高。但是从工程实际角度出发，微孔曝气设备，孔径越小，设备造价越高。在实际运用中，应充分考虑工程实际，灵活搭配不同的曝气设备，并合理设置曝气间距，达到最佳去除的效果。本技术采用的微纳米气泡发生器，增氧能力为 $0.25 \sim 0.75 \text{kg/h}$，气泡粒径为 $5 \sim 25 \mu\text{m}$，氧气利用率高达 $75\% \sim 85\%$，设置在河涌交汇口、重点监测河涌断面、重污染河涌断面处，强力提高水体溶解氧含量。对整条河涌，间距 $1 \sim 3\text{m}$ 放置微孔曝气机和 MABR 膜曝气机。NANO 沉水式微孔曝气机的曝气通量为 $0.004 \sim 0.012 \text{m}^3/\text{min}$，气泡直径为 $0.02 \sim 0.1\text{mm}$。PVDF-MABR 强化耦合生物膜曝气机的曝气风量为 $0.0025 \sim 0.003 \text{m}^3/\text{min}$。多种曝气设备的组合，可提高河涌整体的溶解氧含量，促进水生微生物的生长，加快水体污染物的降解，提高水体自净能力。

还有一种应用于箱涵口的生态截流坝系统，包括以下模块：①拦渣截污模块。由尼龙绳连接的多组浮筒，用于拦截枯枝败叶、浮藻、油污、生活垃圾等水面漂浮物。防止水体垃圾堵塞坝体结构，集中水面漂浮物，减少水面垃圾打捞工作，降低水流对坝体的冲击。②曝气充氧模块。布置在水底的曝气装置，主要采用微纳米曝气机进行强效曝气。提高水体含氧量，缓解水体因为截流导致的水体含氧量减少，防止水体恶化。③除污净水模块。主体结构为设置在水体中的生态坝，由防渗膜坝底、松木桩骨架、钢丝网固定层、填料层构成。松木桩结构能有效固定支撑坝体，防止水流冲击，不需要截流施工，并且不会污染水体。钢丝网层能隔离填料与水体，防止填料泄漏。根据实际水体情况的不同，对填料采用不同平面上的层次分布，有效吸附过滤水体污染物。

应用于箱涵口的生态截流坝系统，主要目的在于消减箱涵口段水体中的污染物并实现水体自然增氧。视箱涵口内有无排污口和实际河流条件，可灵活将此系统设置于箱涵口下游或者两端。

应用于箱涵口的生态截流坝系统，工艺流程为水体先通过浮筒构成的截污屏障，拦截水体的漂浮物，再曝气充氧，提高水体含氧量。之后通过生态坝去除水体污染物，达到净水目的。通过生态坝与下游水体的一定水位差，可实现水体自然复氧的过程。

应用于箱涵口的生态截流坝系统，拦渣截污模块，由多组中空浮筒构成，用于拦截水面漂浮物，单组圆柱形浮筒由聚乙烯外层、聚氨酯泡沫塑料内层构成，内部为空心。通过尼龙绳将多组浮筒连通，每组空隙为 5～30mm，两端固定在河两岸。此结构能灵活布设于水面，免充气、耐摩擦、耐腐蚀、无污染。有效集中水体漂浮物，防止影响后续工艺，且便于收集后集中处理垃圾。拦截的漂浮物可定期人工清除。

应用于箱涵口的生态截流坝系统，曝气充氧模块采用微纳米曝气设备，较其他曝气方式具有更好的曝气效果，能有效防止因水流减缓导致的水体恶化情况。

应用于箱涵口的生态截流坝系统，视河流宽度、流速等实际情况，采用 0.2～0.5m 的间隔架设松木桩，紧贴松木桩布置一层钢丝网结构，整体深度为常水位下 0.1～0.3m。根据河面大小、污染程度等实际情况，填料采用两种宽度布设结构。坝宽为 0.5～1m 时，由下至上依次为直接填充在水底防渗膜上的碎石子、装有瓜子片的多组钢丝笼、直接填充的米砂，整体呈垂直面上的层次分布。坝宽为 1m 以上时，由两侧松木桩向内依次为直接填充的碎石子、装有瓜子片的多组钢丝笼、直接填充的米砂，整体呈水平面上的层次分布。

应用于箱涵口的生态截流坝系统，所用填料的碎石子粒径为 40～60mm，瓜子片粒径为 10～30mm，米砂粒径为 2～4mm。

应用于箱涵口的生态截流坝系统，中层瓜子片填料通过钢丝笼与两侧填料分离，有效防止填料的混杂堵塞，增强过滤效果，为微生物挂膜提供稳定环境。

应用于箱涵口的生态截流坝系统，生态坝比水体常水位低 0.1～0.3m，能有效降低坝体对水体的影响。当水位高于坝体时，水流能正常从坝顶流过。当水位低于坝体时，水流自然蓄积，抬高水位；当水面漫过坝体自然跌落时，与自然渗滤过生态坝的水体结合，形成跌水自然复氧效果。

（2）小型湿地围堰技术控制排污口污水直排入河。在排污口附近构建 2 个小型湿地围堰，利用多层填料的净化与吸附作用，使污水中的污染物经过快速有效削减后再流入河道。小型湿地围堰构造见图 11.18。

河涌内排污口生态截留处理装置包括装置主体和围堰。装置主体设置在河涌内并通过围堰与河水分开，装置主体的顶部一侧设置在排污管道的出水口处，装置主体的底部延伸至河底；装置主体内部由上至下依次为基质层、填料层和防渗层，基质层内种植水生植物，填料层内由上至下依次铺设若干层过滤净化填料，防渗层包覆在装置主体的底

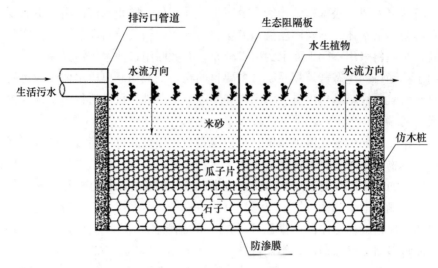

图 11.18　小型湿地围堰构造

面上；装置主体内设有生态阻隔板，生态阻隔板贯穿基质层和填料层的上部，将装置主体的上部空间分隔成与排污管道连通的污水进水区域和与排放口连接的净化水排水区域。

（3）高效底质改良技术控制内源污染。通过投加生态底质改良剂，使河道底泥矿化，从而抑制 N、P 等污染物的释放，有效控制内源污染。高效底质改良剂按 0.15kg/m² 投加。

（4）新型曝气复氧技术搭配微生物菌剂，快速、有效地提升水质。通过 1 套服务水域面积 1200m²，1.5kW 的新型 MABR 强化耦合生物膜反应器及 1 套 1.5kW 的底部微孔曝气系统搭配高效微生物菌剂（按 0.12kg/m² 投加），提升河道溶解氧水平，为微生物的生存提供良好的环境，从而发挥微生物对水体的快速有效净化作用。

（5）复合型生态浮岛技术搭配原位生态基技术，构建良好生态系统。采用复合型生态浮岛（共计 160m²），以及原位生态基（共计 512m²）作为微生物生长的有效载体，通过植物与微生物的协同作用，恢复原有水生生态系统。

复合型生态浮岛结构见图 11.19。该生态浮岛漂浮于水面上并用于种植绿植。该生态浮岛包括：相对设置且浮于水面的若干浮筒；可拆卸的安装于浮筒的顶面且供拉结连接浮筒的架体，其底面高于水面，水面与架体之间形成供空气流通的流通通道；可拆卸的安装于架体且供种植绿植的若干种植框，该种植框部分位于水面以下。

生态浮岛通过在浮筒的顶面设置架体，从而使架体与水面之间形成供空气流通的流通通道，防止水面该部分缺氧，且可根据实际需要增加浮筒的数量，实现模块化搭建该生态浮岛，应用更加灵活，解决了浮岛设置区域容易缺氧的问题，保证浮岛设置处的水域能与空气接触，防止水域缺氧，利于水质的改善。

（6）喷泉曝气、挺水植物拦截带搭配景观型浮岛，提升整体景观效果。针对河道景观效果匮乏的现状，通过 2 套 1.5kW 景观型喷泉曝气、45m² 四季型挺水植物构建景观观光带，从而大幅度提升景观效果。

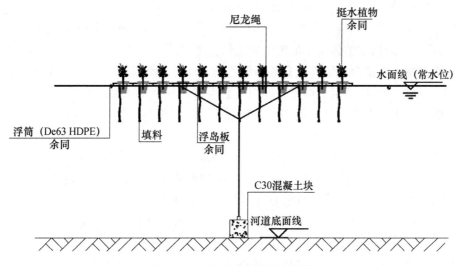

图 11.19　复合型生态浮岛结构

（7）采用光触酶技术，实现整体污染处理。发明并使用一种污染水体处理装置，包括：竖向插设固定于污染水体的传动杆，传动杆的顶面和污染水体的顶面齐平；固定于传动杆顶部且照射方向向下的可见光源；可上下移动的设于传动杆的传动件；设有光催化酶的光催化网笼。

2. 河流原位生态修复集成技术与现有技术相比的有益效果

（1）河涌原位生态修复系统及河流原位修复方法具有以下有益效果：

1）通过净化池直接对接污染源的排污口，将污水预先净化处理后排至河道中，在河道中通过设置曝气装置辅助浮岛的第一挺水植物及面源模块的第二挺水植物对污水再次净化。

2）利用监测模块的监测装置实时获取曝气设备所在位置的河道的河水水文信息，一方面可以监测水质，另一方面可以间接监测曝气设备是否正常运行。

3）通过面源治理模块在岸边种植坡面植被对雨污水进行截留，减轻河道中的污水净化压力，提高了河道中的污水净化效率。

4）该技术利用多种净化手段搭配，达到构建河道稳定良好的水体生态系统、恢复河道水体环境的目的，整体投资小，占地少，效果好，且能提升河道水体的景观效果。

（2）用于河道箱涵口的生态截流坝具有以下有益效果：

1）所用材料如松木桩、石质填料等均为环境友好型，无污染，易回收，抗污染能力强，不会产生二次污染，而且施工过程不需要大面积截水，施工周期短，环境影响小。

2）采用的模块组合方式能有效应对各种箱涵口水面情况，通过拦渣屏障利于集中水面垃圾，便于后续处理。通过曝气措施和生态坝结构，持续有效地净化水体，改善水质。

3）低于常水位一定高度的坝高设置，既能在高水位时让水体自然流通，又能在低水位时维持水面一定水位，且形成的跌水曝气效果，具有一定的生态景观作用。

（3）河涌内排污口生态截留处理装置具有以下有益效果：

1）能根据河涌污染特征和水文实际条件灵活布置，大小易于调节，建造方便，既能单独布设，又能构成整体河涌治理中生态修复工程的一环。

2）能通过水生植物和填料层有效降低直排污水中的污染物含量，水生植物和填料层的种类可根据实际污染情况调整，使用灵活性高，净化效果良好。

3）能通过水生植物改善绿化环境和景观效果，并能与周围环境搭配，有效改善生态环境。

（4）生态浮岛及其施工方法具有以下有益效果：

1）解决了平铺于水面型种植框积水、滋生蚊虫及底部缺氧的技术问题。

2）结构简单，安装方便，更换原有浮岛的效率高。

3）实施操作清晰明了，可操作性强，实际操作过程可以显著提高施工效率。

（5）污染水体处理装置具有以下有益效果：

1）通过设置传动件以带动光催化网笼沿着传动杆上下移动，根据污染水体的透明度的变化而调节光催化网笼的所在深度，使光催化网笼和可见光源之间的距离满足光触酶的最高效的反应，从而高效净化污染水体。

2）结构精巧，实施操作条理清晰，有利于针对不同河涌污染情况进行灵活布设。

以首个实施该技术的红岗涌为例，通过采用该工艺技术，整体提高了治理效果，并降低了施工成本，共减少 249458.50 元。

该技术通过模块化思路，大大简化实施难度。同时通过工艺针对性地选择搭配，有效降低了在不同项目、不同河道情况、不同施工条件下水环境治理中生态修复工艺的实施难度。经过本项目 13 条河涌检验，该工艺运行稳定可靠，效果良好。

通过该工艺在红岗涌试验段的运行结果分析，可以确认在一定外源污染的情况下实施生态修复可以提升水体各项指标、短期内消除黑臭，同时部分指标能达到地表水 V 类水标准。该工艺抗冲击能力较强，能在受外源污染高负荷冲击下半个月之内恢复前期治理效果。在外源污染逐步减少的情况下，效果更加明显。其对水体的感观、透明度提升明显，极大地提升了河涌的景观效果，后期在透明度提升的前提下可栽植沉水植物进一步提升水体自净功能。

在外源截污、内源清淤的前提下，选用合理的生态修复工艺恢复水体的自净能力，进一步提升水质指标是必要的，对持续消除黑臭完成水质达标具有积极作用。河流水域修复技术对比情况见表 11.9。

表 11.9　河流水域修复技术对比情况

序号	技术名称	技术综合对比
1	河流原位生态修复集成技术	主要采用曝气设备、生态浮岛等措施，成本适中。生态修复目的是构建或恢复水体的生态修复系统，提高水体自净能力，改善水体环境，实现水体"长治久清"的目标。施工所需条件小，效果好，特别有利于城镇中小河涌治理
2	物理修复疏浚技术	主要采取修建水工建筑物、疏浚河涌等措施，施工成本高。此类技术往往工程量较大，投入较高，需要施工作业条件较高，难以用于中小河涌治理

续表

序号	技术名称	技术综合对比
3	化学药剂投加技术	主要通过投加碳酸钙等化学药剂，来降低水体中的重金属含量，需要多次投加，运维成本高。化学药剂短期具有良好效果，但是在后续治理中不采取其他措施情况下，污染物会再次释放，而且部分化学药剂本身对河涌生物就有极大的危害，容易破坏水体生态系统

11.3.3　岸坡生态重构技术

常见的河流两岸采用的是硬质护岸，比如浆砌石或混凝土面板加固两岸的稳定性，但是河岸的污水及降雨没有经过任何处理直接进入河流内造成水体污染。在此基础上，许多地方也设有可过滤的护岸，岸上的污水经过护岸的过滤处理后再排入水体，但是护岸的过滤流度小，当岸上的污水量较大时，污水容易直接涌入河流中造成污染。

岸坡生态重构技术对岸坡进行重构，研发出一种阶梯式生态护岸结构，见图11.20。其包括：①底层防渗系统。采用膨润土、HDPE膜及土工布阶梯式铺设，防止污水下渗。②集水及布水系统。其通过迎水面收集孔将面源雨水及相关污水收集至集水槽中。集水槽上层做成盖板状可供行走，背水面设置溢流孔。③阶梯式过滤系统，其通过不同滤料分阶梯式布置达到净化雨水及污水作用。第一层（最上层）阶梯由粗滤层组成，与集水槽相连；第二层阶梯由中滤料及细滤料组成；第三层阶梯采用粗滤料。每层阶梯滤料均采用钢丝笼网固定，上表层种植绿色植物；第三层阶梯与河涌相连部分采用仿生桩加固，防止水流冲刷并加强系统稳定性。设置于湖泊或河涌两岸，与水流相接，既可通过阶梯式过滤系统有效处理面源污水，减少对河涌的污染，也为河涌两岸水生动物营造生态栖息场所。易于建造和维护，占地面积小，景观效果好。

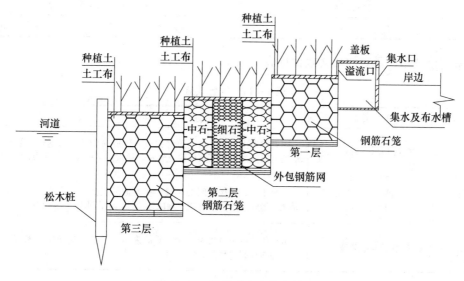

图11.20　阶梯式生态护岸结构

与现有技术相比，阶梯式生态护岸结构具有以下有益效果：

1）前端设置集水槽，防止冲刷，以免失稳，并可均匀布水，水量较大时从溢流孔中流出，避免压力过大损坏整体结构的稳定性。

2）采用钢丝笼网作为主体框架，既可增加水体之间的交换，也能适应微量变形，增加护岸整体稳定性。

3）滤料层阶梯式布置，且不同层级滤料粒径不同，有助于深层次过滤；每层既有相交也有层高差距，使过滤水体在里面既存在连续性，也增加了流动性。

4）水量大时可增加跌水效应，增加水体溶解氧，便于截留污染物的进一步氧化分解，以免堵塞。

5）可以与周围环境搭配，提供良好的景观效果。

以北海大涌护岸整治工程为例，通过采用该技术，取消原有硬质护岸结构，采用生态护岸，减少了混凝土等材料的使用，在提高护岸防护能力基础上保留了原有的生态功能和景观功能。措施费用变更情况见表11.10，总体减少了590019.90元。

表11.10　措施费用变更情况

序号	措施名称	初设数量	实施数量	单价/元	合计/元
1	松木桩	0	11820	15.60	184392.00
2	碎石填料	0	3782	82.50	312015.00
3	水生植物	0	1347	172.50	232357.50
4	回填土	3819	928	123.90	−358194.90
5	挖沟槽土	1298	192	6.30	−6967.80
6	余方弃置	2324	237	11.60	−24209.20
7	预制钢筋混凝土方桩	1527	0	99.10	−151325.70
8	水泥混凝土	5236	0	88.30	−462338.80
9	抛石挤淤	3272	0	96.50	−315748.00
	合计	—	—	—	−590019.90

采用该技术，具有的社会效益见表11.11。

表11.11　社会效益

序号	社会效益	具体内容
1	滞洪补枯，调节水位	生态护岸由填料、水生植物构成，形成一种"可渗透性"界面，丰水期可以向岸堤地下水层渗透储水，枯水期可通过岸堤反渗入河
2	保护、建立丰富的生态系统	宽窄不一、陡缓相间的岸堤，在河道形成浅滩和深潭，扩大水面和绿地，增强岸边动植物栖息地的连续性，提高水体自净能力
3	构建生态长廊	形成优美的风景生态护岸，既能为水生动植物构建生态系统，也能为周边居民提供休憩、娱乐的场所

岸坡生态重构技术提供了一套完备的生态护岸构造工艺和施工流程，与硬质护岸相比，施工成本显著降低，且有利于滞洪补枯，同时能提供良好的景观效果。该技术与其他传统技术对比情况见表11.12。

表 11.12　技术对比情况

序号	技术名称	技术综合对比
1	岸坡生态重构技术	主要成分为松木桩、回填土和水生植物，成本较低。同时回填土可采用原位污泥生态筑堤技术处置后的底泥，实现资源循环利用，进一步降低成本。通过本技术生态重构后的岸坡，具有滞洪补枯作用，通过实现水陆生态系统连通，提高水体自净能力
2	硬质护岸技术	主要成分为混凝土，成本高。硬质护岸技术为传统治理技术，有利于河道行洪抗水体冲刷。但是，该技术投入成本高，且对环境破坏大，不利于水体内动植物生长，容易受到外源污染物污染

11.4　管道修复更新施工关键技术

管道修复更新的新技术是针对一些管道位于主要道路下面，无法进行破除改造，通过管道修复技术进行改造。

该做法不需要进行市政开挖，采取非开挖的方式，首先清洗内壁，加固土体，最后借助喷涂机械系统将修复材料附着于原管道内壁，施工简便，对居民的正常生活影响甚小，修复后的管道与喷涂材料结合共同承受内外荷载，管道承载力明显增加，使用寿命延长，过流能力加快，满足使用功能。管道修复结构示意图见图 11.21。

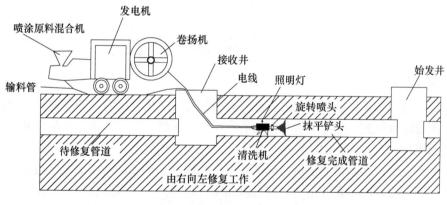

图 11.21　管道修复结构示意图

下面结合示意图对本实用新型进一步说明。

1.　准备工作

根据机具和管道的大小，开挖工作井，包括始发井和接收井，两个检查井之间的距离根据管道破损长度和场内施工环境确定。始发井需要放置抹平修复设备，接收井需要输出管内垃圾、污水和输送修复涂料。检查井应做支护与垫层，确保排水有力和施工安全。由卷扬机、发电机和电线构成的动力系统提供动力，带动移动式潜水泵把管内水排出，肉眼观察无流动水排出后，应开启井盖自然通风，使管道内壁处于干燥状态，检测管道内气体浓度满足安全规范规定后，方能下井作业。

2. 土体加固

由于管道位于地下水位以上，不用对管道进行止水处理。由于管道破裂后上方覆土结构不稳定，管顶结构承载力不足以抵抗，使用先进的土体固化材料直接对塌陷的管周土体进行加固。始发井入口处，将注浆管与排水管道横截面向外呈一定角度打入土层中，以确保管道破损周向区域的土层都进行固化；排水管道内部，将注浆管插入管道破裂部位周边的土层中，注入土壤加固浆料，浆料经由注浆管向土层四周扩散，实现土体均匀加固。

3. 管道清洗

任何情况下，喷涂法要求管道能承受一定的压力，无论管道是破碎的还是严重腐蚀的。修复的管道必须通过清洗机彻底清洗，修复之前应用高压气体携带水和碎石对待修复管道内部浮泥、松散物和碎片进行清洗，由于石子的撞击，将排水管道内壁的附着物击落，自出口处排出。混凝土表面应采用机械方式处理，清除管道内的全部碎屑物。最后，根据管道孔径和喷涂设备确定施工安全空间，确保喷涂设备能顺利通过。

4. 管道喷涂

首先，现场在喷涂原料混合机内配置浆料，将喷涂设备连接到输料管、气管、回拖设备后，放置到待修复管道的末端，调节旋转喷头支架，使喷头与管道中轴线持平。然后，牵拉喷涂设备，以恒定的速度倒着由左向右通过管道。同时，电动机驱动旋转喷头，抹平铲头在管道内来回往复喷涂砂浆，通过照明灯可看到喷涂效果，直到达到喷涂厚度，管道修复完成。

11.5　非开挖埋管技术

1. 技术原理

土压平衡顶管机顶进时刀盘缓慢旋转，切削前方土体，同时向掘进面及四周注入泥浆，泥土与泥浆被充分搅拌成膏状泥土后经输送管输送至后方，运输至场内弃土仓。刀盘前方的膏状泥土对开挖面的泥土产生土压，防止开挖面上方的地面沉陷。通过机头前方安装的土压感应器反馈的土压数据来调节掘进速度、挖土量与出土量，防止地面下沉或隆起。预制管片由始发井吊入，通过液压千斤顶顶进，顶进过程中通过往管壁四周的注浆孔注入膨润土泥浆减阻，顶进结束后采用水泥浆置换、填充井壁四周空隙。

2. 施工方法

（1）安装后靠背。钢后靠根据实际顶进轴线放样安装时，与始发井内衬墙预留一定的空隙，固定后在空隙内填细石混凝土，使钢后靠与后靠墙充分接触。这样，顶管机顶进中产生的反顶力能均匀分布在后靠结构上。钢后靠的安装高程偏差不超过50mm，水平偏差不超过50mm。

（2）顶管设备的安装与调试。顶管施工质量的好坏与设备的安装精确度有直接的关系。安装前，根据已知的控制点、标高，准确无误地测放出进出洞口的标高和顶管的轴线，并依此测放设备的安装位置。导轨、千斤顶支架、靠背等设备必须安放准确牢固，以保证顶管的顺利顶进。在正式顶进前对掘进机、油泵、油缸、注浆设备进行试运转，确定符合性能要求后方可正式顶进。

（3）顶管机具出洞。进出洞口紧密相连直接影响顶管施工成败。在工具管进洞时，严格控制其水平偏差不大于 5mm，其高程应为设计标高加以超高数（其数值可根据土质情况、管径大小、工具管自身质量和顶进速度等因素设定），以抵消工具管出坑后的"磕头"而引起的误差；工具头出洞前必须对所有设备进行全面检查，并经过试运转无故障，同时认真核对止水胶板安装位置是否准确、外夹板安装是否牢固，确认无误后才可破除洞口；掘进机出洞时，要严格控制出洞时的顶进偏差，中心偏差不得大于 50mm，高低偏差宜抛高 5～10mm。

顶进初始阶段的质量对后续管道轴线等有重要的影响。在顶管结束后，对工作坑、接收坑预留洞的环向间隙使用快硬微膨胀水泥进行封堵，封堵在顶管结束时迅速进行；管道顶进完成后，利用管节上的注浆孔对管外壁的膨润土泥浆进行置换，待水泥浆从注浆孔流出后确认置换完毕，即封堵注浆孔并清理管道。

（4）顶进与纠偏。掘进机顶进的起始阶段，机头的方向主要受导轨安装方向控制，一方面要减慢主顶推进速度；另一方面要不断地调整油缸纠偏和机头纠偏。严格控制前 5m 管道的顶进偏差，其左右及高程偏差均不能超过 50mm。在顶进过程中坚持"勤测、勤纠、缓纠"的原则。纠偏角度保持在 $10'\sim20'$，不大于 $1°$。如果产生偏差应及时纠正。纠偏逐步进行，坚持"缓纠、慢纠"的原则。

注浆与顶进同步进行，其原则是"先注浆，后顶进；随顶进，随注浆"，以保证管外围泥浆套的形成，充分发挥减阻和支承作用。在顶进过程中避免长时间的泥浆停注，保证顶进的全部管段形成良好的泥浆套。

顶进过程中根据顶力变化和偏差情况随时调整顶进速度，速度一般控制在 35mm/min 左右，最大不超过 50mm/min。

管道顶进到离工作井前方内壁 50cm 时卸载，收回油缸和垫铁安装管节，然后继续顶进。

（5）顶进测量。顶管主要在城市道路下进行施工，控制好地面沉降及确保按设计管道轴线顶进是顶管施工中的核心问题。

1）前期测量。顶管前，先根据领桩点，利用全站仪准确测放出工程的平面控制点及临时水准点，将每个工作坑的中心放出并设置管道轴线控制桩和临时水准点、工作坑护桩，以便复核顶管轴线和工作坑位置是否移动。在工作坑施工完成后，管道顶进开始前，准确测量掘进机中心的轴线和标高偏差，并做好原始记录。在机具内，要安装倾斜仪传感器，操作者可以随时得到机头的水平状态，指导刀盘的旋转方向和纠偏，曲线顶管采用全站仪来控制。

2）顶进测量。测量仪器固定安放在工作井的后部、千斤顶架子中心，并在工作井内建立临时测量系统。顶管过程中必须按要求测量和控制管道标高及中心偏差，并做好记录。每顶进 50cm 必须测量一次，要勤测量，多微调，纠偏角度保持在 $10'\sim20'$ 并不得大于 $1°$。每节管道顶进结束时，及时测量管道中心的轴线和标高偏差，每顶进完成一段顶管工程测量仪器校正一次，每一次交接班时必须校核测量一次。

测量时采用全站仪，直接测出高程及轴线偏差。通过全站仪在机具后部标尺靶盘上的投影，准确测设机具目前所在位置。在每一项程开始推进前，必须先制定坡度计划。该计划根据工作坑及接收坑的洞口实际高差进行测放，可对设计坡度线加以调整，以方便施工并最终符合设计坡度的要求和质量标准为原则。

3）竣工测量。管道顶完后，立即在每节管道上选点，测量其中心位置和管底标高。根据测量结果绘制竣工曲线，以便进行管道质量评定。管段经过周围房屋建筑或已有管线时，在顶进过程中必须测量周围地面的沉降及管道沉降，并随时调整顶进速度及注浆压力，以确保顶管施工对周围环境的影响降到规范允许的范围之内。

11.6 柱外包钢加固技术

1. 柱外包钢加固简介

结构柱的加固方法多种多样，常用的混凝土结构加固方法有 11 种，分别是增大截面加固法、置换混凝土加固法、外粘型钢加固法、粘贴钢板加固法、粘贴纤维复合材加固法、绕丝加固法、钢绞线（钢丝绳）网片－聚合物砂浆加固法、增设支点加固法、外加预应力加固法、结构体系加固法、增设拉结体系加固法。具体包含的内容见图 11.22。

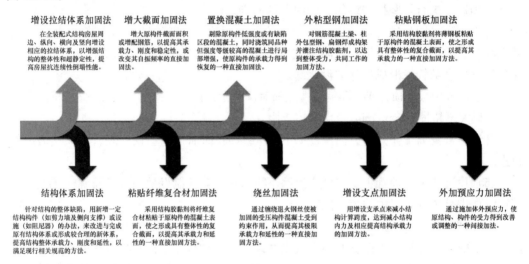

图 11.22　结构加固

2. 柱外包钢加固方法

柱外包钢加固方法在我国的使用始于 20 世纪 60 年代，相对其他加固方式来说是一种常用的加固方法。它是以型钢（角钢或槽钢）外包构件四角（或两角），并且在其中灌注结构胶黏剂，使外包构件与原构件共同承担荷载的一种加固方法。它适用于在不允许增大原构件截面尺寸，却又要求较大幅度地提高截面承载力的混凝土梁柱结构及砖柱结构等。其优点是受力可靠，能显著改善结构性能，现场工作量小，构件截面尺寸变化小，质量增加小，并且承载能力高，构件截面的刚度得以改善。其缺点是对施工工艺的要求较高，并且要对外露的钢铁进行防火和防腐处理，一般做法是在外层涂上防锈油漆后进行砂浆保护层的抹平。柱外包钢加固现场情况见图 11.23。

图 11.23　柱外包钢加固现场情况

（1）干式外包钢加固法。干式外包钢加固法是将型钢（角钢或槽钢）直接外包于构件的四周，也就是无黏结外包型钢加固法。型钢与混凝土之间没有连接，但未形成一个整体，有时虽然会填以水泥砂浆，但并不能确保结合面的剪力和拉力的有效传递，型钢和原构件不能整体工作，彼此是单独受力的。干式外包钢加固施工较为简便，价格低，且施工时间短，但在提高承载力方面没有湿式外包钢加固法有效。要注意的是，干式外包钢工程施工场地的温度不得低于 10℃，且严禁在雨雪、大风天气条件下进行露天施工。

（2）湿式外包钢加固法。湿式外包钢加固法是在角钢和被加固的构件之间，采用乳胶水泥、聚合物砂浆粘贴或环氧树脂化学灌浆等方法将型钢黏结在被加固构件上，新加型钢与原构件形成一个整体，达到型钢与原构件能整体工作，共同受力，加固后的构件由于受拉和受压钢截面面积大幅度提高，因此正截面承载力和截面刚度也大幅度提升。湿式外包钢加固施工场地气温不得低于 15℃，且不得受日晒、雨淋和化学介质污染。其受力可靠，施工简便，现场工作量较小，但其用钢量大，且不宜在无防护的情况下用于 60℃以上高温场所。

外包钢加固施工时，加固结合面和钢板贴合面的处理是加固施工的关键过程。在干式外包钢加固施工时，为了使角钢能紧贴构件表面，混凝土表面必须打磨平整，无杂物和尘土。在湿式外包钢加固施工时，应先对钢板进行除锈，混凝土进行除尘，并用丙酮或二甲苯清洗钢板及混凝土表面，角钢及混凝土表面处理完毕，方可进行灌钢胶的灌注。湿式外包钢加固法提高承载力的能力显著高于干式外包钢加固法。

3. 结合现场实际情况对现场结构加固的重难点解析

重难点在于：施工过程加固柱混凝土表面放线、定位粘钢板位置、加固柱混凝土面打磨与清污；钢板下料、钢板切割加工、角钢安装、打磨除锈、柱上挂钢板并焊接，以及常温低压下灌胶、表面防锈处理、水泥砂浆外表面粉刷。

对老旧建筑，柱子的表面往往是凹凸不平的，或是经过人为日常使用过程中的破坏，或是在自身结构强度减弱后因为高荷载产生的形变，各种各样的因素都会使柱子产生较为明显的形变。这对前期的表面放线来说会产生一定的影响，如果按照图纸尺寸直接放线的话，会使两个面之间尺寸互相冲突，不能给后续的施工带来指导意义。柱子的图纸尺寸虽然大概率和现场实际对不上，但是可以通过一定的取舍，分别从两个端点向中间方向放线，尽量使加密区间均匀地分布在柱子之上。

对加固柱子表面的打磨清污也是非常重要的一个步骤。在这个步骤中，需要打磨掉柱子的外表面层，直到暴露出结构柱的基层为止。在这一步骤中，对混凝土表面的脱落、空鼓、蜂窝、腐蚀等现象，都要铲除干净，并用设计说明中给定的材料进行坑洞填补。

在研读过图纸并进行现场实测之后，就可以根据现场实际情况和图纸中的加固需求来进行相应加固材料的准备。对加固用的型钢，通常都比图纸使用尺寸大，并且需要根据在现场通过实地测量得到的数据来进行加固型钢的二次切割加工。在实际进场之前，我们很难把现场的材料都准备齐全，这是因为老房子内各种意外的情况都会发生。为了防止材料的浪费，应尽可能地在现场以实际的柱子宽度来决定要使用的材料长度。对加固钢材还要进行一定的加固前处理，例如在前期要保证型钢表面的防锈涂层完整，如果有缺漏，需要提前修补。对钢材的连接部位在焊接前需要进行打磨，用砂轮打磨机一直打磨出带有金属光泽的表面，打磨粗糙度越大越好，打磨纹路应与钢材受力方向垂直，其后用棉丝蘸丙酮擦拭干净。

安装角钢时，要注意尽可能地贴近混凝土柱表面。对较难安装的部位，可以采取在顶部吊装的方式进行型钢的安装。要根据图纸或相关要求结合现场实际情况对钢材进行组装焊接，角钢与原结构柱尽量贴紧，竖向基本顺直，如原结构柱出现较大偏差，应进行顺直处理，缀板与角钢搭接部位须三面围焊，焊缝应符合设计及相关要求。在焊接型钢与缀板时，要留出灌浆用的灌胶嘴，且灌胶嘴的布置要合理。灌胶前应保证基面清洁和无积水，灌胶嘴的布置合理，封缝可靠，拌胶的配比和操作严格按产品说明进行，灌胶顺序和操作要求规范，确保灌胶密实度符合规范要求。灌胶固化期间应严防受干扰，严禁进行后续焊接。用气泵和注胶罐进行注胶，注胶时竖向按从下向上的顺序，水平方向按同一方向的顺序，注胶时待下一注胶管溢出胶为止，依次注胶，直至所有注胶管均注完。最后一个注胶管用于出气孔，可不注胶，注胶结束后清理残留结构胶。结构胶固化后可以用小锤轻轻敲击钢材表面，从声响判断黏结效果，如有个别空洞声，表明局部不密实，须再次采用高压注胶方法补实。

4. 分项介绍现场对于各重难点的解决办法

加固结构属二次受力结构，加固前原结构已经承受荷载作用（第一次受力），原结构存在一定的压缩（或弯曲）变形，同时原结构混凝土已经完成部分或接近全部的收缩变形，而新加部分只有在新增荷载（第二次受力）下才开始受力，导致新加部分的应变滞后于原结构的应变。这样整个结构在二次荷载下，新加部分的应变始终滞后于原结构的累计应变。破坏时，新加部分可能达不到自身的极限状态。如果原柱在施工时的应力过高、变形较大，有可能使新加部分的应力始终处于较低的水平，不能充分发挥作用，起不到应有的加固效果。

加固结构属组合结构，新、旧两部分存在整体工作共同受力问题。其关键主要取决于结合面能否有效地传递剪力。由于结合面混凝土的抗剪强度远低于混凝土自身强度，故在总体承载力上组合结构比整浇结构要低一些。许多试验表明，即便是轴心受压，加固柱的初始纵向裂缝也总是最先出现在结合面上,致使新、旧两部分过早分离而单独受力,或产生过大变形,降低了结构整体刚度。

在施工中解决下述问题:①在柱上钻孔对施工中原结构安全影响问题。通过减短螺栓的锚进长度及钻孔部位的错开,及时对成孔上螺栓与螺栓孔注胶来解决。②柱表面垂直度与平整度问题。通过柱面混凝土的打磨与黏结钢板表面的打磨及黏结胶水厚度的调整,使之共同工作来解决。③粘贴胶水抗老化试验问题。通过查阅有关书籍及资料,由设计确证环氧树脂能抗老化达50年,免除试验,但须检查其产品合格证。④钢材的标准问题。通过分析工程的具体情况,明确采用国家标准中的建筑用钢(A3钢)。⑤钢板与混凝土黏结抗剪、抗拉试验问题。通过另做好混凝土试块,与钢板黏结,送至武汉市实验室,进行试验得出报告。同时,在现场其他柱上另贴钢板构件,达到强度后,采用机械方式将其剪切、拉拔至破坏,结果证实均为混凝土构件破坏,而非粘贴面破坏,以证实抗剪、抗拉强度符合要求。⑥雨期施工,由于潮湿,加固柱子表面出水问题。通过用喷灯进行烤干,再挂钢板,降至常温下迅速灌胶来解决。

11.7　房屋加固平移技术

1. 移位方式的选择

随着我国城市规划建设及城市更新的推进,常常会涉及一些仍具有使用价值或保护性的既有建筑物面临拆除重建的威胁。由于这些建筑的特殊性及其在城市规划地块中的特殊地位,常常使规划设计顾此失彼,矛盾重重,因而建筑物整体移位技术在国内应运而生,并在保护性建筑规划改造中发挥重要作用。

目前,国内针对保留历史建筑的短距离移位主要采用千斤顶顶推移位(以下简称"顶推法"),长距离移位主要采用SPMT液压平板车移位(以下简称"车载法")。两种移位方法均能满足建筑移位的安全技术要求。

其中,顶推法根据移位装置接触方式的不同可分为支座式滑动平移、滚动平移、液压悬浮滑动平移、步履走形器滑动平移;车载法根据托换方式的不同可分为顶升式托换车载移位、吊柱式托换车载移位。

两种移位方法针对不同的施工环境、工期要求、经济合理性等方面,存在一定的适用范围。表11.13即为顶推法、车载法移位技术的适用范围及优缺点的详细分析。

表 11.13　顶推法、车载法移位比较分析表

移位方式	适用范围	优点	缺点
顶推法	短距离场地内	工艺成熟、平移过程平稳、易于纠偏、安全性高	不适用建筑物长距离平移,若采用顶推法长距离平移会造成工期延长、造价增加;对下底盘的平整度要求非常高;顶推摩擦力大,需要较大的顶推力
车载法	长距离、场地外、小型自重轻的建筑物	可根据需要无限制组合使用;遥控操作;对平移路线地面承载要求小(满足 10t/m² 即可)	车载法不适用于体量大的建筑物平移工程;车载车辆自重较大,进出场运输费用高,装卸需要 70t 以上大吨位起重机;需考虑 SPMT 车 1.2m 高,移位需将建筑物整体抬升和下降,增加工作量

2. 施工准备

（1）拆除影响施工的附属设施。

（2）及时编制实施性的施工组织设计。

（3）根据现场具体情况组织、准备前期施工所需的施工机具、仪器、设备、材料和人员及时进入施工现场，随时准备开工。

3. 移位前房屋临时加固技术方案

（1）钢筋网砂浆面层（与永久加固相结合）。外墙内面的钢筋网砂浆面层为已结合永久结构加固考虑的加固方式；内墙因考虑移位前房屋整体性仅对部分承重内墙进行双面钢筋网砂浆面层进行加固，因内墙在移位后改造设计中将拆除，故无须对部分结构构件采用粘钢、炭纤维不可逆加固方案。

按照加固平移设计图纸，对永久保留的墙体进行钢筋网砂浆面层加固，外墙仅对内面进行加固，内墙进行双面加固。加固厚度为 4cm，砂浆强度为 M10，钢筋网横向钢筋 $\phi8@200mm$，竖向钢筋 $\phi10@200mm$，拉结筋 $\phi8@800mm$，拉结筋梅花状布置。

（2）钢结构整体稳定性加固（空间加固）。内外墙两侧设置纵横向槽钢进行包夹，横向每层两道，每层横向槽钢设置两道，竖向槽钢固定在混凝土托盘上。内外墙两侧槽钢用对拉螺杆紧固。建筑物内部每层设置一道钢结构支撑。形成"内撑外拉，五花大绑"的形式，增强建筑物的整体稳定性。

钢结构安装时应注意避让保护部位及构件。钢结构与外墙之间垫木板，避免直接接触。横向槽钢 14a，竖向槽钢 20c，拉杆 $\phi12$。施工钢柱及钢梁对建筑物进行"五花大绑"。沿建筑物外围在建筑物角点及纵横墙交接处施工角钢及槽钢立柱，所有墙体的两侧沿建筑物高度方向每层施工一道水平钢梁（同时避开每层建筑物的线脚处），钢梁与钢柱满焊焊接，两侧钢梁采用 M16 对拉螺栓对拉连接（间隔 1.5m）。

（3）较大洞口及墙体缺口加固。

1）对较大门窗洞口用砖砌体进行封堵，砖砌体与原墙体之间垫塑料布及土工布隔离，新砌砖砌体中部预留孔洞，便于拆除。

2）内墙中断处砌筑封堵墙，使内墙与外墙连为整体，增强内墙、外墙的支撑作用。

（4）降低建筑物负荷。

1）拆除临时搭建。天井、晒台及阁楼搭建采用人工拆除。拆除前先搭好施工架，并做好防护工作。拆除中洒水降尘，非施工人员严禁进入拆除区。必须由上向下拆除，严禁由下向上掏拆。

2）铲除装修层。各层楼板上普遍有较厚的装修层，导致楼面附加恒荷载过大，房屋移位前，铲除原楼面装修面层。

（5）墙体裂缝压力灌浆加固。

1）灌浆施工方法。灌浆时应将裂缝构成一个密闭性空腔，有控制地预留进出口，借助专用灌浆泵将浆液压入缝隙并使之填满。在墙体饰面凿除完成后，对墙板进行全面清理检查，墙板的裂缝部位、宽度、长度应做详细记录，以利于根据墙板实际裂缝大小情况进行分类处理；墙板上的可见裂缝按设计要求均采用灌注结构胶将裂缝处混凝土粘牢。

灌浆前应对裂缝进行必要的处理。处理方法如下：

① 表面处理法。对较细（小于0.3mm）的裂缝，可用钢丝刷等工具，清除裂缝表面的灰尘、白灰、浮渣及松散层等污物；然后再用毛刷蘸甲苯、酒精等有机溶液，把沿裂缝两侧20～30mm处擦洗干净并保持干燥。

② 凿槽法。对较宽（大于0.3mm）的裂缝，应沿裂缝用钢钎或风镐凿成V形槽，槽深与槽宽可根据裂缝深度和有利于封缝来确定。凿槽时先沿裂缝打开，再向两侧加宽，凿完后用钢丝刷及压缩空气将碎屑粉尘清除干净。

2）灌浆施工流程。裂缝处理→埋设灌浆嘴、盒、管→封缝密封检查→配制浆液→灌浆→封口结束→检查。

3）灌浆施工要求。

① 灌浆机具、器具及管子在灌浆前应进行检查，运行正常时方可使用。接通管路，打开所有灌浆嘴上的阀门，用压缩空气将孔道及裂缝吹干净。

② 根据裂缝区域大小，可采用单孔灌浆或分区群孔灌浆。在一条裂缝上灌浆可由一端到另一端。

③ 灌浆时应待下一个排气嘴出浆时立即关闭转芯阀，如此顺次进行。化学浆液的灌浆压力为0.2MPa，水泥浆液的灌浆压力为0.4～0.8MPa。压力应逐渐升高，防止骤然加压。达到规定压力后，应保持压力稳定，以满足灌浆要求。

④ 灌浆停止的标识为吸浆率小于0.1L/min，再继续压注几分钟即可停止灌浆，关掉进浆嘴上的转芯阀门。

⑤ 灌浆结束后，应立即拆除管道，并洗干净。化学灌浆还应用丙酮冲洗管道和设备。

4. SPMT 车载法移位技术方案

建筑物移位技术为城市建设中解决好继承与发展这对矛盾提供了一条新思路。随着移位技术近年来的逐步发展，移位施工的距离要求越来越长，从一开始的几十米到现在的几百米甚至上千米，并对移位施工的过程控制提出更高要求，传统方法很难满足。车载法正是针对建筑物超长距离移位应运而生的一种新技术。SPMT平板车能大大提高建筑物平移的速度及平移工作效率，缩短工程工期，降低施工成本，具有广阔的应用前景。

车载法移位方案可以简述为：在原址处施工顶升底盘和上托盘梁系，顶升底盘与上托盘之间安装顶升千斤顶，切断顶升底盘与上托盘之间墙体后，把建筑物顶到一定的高度（通常为1.25m），然后将液压车开到建筑物下方，最后整体下落至液压车上，液压车通过液压马达驱动平稳地将建筑物平移至规划位置处。

迁出阶段车载法的施工流程如图11.24所示。

1）平移工作。保留历史建筑在现场的装卸工作将由SPMT进行提升/下降操作，这个过程需要经过多个步骤/阶段，SPMT将逐渐地以每次20%货物总质量的顺序将货物提升至SPMT载重平台上。

用于支撑货物的基础或支撑架必须经过设计，能够保证货物可以直接从SPMT装

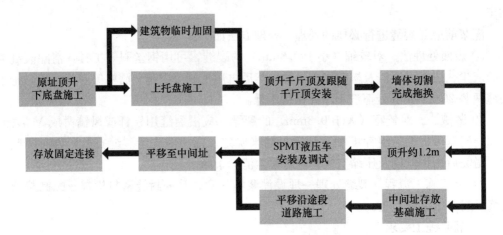

图 11.24 迁出阶段车载法的施工流程

卸在上面。SPMT 能降至的最小高度是 1250mm 以确保能顺利移除货物上的护具。

当 SPMT 成功将货物卸至基础或支撑墩上后，务必对货物与基础或支撑架的偏斜情况进行检查以确保其达到预先设计的要求。在必要时可以再垫些合成板材、枕木以使货物保持水平。

在平移道路满足平移条件之后，货物清单上的货物就将由 SPMT 开始平移。以下几项检查工作是需要在平移前执行的：

① 液压分组已经被正确分配/安排。

② 转向系统运转正常。

③ SPMT 油箱已经加满燃料。

④ 平移中途经的道路已经检查，没有障碍物。

⑤ 道路下埋设的电缆、管道等经过检查并允许 SPMT 从上方驶过。

⑥ 备用零部件已经准备妥当。

对所有的货物来说，上面的操作将被重复。平移工作将遵守总包方提供的平移管理计划。

2）顶升底盘技术方案。顶升底盘体系是整个建筑物顶升的支撑基础，用来承受滑动面以上的全部动、静荷载，设计时应充分考虑其承载力和沉降量。顶升底盘施工流程见图 11.25。

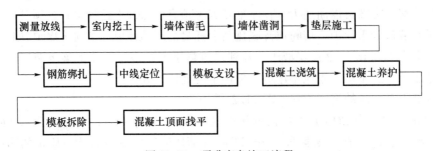

图 11.25 顶升底盘施工流程

拟在原址处采用筏板基础，底盘顶面标高 −0.75m，筏板厚度 0.40m，采用 C30 混凝土，筏板垫层厚度 10cm，采用 C15 混凝土。

同时，车载平移沿途段地基承载力需满足以下要求：根据液压车及保留历史建筑的荷载，经计算，运输地面地基承载力不小于 100kPa。

将室内外地板、地砖进行拆除，对需要保护和利用的构件进行人工拆除，制图、编号、入库保存，建筑迁移就位后予以回复。对不需保护利用的部分采用凿除破碎的方式拆除。建筑垃圾临时堆放后做外运处理。拆除、装运过程中应及时洒水润湿，避免扬尘，并对临时堆放的建筑垃圾进行覆盖。

室内土方开挖：由于室内施工空间有限，采用人工进行土方开挖，利用手推车将土方运至室外。

室外土方开挖：室外土方采用挖掘机进行开挖，基地预留 20～30cm 厚度采用人工开挖，防止基底土的扰动。

基坑四周设置截水沟，避免地表水涌入基坑，基坑内合理设置排水沟和集水坑，及时排干积水。基坑部分开挖完成后及时进行垫层施工，避免基坑长时间裸露。

开挖至设计标高后如仍存在填土层或软弱土层，应清理干净，后以 3∶7 砂石回填分层夯实至设计标高，每层厚度不大于 30cm，填料压实系数不得小于 0.95；处理后的地基承载力均不得小于 105kPa。由于滑道范围内存在已拆除建筑的砖基础，为了避免产生不均匀沉降，应将砖基础清理干净。

底盘梁结构采用整体浇筑，不设沉降缝，如设施工缝应保持钢筋贯通。筏板混凝土采用土工布覆盖，洒水保湿养护不少于 7d。如工期压力较大，可提高混凝土强度等级施工，并做同条件试块，及时送试验机构检测，达到强度要求方可进行顶升平移施工。

3）抬墙梁、夹墙梁施工。抬墙梁、夹墙梁底面与基础放脚顶面持平。先进行土方开挖，然后浇筑 10cm 厚素混凝土垫层。将夹墙梁与砖墙结合面凿毛，并在对应抬墙位置对墙体进行凿洞。

绑扎抬墙梁和夹墙梁钢筋并支立模板后，浇筑混凝土。就当前工期来讲，时间紧任务重，无法按照一般混凝土养护要求，可采取提高混凝土强度等级施工，并做同条件试块。在实施顶升平移时，将送检同条件试块，强度达到要求方可进行顶升平移施工。模板采用木模板，5cm×10cm 方木作为肋板，在墙面打膨胀螺栓，焊接拉杆将模板固定。采用商品混凝土，室外混凝土泵送浇筑，室内混凝土人工运输浇筑。

抬墙梁为设在两道上滑梁之间的原墙体托底系梁，一是能增加上滑梁联系的整体性；二是可以通过兜底防止摩擦剪力不够，原墙基础切割后发生下沉开裂。抬墙梁高度暂设为 250mm，宽度为 200mm，在绑扎上滑梁之前预掏原基础墙体孔洞，先放置抬墙梁纵筋、箍筋。纵筋上顶面采用 2 根直径 12mm 的钢筋、下底面采用 2 根 16mm 的钢筋。箍筋直径为 8mm，间距为 100mm。抬墙梁的间距约为 1.5m，避开门槛和存在上滑梁穿墙节点位置，以及砖墙松散位置，墙体空洞掏空完毕后可以设立必要的铁质支撑，现场可以灵活安排。

4）上反力后背施工。保留历史建筑迁出阶段采用车载法，回迁阶段拟采用车载法与顶推法相结合的平移方法。上反力后背是回迁阶段需施工的，但由于上反力后背只有与上托盘现浇才能保证其强度、刚度及稳定性，因此，本项目在施工上托盘结构时应同时施工上反力后背。

将一起浇筑固定的混凝土顶推反力背作为千斤顶顶推反力装置。混凝土反力背承载力强，防止平移摩擦力瞬时增加，保证移位安全性。混凝土反力背需提前放样，根据移位路线确定位置，可以根据图纸适当加宽，反力背的高度超出筏板顶面约 30cm 即可。

5. 平移施工

（1）试平移。

1）液压模块车就位与顶升。车辆拼装完成后，行驶至托盘梁下就位，然后缓慢抬高时车板与托盘梁紧密接触，按照计算荷载的 25％分级加载，直至将建筑物顶起，然后以 1cm 为单位分级将建筑物顶升 5cm 左右。

2）为了观察和考核整个平移施工系统的工作状态和可靠性，在正式平移之前，按下列程序进行试平移：

① 检查各项准备工作是否已完成，是否具备试平移的条件；

② 将建筑物抬升 5cm，将理论平移速度控制在 50cm/min；

③ 在平移过程中做好观察、测量、校核、分析等工作。

试平移结束后，提供基础沉降、测点应变、整体姿态、结构变形等情况，并检验系统的纠偏效果，为正式平移提供依据。

（2）正式平移。试平移后，观察若无问题，进行正式平移。

平移控制速度为 500cm/min，并观察如下主要内容：原结构及托盘梁的裂缝变形情况；平移道路的裂缝变形情况；走行总方向，有无障碍物。

调整建筑物标高至设计高度。在夹梁与新基础之间垫临时支撑垫块，垫块的数量和支撑位置应进行设计计算，支撑牢固后车厢下落，脱了车用梁后即可驶离。

参考文献

[1] 柯友青，潘明媚，易聪．顺德区红岗涌黑臭水体生态修复技术应用研究［J］．施工技术，2020，
     49（13）：102-105.

[2] 柯友青，易聪，曹一多，等．顺德桂畔海水系河涌清淤与底泥处理技术［J］．施工技术，2020，
     49（13）：91-93，108.

[3] 中国建筑第八工程局有限公司．清淤底泥智能筛分装置：202010229493.1［P/OL］．2020-03-27
     ［2021-09-21］．http：//www.soopat.com/Patent/202010229493？lx=FMSQ.

[4] 中国建筑第八工程局有限公司．阶梯式生态护岸结构：201922439459.2［P/OL］．2019-12-30［2020-
     10-23］．http：//www.soopat.com/Patent/201922439459.

[5] 中国建筑第八工程局有限公司．黑臭河涌的生态修复系统：201922021804.0［P/OL］．2019-11-20
     ［2020-09-21］．http：//www.soopat.com/Patent / 201922021804.

[6] 中国建筑第八工程局有限公司．河涌内排污口生态截留处理装置：201921828183.0［P/OL］．
     2019-10-29［2020-08-04］．http：//www.soopat.com/Patent/201921828183.

[7] 中国建筑第八工程局有限公司．生态浮岛：202020276030.6［P/OL］．2020-03-09［2020-11-
     24］．http：//www.soopat.com/Patent/202020276030.

[8] 中国建筑第八工程局有限公司．河道生态型拦污装置：201922435669.4［P/OL］．2019-12-30［2020-
     10-20］．http：//www.soopat.com/Patent/201922435669.

[9] 中国建筑第八工程局有限公司．生态河堤结构：202020948521.0［P/OL］．2020-05-29［2021-
     04-06］．http：//www.soopat.com/Patent/202020948521.

[10] 中国建筑第八工程局有限公司．用于河道箱涵口的生态截流坝：201922359981.X［P/OL］．
      2019-12-25［2020-10-23］．http：//www.soopat.com/Patent / 2019 22359981.

[11] 文化部文物保护科研所．中国古建筑修缮技术［M］．北京：中国建筑工业出版社，1983.

[12] 祁英涛．中国古代木结构建筑的保养与维修［A］//中国文物研究所．祁英涛古建论文集．北
      京：华夏出版社，1992：28-105.

[13] 林波．中国城市更新发展研究［J］．住宅与房地产，2019（15）：229.

[14] 殷晏船．浅谈老旧小区改造中的要点［J］．信息周刊，2020（12）：441.

[15] 王志远．老旧小区改造设计要点及注意事项——浅谈某老旧小区改造设计［J］．环球市场，
      2020（11）：201.

[16] 李昌春，林文剑．市政工程施工项目管理［M］．3版．北京：中国建筑工业出版社，2019.

[17] 张立群，崔宏环．施工项目管理［M］．北京：中国建材工业出版社，2009.

[18] 郭汉丁．工程施工项目管理［M］．北京：化学工业出版社，2010.

[19] 王幼松．工程项目管理［M］．广州：华南理工大学出版社，2015.